U0378128

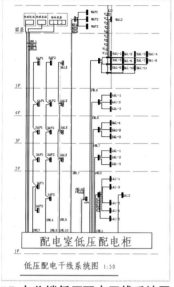

办公楼低压配电干线系统图

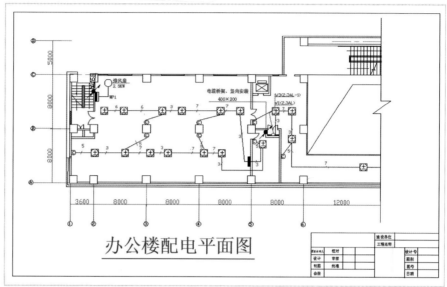

办公楼配电平面图

别墅地下层平面图

道路横断面的绘制

大堂平面布置图

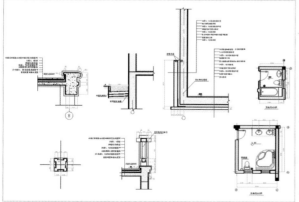

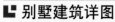

别墅建筑详图

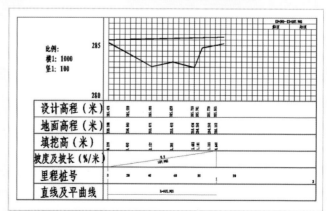

道路纵断面图的绘制

⌐ 某别墅一层平面图

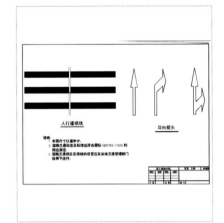

⌐ 别墅总平面布置图

⌐ 道路工程的附属设施

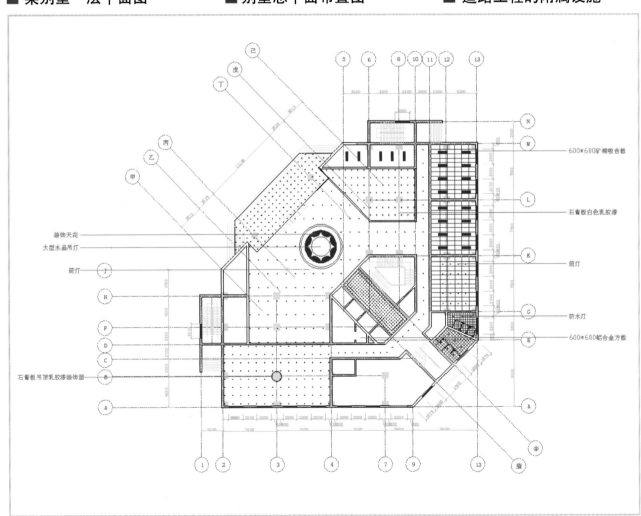

⌐ 大堂顶棚图

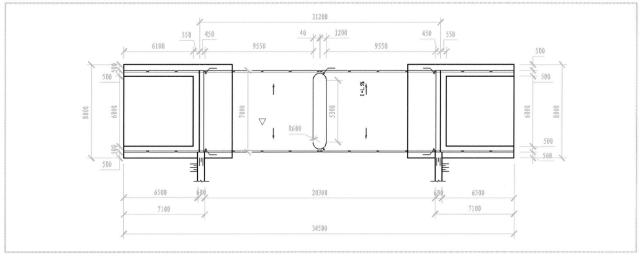

桥梁平面布置图的绘制

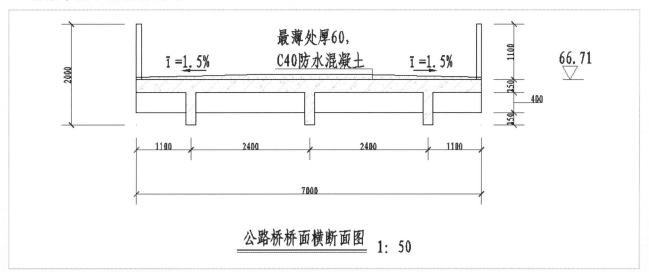

公路桥桥面横断面图 1:50

桥梁横断面图的绘制

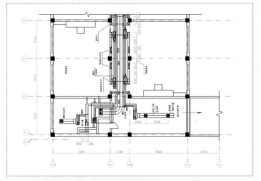

教学楼空调平面图

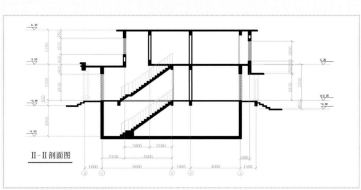

某别墅剖面图

L 轴

L 马桶

L 销

L 密封圈

L 锁

L 花篮

L 弹簧

L 阀芯

L 变速器

L 阀体

L 芯片

L 摇杆

L 箱盖

L 齿轮

L 轴套

L 轴支架

L 足球门

清华社"视频大讲堂"大系

CAD/CAM/CAE技术视频大讲堂

AutoCAD 2022 中文版从入门到精通
（实例版）

CAD/CAM/CAE 技术联盟　编著

清华大学出版社

北　京

内 容 简 介

《AutoCAD 2022 中文版从入门到精通（实例版）》重点介绍了 AutoCAD 2022 在工程设计中的应用方法与技巧。全书共 13 章，主要内容包括 AutoCAD 2022 入门，二维绘图命令，编辑命令，文字、表格与尺寸标注，辅助工具，绘制三维实体，实体造型编辑，机械设计工程实例，建筑设计工程实例，室内设计工程实例和电气设计工程实例。另附 2 章扩展学习内容，内容为建筑水暖电设计工程实例和市政施工设计工程实例。在介绍过程中，内容由浅入深，从易到难。每章的知识点都配有案例讲解，帮助读者加深理解并掌握相关内容；同时，在每章后还配有操作与实践练习，使读者能综合运用所学的知识点。

另外，本书配套资源中还配备了极为丰富的学习资源，具体内容如下。

（1）83 集高清同步微课视频，可像看电影一样轻松学习，然后对照书中实例进行练习。

（2）51 个经典中小型实例，用实例学习上手更快、更专业。

（3）34 个操作与实践练习，学以致用，动手会做才是硬道理。

（4）5 套大型图纸设计方案及长达 8 小时同步教学视频，可以增强实战能力，拓宽视野。

（5）AutoCAD 疑难问题汇总、应用技巧大全、经典练习题、常用图块集、快捷键速查手册、快捷命令速查手册、常用工具按钮速查手册，能极大地方便学习，提高学习和工作效率。

（6）全书实例的源文件和素材，方便按照书中实例操作时直接调用。

本书适合入门级读者学习使用，也适合有一定基础的读者作参考，还可用作职业培训、职业教育的教材。

图书在版编目（CIP）数据

AutoCAD 2022 中文版从入门到精通：实例版 / CAD/CAM/CAE 技术联盟编著. —北京：清华大学出版社，2023.1

（清华社"视频大讲堂"大系 CAD/CAM/CAE 技术视频大讲堂）

ISBN 978-7-302-62122-5

Ⅰ. ①A… Ⅱ. ①C… Ⅲ. ①AutoCAD 软件 Ⅳ. ①TP391.72

中国版本图书馆 CIP 数据核字（2022）第 200206 号

责任编辑：贾小红
封面设计：鑫途文化
版式设计：文森时代
责任校对：马军令
责任印制：沈　露

出版发行：清华大学出版社
　　　　网　　址：http://www.tup.com.cn, http://www.wqbook.com
　　　　地　　址：北京清华大学学研大厦 A 座　　　　　　　邮　　编：100084
　　　　社 总 机：010-83470000　　　　　　　　　　　　　邮　　购：010-62786544
　　　　投稿与读者服务：010-62776969, c-service@tup.tsinghua.edu.cn
　　　　质量反馈：010-62772015, zhiliang@tup.tsinghua.edu.cn
印 装 者：大厂回族自治县彩虹印刷有限公司
经　　销：全国新华书店
开　　本：203mm×260mm　　　**印　　张：**23.75　　**插　　页：**2　　**字　　数：**732 千字
版　　次：2023 年 3 月第 1 版　　　　　　　　　　　　　**印　　次：**2023 年 3 月第 1 次印刷
定　　价：99.80 元

产品编号：094714-01

前 言
Preface

在当今的计算机工程界，恐怕没有哪一款软件比 AutoCAD 更具有知名度和普适性了，它是美国 Autodesk 公司推出的集二维绘图、三维设计、参数化设计、协同设计及通用数据库管理和互联网通信功能于一体的计算机辅助绘图软件包。AutoCAD 自 1982 年推出以来，从初期的 1.0 版本，经多次版本更新和性能完善，现已发展到 AutoCAD 2022，不仅在机械、电子、建筑、室内装潢、家具、园林和市政工程等工程设计领域得到了广泛的应用，而且在地理、气象、航海等特殊图形的绘制，甚至乐谱、灯光和广告等领域也得到了广泛的应用，目前已成为计算机 CAD 系统中应用最为广泛的图形软件之一。同时，AutoCAD 也是一个最具有开放性的工程设计开发平台，其开放性的源代码可以供各个行业进行广泛的二次开发，目前国内一些著名的二次开发软件，如 CAXA 系列、天正系列等无不是在 AutoCAD 基础上进行本土化开发的产品。

一、编写目的

鉴于 AutoCAD 强大的功能和深厚的工程应用底蕴，我们力图开发一套全方位介绍 AutoCAD 在各个行业应用实际情况的书籍。具体就每本书而言，我们不求事无巨细地将 AutoCAD 的知识点进行全面讲解，而是针对专业或行业的需要，以 AutoCAD 大体知识脉络作为线索，以实例作为"抓手"，帮助读者掌握利用 AutoCAD 进行本专业或本行业工程设计的基本技能和技巧。

二、本书特点

☑ 专业性强

本书的作者都是在高校多年从事计算机图形教学研究的一线人员，他们具有丰富的教学实践与教材编写经验，其中不乏一些国内 AutoCAD 图书出版界知名的作者，前期出版的一些相关书籍经过市场检验很受读者欢迎。多年的教学工作使他们能够准确地把握学生的心理与实际需求。本书是作者总结多年的设计经验以及教学的心得体会，历时多年精心准备编写而成，力求全面细致地展现 AutoCAD 在工业设计应用领域的各种功能和使用方法。

☑ 实例丰富

本书不拘泥于基础知识的理论讲解，而是强调通过实例引导读者对 AutoCAD 知识点的学习，所以本书 80% 以上的篇幅是实例讲解，全书包含 51 个中小型实例，以及 6 个大型工程案例，让读者在学习案例的过程中潜移默化地掌握 AutoCAD 软件操作技巧。从种类上说，本书针对专业面宽泛的特点，在组织实例的过程中，注意实例行业分布的广泛性，全面讲解机械设计、建筑设计、室内设计、建筑水暖电设计、市政施工设计和电气设计等方向的专业实例。

☑ 涵盖面广

就本书而言，我们的目的是编写一本对工科各专业具有普适性的基础应用学习书籍。因为不同读者的专业学习方向不同，我们不可能机械地将其归类为机械、建筑或电气的某一个专业门类，还有很多读者可能也不只是在某一个专业方向应用，所以我们在本书中对具体实例的学科覆盖做到尽量全面，在一本书的篇幅内，包罗了 AutoCAD 常用功能的讲解，内容不仅涵盖了 AutoCAD 的二维绘制、二维编辑、辅助绘图工具、三维绘图和编辑命令等知识，而且全面讲解了 AutoCAD 在机械设计、建筑设计、室内设计、建筑水暖电设计、市政施工设计和电气设计等各个学科的具体应用。

☑ **突出技能提升**

本书从全面提升 AutoCAD 设计能力的角度出发，结合大量具体的工程应用案例来讲解如何利用 AutoCAD 进行各种工程设计，让读者懂得计算机辅助设计的原理与应用，并能够独立地完成各种工程设计。

本书中有很多实例本身就是工程设计项目案例，经过作者精心提炼和改编，不仅保证了读者能够学好知识点，更重要的是能帮助读者掌握实际的操作技能，同时培养工程设计实践能力。

三、本书的配套资源

本书教学视频可扫描书中二维码观看，配套资源可扫描封底二维码下载查看，以便读者朋友在最短的时间内学会并精通这门技术。

1. 配套教学视频

针对本书实例专门制作了 83 集配套教学视频，读者可以扫描书中二维码先看视频，像看电影一样轻松愉悦地学习本书内容，然后对照课本加以实践和练习，可以大大提高学习效率。

2. AutoCAD 应用技巧、疑难解答等资源

（1）AutoCAD 疑难问题汇总：疑难解答的汇总，对入门者非常有用，可以帮助他们扫除学习障碍，少走弯路。

（2）AutoCAD 应用技巧大全：汇集了 AutoCAD 绘图的各类技巧，对提高作图效率很有帮助。

（3）AutoCAD 经典练习题：额外精选了不同类型的练习，读者朋友只要认真去练，就可以实现从量变到质变的飞跃。

（4）AutoCAD 常用图块集：在实际工作中，积累的大量的图块可以直接使用，或者稍加改动就可以用，对于提高作图效率极为重要。

（5）AutoCAD 快捷键速查手册：汇集了 AutoCAD 常用快捷键，绘图高手通常会直接用快捷键。

（6）AutoCAD 快捷命令速查手册：汇集了 AutoCAD 常用快捷命令，熟记这些命令可以提高作图效率。

（7）AutoCAD 常用工具按钮速查手册：熟练掌握 AutoCAD 工具按钮的使用方法也是提高作图效率的方法之一。

3. 5 套大型图纸设计方案及长达 8 小时的同步视频

为了帮助读者拓展视野，本书配套资源中附送 5 套设计图纸集、图纸源文件、视频演示，总时长达 8 个小时。

4. 全书实例的源文件和素材

本书附带了很多实例，配套资源中包含各实例的源文件和素材，读者可以在安装 AutoCAD 2022 软件后，打开并使用它们。

5. 线上扩展学习内容

本书附赠 2 章线上扩展学习内容，可扫描二维码进行学习。

四、关于本书的服务

1. "AutoCAD 2022 简体中文版"安装软件的获取

按照本书上的实例进行操作练习，以及使用 AutoCAD 2022 进行绘图，需要事先在计算机上安装

AutoCAD 2022 软件。可以登录 http://www.autodesk.com.cn 联系购买正版软件，或者使用其试用版。

2.　关于本书的技术问题或有关本书信息的发布

读者朋友遇到有关本书的技术问题，可以扫描封底"文泉云盘"二维码查看是否已发布相关勘误/解疑文档。如果没有，可在页面下方寻找加入 QQ 群的方式，我们将尽快回复。

3.　关于手机在线学习与实例视频

扫描书后刮刮卡（需刮开涂层）二维码，即可获取书中二维码的读取权限，再扫描书中二维码，可在手机中观看对应教学视频，有助于充分利用碎片化时间，随时随地学习。需要强调的是，书中给出的是实例的重点步骤，详细操作过程还需读者通过视频学习并领会。

五、关于作者

本书由 CAD/CAM/CAE 技术联盟组织编写。CAD/CAM/CAE 技术联盟是一个集 CAD/CAM/CAE 技术研讨、工程开发、培训咨询和图书创作于一体的工程技术人员协作联盟，拥有众多专职和兼职 CAD/CAM/CAE 工程技术专家。

CAD/CAM/CAE 技术联盟负责人由 Autodesk 中国认证考试中心首席专家担任，全面负责 Autodesk 中国官方认证考试大纲制定、题库建设、技术咨询和师资力量培训工作，成员精通 Autodesk 系列软件。其创作的很多教材已经成为国内具有引导性的旗帜作品，在国内相关专业方向图书创作领域具有举足轻重的地位。

六、致谢

在本书的写作过程中，编辑贾小红和艾子琪女士给予了很大的帮助和支持，提出了很多中肯的建议，在此表示感谢。同时，还要感谢清华大学出版社的其他编审人员为本书的出版所付出的辛勤劳动。本书的成功出版是大家共同努力的结果，谢谢所有给予支持和帮助的人们。

编　者

文 泉 云 盘

目　录

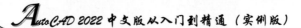

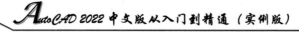

AutoCAD 扩展学习内容

AutoCAD 疑难问题汇总

AutoCAD 应用技巧大全

Note

AutoCAD 2022 入门

本章将详细介绍 AutoCAD 2022 的基础知识，使读者熟悉 AutoCAD 2022 的工作界面，了解如何设置图形的系统参数、样板图，掌握建立新的图形文件、打开已有文件的方法等。

- ☑ 操作界面
- ☑ 配置绘图系统
- ☑ 文件管理
- ☑ 基本输入操作
- ☑ 图层设置
- ☑ 绘图辅助工具

任务驱动&项目案例

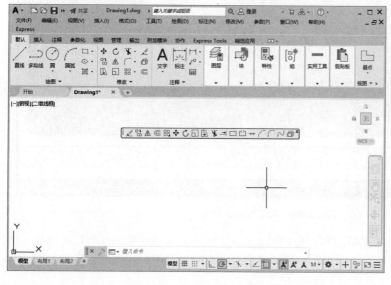

（1）

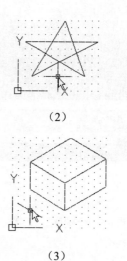

（2）

（3）

1.1 操 作 界 面

操作界面是 AutoCAD 显示、绘制和编辑图形的区域。启动 AutoCAD 2022，打开其默认的操作界面，如图 1-1 所示。相比之前的版本，该界面采用了一种全新的风格，更加直观、简洁。

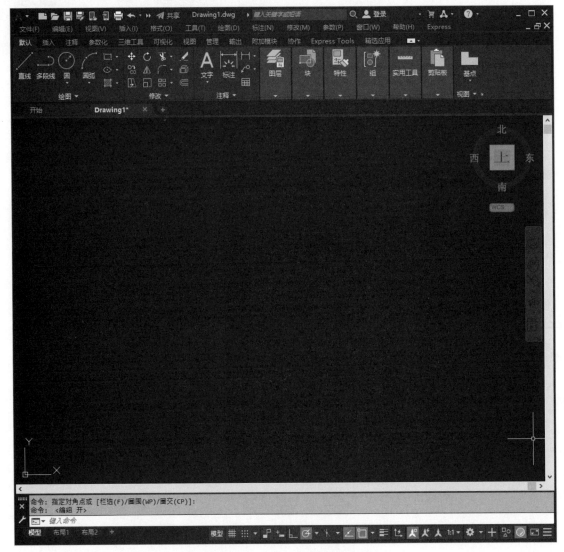

图 1-1　AutoCAD 2022 的默认界面

调整配色风格后，完整的 AutoCAD 操作界面如图 1-2 所示，界面主要包括标题栏、快速访问工具栏、绘图区、十字光标、功能区、菜单栏、坐标系图标、命令行窗口、状态栏、布局标签和导航栏等。

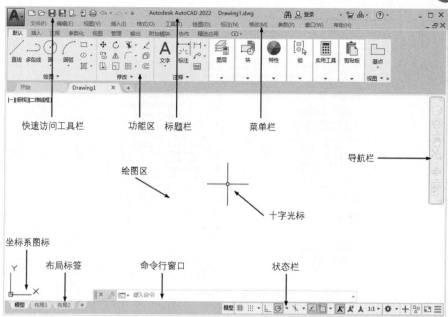

图 1-2　AutoCAD 2022 中文版的操作界面

1.1.1　标题栏

在操作界面的最上端是标题栏，其中显示了系统当前正在运行的应用程序（AutoCAD 2022）和用户正在使用的图形文件，如图 1-3 所示。第一次启动 AutoCAD 2022 时，在标题栏中将显示系统自动创建并打开的图形文件的名称 Drawing1.dwg。

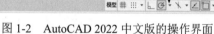

图 1-3　启动 AutoCAD 时的标题栏

1.1.2　绘图区

绘图区（有时也称绘图窗口）是指操作界面中间的大片空白区域，用于显示、绘制和编辑图形，主要设计工作都是在此区域中完成的。

1. 修改十字光标的大小

在 AutoCAD 绘图区中的光标成十字形状，其交点反映了光标在当前坐标系中的位置。十字线的方向与当前用户坐标系的 X 轴和 Y 轴方向平行，其长度默认为屏幕大小的 5%，用户可以根据绘图的实际需要更改其大小。

选择在绘图区右击后打开的快捷菜单中的"选项"命令，❶打开"选项"对话框，❷选择"显示"选项卡，❸在"十字光标大小"文本框中直接输入数值，或者拖动其后的滑块，即可对十字光标的大小进行调整，如图 1-4 所示。

此外，还可以通过设置系统变量 CURSORSIZE 的值，实现对十字光标大小的更改。命令行提示与操作如下：

```
命令：CURSORSIZE↙
输入 CURSORSIZE 的新值 <5>：
```

在提示下输入新值即可，默认值为 5%。

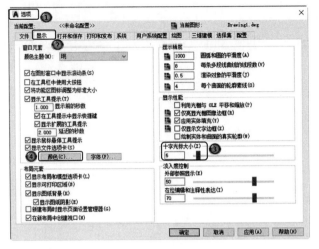

图 1-4　"选项"对话框中的"显示"选项卡

2. 修改绘图窗口的颜色

默认情况下，AutoCAD 2022 的绘图窗口是黑色背景、白色线条，这不符合大多数用户的习惯，因此有必要修改绘图窗口的颜色。

修改绘图窗口颜色的步骤如下。

（1）在如图 1-4 所示的"显示"选项卡中，❹单击"窗口元素"选项组中的"颜色"按钮，❺打开如图 1-5 所示的"图形窗口颜色"对话框。

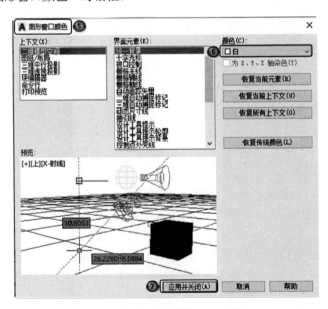

图 1-5　"图形窗口颜色"对话框

（2）❻在"颜色"下拉列表框中选择需要的窗口颜色（通常按视觉习惯选择白色），然后❼单击"应用并关闭"按钮，此时 AutoCAD 2022 绘图窗口的颜色就会改变。

1.1.3　坐标系图标

　　在绘图区的左下角有一个 图标，称为坐标系图标。该图标体现了当前绘图所用的坐标系形式，其作用是为点的坐标确定一个参照系。根据工作需要，用户可以选择将其关闭。方法是：❶单击"视图"选项卡 ❷"视口工具"面板中的 ❸"UCS 图标"按钮 ，取消选中该按钮，将坐标系图标关闭，如图 1-6 所示。

图 1-6　通过功能区命令关闭坐标系图标

1.1.4　菜单栏

　　AutoCAD 2022 版的菜单栏处于隐藏状态，可以在 AutoCAD 快速访问工具栏处调出菜单栏，菜单栏位于标题栏的下方，其中包括"文件""编辑""视图""插入""格式""工具""绘图""标注""修改""参数""窗口""帮助""Express"13 个菜单项。选择某一菜单项，在打开的下拉菜单中（与其他 Windows 程序类似，AutoCAD 2022 的菜单也是下拉式的）选择所需命令，即可执行相应的操作。

　　注意：在 AutoCAD 2022 中，通过单击"自定义快速访问工具栏"按钮，选择"显示菜单栏"命令，即可打开菜单栏。在 AutoCAD 2022 中，菜单栏可以隐藏，也就是说菜单栏在 AutoCAD 的发展中正在慢慢地消失，取而代之的是更加方便快捷的功能区命令。

1.1.5　工具栏

　　选择菜单栏中的"工具"→"工具栏"→AutoCAD 命令，调出所需要的工具栏。工具栏是一组工具按钮的集合。将鼠标移动到某个按钮上，停留片刻，将显示相应的工具提示；同时，在状态栏中也将显示对应的说明和命令名称。此时，单击该按钮即可启动相应的命令。

　　工具栏可以以浮动的形式出现在绘图区中，如图 1-7 所示，如果不需要，可关闭该工具栏。拖曳浮动工具栏到绘图区边界，可以使其变为固定工具栏；当然，也可以把固定工具栏拖出，使其成为浮动工具栏。

图 1-7　浮动工具栏

Note

在工具栏中，有些按钮的右下角带有一个下拉按钮。单击该下拉按钮，在打开的下拉列表中单击某一按钮，该按钮就成为当前按钮。单击当前按钮，即可执行相应的命令，如图 1-8 所示。

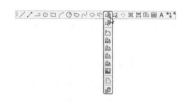

图 1-8　通过下拉按钮设置当前按钮

1.1.6　命令行窗口

命令行窗口位于绘图区的下方，是供用户输入命令和显示命令提示的区域，如图 1-9 所示。对于命令行窗口，有以下几点需要说明。

- ☑　移动拆分条，可以扩大与缩小命令行窗口。
- ☑　通过拖动命令行窗口，可以将其放置在屏幕上的其他位置。

图 1-9　命令行窗口

- ☑　对当前命令行窗口中输入的内容可以按 F2 键，在 AutoCAD 文本窗口中运用文本编辑的方法进行编辑，如图 1-10 所示。该窗口的功能和命令行窗口相似，可以显示当前 AutoCAD 进程中命令的输入和执行过程。在 AutoCAD 2022 中执行某些命令时，会自动切换到此窗口，列出有关信息。

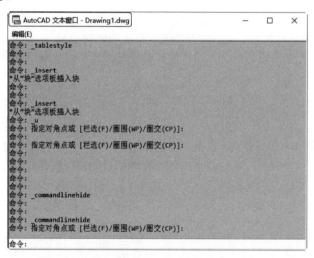

图 1-10　AutoCAD 文本窗口

- ☑　AutoCAD 通过命令行窗口反馈各种信息，包括出错信息，因此用户要时刻关注。

1.1.7　布局标签

AutoCAD 2022 系统下默认有一个"模型"空间布局标签和"布局 1""布局 2"两个图纸空间布局标签。

1．布局标签

布局是系统为绘图设置的一种环境，包括图纸大小、尺寸单位、角度设定、数值精确度等。在系统默认显示的"模型""布局 1""布局 2"3 个标签中，这些环境变量都采用默认设置。用户可以根据实际需要改变这些变量的值，也可以设置符合自己要求的新标签。

2．模型标签

AutoCAD 2022 的空间分为模型空间和图纸空间。模型空间通常是绘图的环境；而在图纸空间中，用户可以创建称为"浮动视口"的区域，以不同视图显示所绘图形。用户可以在图纸空间中调整浮动视口并决定所包含视图的缩放比例。如果选择图纸空间，则可打印多个任意布局的视图。

AutoCAD 2022 系统默认打开模型空间，用户可以选择需要的布局。

1.1.8　状态栏

状态栏位于操作界面的底部，依次有"坐标""模型空间""栅格""捕捉模式""推断约束""动态输入""正交模式""极轴追踪""等轴测草图""对象捕捉追踪""二维对象捕捉""线宽""透明度""选择循环""三维对象捕捉""动态 UCS""选择过滤""小控件""注释可见性""自动缩放""注释比例""切换工作空间""注释监视器""单位""快捷特性""锁定用户界面""隔离对象""图形性能""全屏显示""自定义"这 30 个功能按钮，如图 1-11 所示。单击这些开关按钮，即可实现相应功能的开启或关闭。

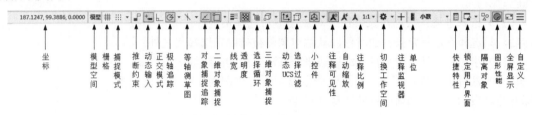

图 1-11　状态栏

通过状态栏中的图标及按钮，可以很方便地使用访问注释比例等常用功能。

（1）坐标：显示工作区鼠标放置点的坐标。

（2）模型空间：在模型空间与布局空间之间进行转换。

（3）栅格：栅格是覆盖整个坐标系（UCS）XY 平面的直线或点组成的矩形图案。使用栅格类似于在图形下放置一张坐标纸。利用栅格可以对齐对象并直观显示对象之间的距离。

（4）捕捉模式：对象捕捉对于在对象上指定精确位置非常重要。不论何时提示输入点，都可以指定对象捕捉。默认情况下，当光标移到对象的对象捕捉位置时，将显示标记和工具提示。

（5）推断约束：自动在正在创建或编辑的对象与对象捕捉的关联对象或点之间应用约束。

（6）动态输入：在光标附近显示一个提示框（称之为"工具提示"），工具提示中显示出对应的命令提示和光标的当前坐标值。

（7）正交模式：将光标限制在水平或垂直方向上移动，以便于精确地创建和修改对象。当创建或移动对象时，可以使用"正交"模式将光标限制在相对于用户坐标系（UCS）的水平或垂直方向上。

（8）极轴追踪：使用极轴追踪，光标将按指定角度进行移动。创建或修改对象时，可以使用"极轴追踪"来显示由指定的极轴角度所定义的临时对齐路径。

（9）等轴测草图：通过设定"等轴测捕捉/栅格"，可以很容易地沿 3 个等轴测平面之一对齐对象。尽管等轴测图形看似是三维图形，但它实际上是由二维图形表示，因此不能期望提取三维距离和面积、从不同视点显示对象或自动消除隐藏线。

（10）对象捕捉追踪：使用对象捕捉追踪，可以沿着基于对象捕捉点的对齐路径进行追踪。已获取的点将显示一个小加号（+），一次最多可以获取 7 个追踪点。获取点之后，在绘图路径上移动光标，将显示相对于获取点的水平、垂直或极轴对齐路径。例如，可以基于对象端点、中点或者对象的交点，沿着某个路径选择一点。

（11）二维对象捕捉：使用执行对象捕捉设置（也称为对象捕捉），可以在对象上的精确位置指定捕捉点。选择多个选项后，将应用选定的捕捉模式，以返回距离靶框中心最近的点。按 Tab 键以在这些选项之间循环。

（12）线宽：分别显示对象所在图层中设置的不同宽度，而不是统一线宽。

（13）透明度：使用该命令，调整绘图对象显示的明暗程度。

（14）选择循环：当一个对象与其他对象彼此接近或重叠时，准确地选择某一个对象是很困难的，使用选择循环的命令，单击打开"选择集"列表框，里面列出了鼠标单击周围的图形，然后在列表中选择所需的对象。

（15）三维对象捕捉：三维中的对象捕捉与在二维中工作的方式类似，不同之处在于在三维中可以投影对象捕捉。

（16）动态 UCS：在创建对象时使 UCS 的 XY 平面自动与实体模型上的平面临时对齐。

（17）选择过滤：根据对象特性或对象类型对选择集进行过滤。当按下图标后，只选择满足指定条件的对象，其他对象将被排除在选择集之外。

（18）小控件：帮助用户沿三维轴或平面移动、旋转或缩放一组对象。

（19）注释可见性：当图标亮显时表示显示所有比例的注释性对象；当图标变暗时表示仅显示当前比例的注释性对象。

（20）自动缩放：注释比例更改时，自动将比例添加到注释对象。

（21）注释比例：单击注释比例右下角的小三角符号打开注释比例列表，如图 1-12 所示，可以根据需要选择适当的注释比例。

（22）切换工作空间：单击状态栏中的"切换工作空间"按钮 ⚙ ▾，打开如图 1-13 所示的选取菜单，可选取空间样式进行工作空间转换。

（23）注释监视器：打开仅用于所有事件或模型文档事件的注释监视器。

（24）单位：指定线性和角度单位的格式和小数位数。

（25）快捷特性：控制快捷特性面板的使用与禁用。

（26）锁定用户界面：可以控制是否锁定工具栏或图形窗口在图形界面上的位置。右击位置锁图标，系统打开工具栏/窗口位置锁快捷菜单，如图 1-14 所示。

| ✓ 1:1 |
| 1:2 |
| 1:4 |
| 1:5 |
| 1:8 |
| 1:10 |
| 1:16 |
| 1:20 |
| 1:30 |
| 1:40 |
| 1:50 |
| 1:100 |
| 2:1 |
| 4:1 |
| 8:1 |
| 10:1 |
| 100:1 |
| 自定义... |
| 外部参照比例 |
| 百分比 |

图 1-12　注释比例列表

图 1-13　选取菜单　　　　图 1-14　工具栏/窗口位置锁快捷菜单

（27）隔离对象：当选择隔离对象时，在当前视图中显示选定对象，所有其他对象都暂时隐藏；当选择隐藏对象时，在当前视图中暂时隐藏选定对象，所有其他对象都可见。

Note

（28）图形性能：设定图形卡的驱动程序以及设置硬件加速的选项。

（29）全屏显示：该选项可以清除 Windows 窗口中的标题栏、功能区和选项板等界面元素，使 AutoCAD 的绘图窗口全屏显示。

（30）自定义：状态栏可以提供重要信息，而无须中断工作流。使用 MODEMACRO 系统变量可将应用程序所能识别的大多数数据显示在状态栏中。使用该系统变量的计算、判断和编辑功能可以完全按照用户的要求构造状态栏。

1.1.9　滚动条

在 AutoCAD 2022 的绘图窗口中，在窗口的下方和右侧还提供了用来浏览图形的水平和竖直方向的滚动条。在滚动条中单击或拖动滚动条中的滚动块，用户可以在绘图窗口中沿水平或竖直两个方向浏览图形。

1.1.10　快速访问工具栏和交互信息工具栏

1．快速访问工具栏

该工具栏包括"新建""打开""保存""另存为""从 Web 和 Mobile 中打开""保存到 Web 和 Mobile""打印""放弃""重做"等几个最常用的工具。用户也可以单击此工具栏后面的下拉按钮，设置需要的常用工具。

2．交互信息工具栏

该工具栏包括"搜索""Autodesk Account""Autodesk App Store""保持连接"和"单击此处访问帮助"等几个常用的数据交互访问工具。

1.1.11　功能区

功能区位于菜单栏的下方，主要包括"默认""插入""注释""参数化""视图""三维工具""可视化""管理""输出""附加模块""协作""Express Tools""精选应用"等几个选项卡，每个选项卡集成了相关的操作工具，方便用户的使用。用户可以单击功能区选项卡后面的 ▣▾ 按钮，以控制功能的展开与收缩。

打开或关闭功能区的方法如下。

☑ 命令行：RIBBON（或 RIBBONCLOSE）。
☑ 菜单栏：选择菜单栏中的"工具"→"选项板"→"功能区"命令。

1.2　配置绘图系统

由于每台计算机所使用的显示器、输入设备和输出设备的类型不同，用户喜好的风格及计算机的目录设置也是不同的，所以每台计算机都是独特的。一般来说，采用 AutoCAD 2022 的默认配置就可以绘图，但为了使用定点设备或打印机，以及提高绘图效率，推荐用户在开始作图前先进行必要的配置。

1．执行方式

☑ 命令行：PREFERENCES。

☑ 菜单栏：选择菜单栏中的"工具"→"选项"命令。

☑ 快捷菜单：在绘图区右击，在打开的快捷菜单中选择"选项"命令，如图 1-15 所示。

2．操作步骤

执行上述命令后，在打开的"选项"对话框中选择不同的选项卡，对系统进行配置。下面只对其中几个主要的选项卡进行介绍，其他配置选项在后文用到时再做具体说明。

1.2.1　显示配置

"选项"对话框中的第二个选项卡为"显示"选项卡，该选项卡控制 AutoCAD 2022 窗口的外观，可设定屏幕菜单、滚动条显示与否、固定命令行窗口中文字行数、AutoCAD 2022 的版面布局设置、各实体的显示分辨率以及 AutoCAD 运行时的其他各项性能参数等。前面已经讲述了屏幕菜单设定、屏幕颜色、光标大小等知识，其余有关选项的设置可参照"帮助"文件学习。

图 1-15　选择"选项"命令

在设置实体显示分辨率时，务必记住，显示质量越高，即分辨率越高，计算机计算的时间越长。将显示质量设定在一个合理的程度上是很重要的，不要将其设置得太高。

1.2.2　系统配置

"系统"选项卡如图 1-16 所示，主要用于设置 AutoCAD 2022 系统的有关特性。

图 1-16　"系统"选项卡

1．"硬件加速"选项组

控制与图形显示系统的配置相关的设置。设置及其名称会随着产品而变化。

2．"当前定点设备"选项组

该选项组用于安装及配置定点设备，如数字化仪和鼠标。

3．"布局重生成选项"选项组

该选项组用于确定切换布局时是否重生成或缓存模型选项卡和布局。

4．"常规选项"选项组

该选项组用于确定是否选择系统配置的有关基本选项。

5．"数据库连接选项"选项组

该选项组用于确定数据库连接的方式。

1.3 文 件 管 理

本节将介绍有关文件管理的一些基本操作方法，包括新建文件、打开文件、保存文件、关闭文件等，这些都是进行 AutoCAD 2022 操作最基础的知识。

1.3.1 新建文件

1．执行方式

☑ 命令行：NEW。
☑ 菜单栏：选择菜单栏中的"文件"→"新建"命令或选择主菜单中的"新建"命令。
☑ 工具栏：单击"标准"工具栏中的"新建"按钮□或单击快速访问工具栏中的"新建"按钮□。

2．操作步骤

执行上述命令后，❶打开如图 1-17 所示的"选择样板"对话框，❷在"文件类型"下拉列表框中有 3 种格式的图形样板，其扩展名分别为.dwt、.dwg 和.dws。

图 1-17 "选择样板"对话框

一般情况下，.dwt 文件是标准的样板文件，通常将一些规定的标准性的样板文件设置成.dwt 文件；.dwg 文件是普通的样板文件；而.dws 文件是包含标准图层、标注样式、线型和文字样式的样板文件。此外，用户也可以根据自己的需要设置新的样板文件。

在每种图形样板文件中，系统都会根据绘图任务的要求进行统一的图形设置，如绘图单位类型和精度要求、绘图界限、捕捉、栅格与正交设置、图层、图框和标题栏、尺寸及文本格式、线型和线宽等。

使用图形样板文件绘图的优点在于，在完成绘图任务时不但可以保持图形设置的一致性，而且可以大大提高工作效率。

快速创建图形功能，是创建新图形最快捷的方法。

1. 执行方式

- ☑ 命令行：QNEW。
- ☑ 菜单栏：选择菜单栏中的"文件"→"新建"命令或选择主菜单中的"新建"命令。
- ☑ 工具栏：单击"标准"工具栏中的"新建"按钮□或单击快速访问工具栏中的"新建"按钮□。

2. 操作步骤

在运行快速创建图形功能之前必须进行如下设置。

（1）将 FILEDIA 系统变量设置为 1，将 STARTUP 系统变量设置为 0。命令行提示与操作如下。

```
命令：FILEDIA↙
输入 FILEDIA 的新值 <1>:
命令：STARTUP↙
输入 STARTUP 的新值 <0>:
```

（2）选择菜单栏中的"工具"→"选项"命令，在❶打开的"选项"对话框中❷选择"文件"选项卡，❸单击"样板设置"节点前的"+"图标，❹然后选择需要的样板文件路径，如图 1-18 所示。

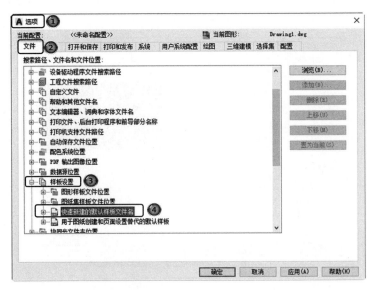

图 1-18　"文件"选项卡

1.3.2　打开文件

1. 执行方式

☑　命令行：OPEN。

☑　菜单栏：选择菜单栏中的"文件"→"打开"命令或选择主菜单中的"打开"命令。

☑　工具栏：单击"标准"工具栏中的"打开"按钮🗁或单击快速访问工具栏中的"打开"按钮🗁。

2. 操作步骤

执行上述命令后，打开如图 1-19 所示的"选择文件"对话框，在"文件类型"下拉列表框中可选择.dwg、.dwt、.dxf 或.dws 图形文件格式。其中，.dxf 文件是用文本形式存储的图形文件，能够被其他程序读取，许多第三方应用软件都支持该格式。

图 1-19　"选择文件"对话框

1.3.3　保存文件

1. 执行方式

☑　命令行：QSAVE（或 SAVE）。

☑　菜单栏：选择菜单栏中的"文件"→"保存"命令或选择主菜单中的"保存"命令。

☑　工具栏：单击"标准"工具栏中的"保存"按钮💾或单击快速访问工具栏中的"保存"按钮💾。

2. 操作步骤

执行上述命令后，若文件已命名，则系统自动保存；若文件未命名（即为默认名 Drawing1.dwg），则打开如图 1-20 所示的"图形另存为"对话框，用户可以命名文件并保存。在"保存于"下拉列表框中指定保存文件的路径，在"文件类型"下拉列表框中指定保存文件的类型，然后单击"保存"按钮即可。

图 1-20　"图形另存为"对话框

为了防止因意外操作或计算机系统故障导致正在绘制的图形文件丢失，可以对当前图形文件设置自动保存，步骤如下。

（1）利用系统变量 SAVEFILEPATH 设置所有"自动保存"文件的位置，如 C:\HU\。

（2）利用系统变量 SAVEFILE 存储"自动保存"文件名。该系统变量存储的文件是只读文件，用户可从中查询自动保存的文件名。

（3）利用系统变量 SAVETIME 指定在使用"自动保存"功能时多长时间保存一次图形。

1.3.4　另存为

1．执行方式

☑　命令行：SAVEAS。

☑　菜单栏：选择菜单栏中的"文件"→"另存为"命令或选择主菜单中的"另存为"命令。

☑　工具栏：单击快速访问工具栏中的"另存为"按钮 。

2．操作步骤

执行上述命令后，打开如图 1-20 所示的"图形另存为"对话框，可将图形以其他名称保存。

1.3.5　关闭文件

1．执行方式

☑　命令行：QUIT 或 EXIT。

☑　菜单栏：选择菜单栏中的"文件"→关闭或选择主菜单栏中的"关闭"命令。

☑　按钮：在 AutoCAD 2022 操作界面中单击菜单栏右侧的"关闭"按钮 。

2．操作步骤

执行上述命令后，若用户对图形所做的修改尚未保存，则会打开如图 1-21 所示的系统警告对话框。单击"是"按钮，系统将保存文件，然后关闭；单击"否"按钮，系统将不保存文件。若用户对图形所做的修改已经保存，则直接关闭。

1.3.6　图形修复

图形文件损坏或程序意外终止后，可以通过命令查找并更正错误或通过恢复为备份文件，修复部分或全部数据。

1. 执行方式

☑　命令行：DRAWINGRECOVERY。

☑　菜单栏：选择菜单栏中的"文件"→"图形实用工具"→"图形修复管理器"命令或选择主菜单中的"图形实用工具"→"图形修复管理器"命令。

2. 操作步骤

执行上述命令后，❶打开如图 1-22 所示的"图形修复管理器"选项板，❷打开"备份文件"栏中的文件，可以重新保存，从而进行修复。

图 1-21　系统警告对话框

图 1-22　图形修复管理器

1.4　基本输入操作

在 AutoCAD 2022 中输入操作方法是进行 AutoCAD 绘图和深入学习 AutoCAD 功能的前提。

1.4.1　命令输入方式

在 AutoCAD 2022 中进行交互式绘图时，必须输入必要的指令和参数。AutoCAD 2022 提供了多种命令输入方式，下面以绘制直线为例进行介绍。

1. 在命令行窗口中输入命令

命令字符可不区分大小写。例如，命令 LINE。执行命令时，在命令行窗口中经常会出现提示选项。例如，在输入绘制直线命令 LINE 后，命令行提示与操作如下：

命令：LINE↙
指定第一个点：（在屏幕上指定一点或输入一个点的坐标）
指定下一点或 [放弃(U)]：

提示中不带括号的选项为默认选项，因此可以直接输入直线段的起点坐标或在屏幕上指定一点，如果要选择其他选项，则应该首先输入该选项的标识字符，如"放弃"选项的标识字符 U，然后按系统提示输入数据即可。有些选项的后面带有尖括号，尖括号内的数值为默认数值。

2．在命令行窗口中输入命令缩写字

例如，在命令行窗口中输入 L（Line）、C（Circle）、A（Arc）、Z（Zoom）、R（Redraw）、M（More）、CO（Copy）、PL（Pline）、E（Erase）等，其执行效果与输入命令全称是一样的。

3．选择"绘图"→"直线"命令

选择菜单栏中的"绘图"→"直线"命令后，在状态栏中可以看到对应的命令说明及命令名称。

4．单击"默认"选项卡"绘图"面板中的"直线"按钮

在单击"绘图"面板中的"直线"按钮后，在状态栏中也可以看到对应的命令说明及命令名。

5．右键快捷菜单

如果要重复使用前面刚使用过的命令，可以直接在绘图区单击鼠标右键，在打开的右键快捷菜单中找到前面执行过的命令或者常用命令。

1.4.2　命令的重复、撤销和重做

1．命令的重复

在命令行窗口中直接按 Enter 键，可重复调用上一个命令，不管上一个命令是否完成。

2．命令的撤销

在命令执行的任何时刻都可以取消和终止命令的执行。执行方式如下。

☑　命令行：UNDO。
☑　菜单栏：选择菜单栏中的"编辑"→"放弃"命令。
☑　工具栏：单击"标准"工具栏中的"放弃"按钮或单击快速访问工具栏中的"放弃"按钮。

3．命令的重做

已被撤销的命令还可以恢复重做，通常是恢复撤销的最后一个命令。执行方式如下。

☑　命令行：REDO。
☑　菜单栏：选择菜单栏中的"编辑"→"重做"命令。
☑　工具栏：单击"标准"工具栏中的"重做"按钮或单击快速访问工具栏中的"重做"按钮。

此外，也可以一次执行多重放弃和重做操作。在快速访问工具栏中单击或按钮右侧的下拉按钮，在打开的下拉列表中可以选择要放弃或重做的操作，如图 1-23 所示。

图 1-23　多重放弃或重做

1.5　图层设置

AutoCAD 中的图层如同在手工绘图中使用的重叠透明图纸，可以通过它来组织不同类型的信息，如图 1-24 所示。在 AutoCAD 2022 中，图形的每个对象都位于一个图层上，所有图形对象都具有图层、颜色、线型和线宽这 4 个基本属性。在绘制时，图形对象将创建在当前的图层上。每个 CAD 文档中图层的数量是不受限制的，每个图层都有自己的名称。

图 1-24　图层示意图

1.5.1　建立新图层

新建的 CAD 文档中只能自动创建一个名为 0 的特殊图层，不能删除或重命名图层 0。默认情况下，图层 0 将被指定使用 7 号颜色、Continuous 线型、默认线宽，以及 NORMAL 打印样式。通过创建新的图层，可以将类型相似的对象指定给同一个图层，使其相关联。例如，可以将构造线、文字、标注和标题栏置于不同的图层上，并为这些图层指定通用特性。通过将对象分类放到各自的图层中，可以快速、有效地控制对象的显示以及对其进行更改。

1. 执行方式

☑　命令行：LAYER。
☑　菜单栏：选择菜单栏中的"格式"→"图层"命令。
☑　工具栏：单击"图层"工具栏中的"图层特性管理器"按钮，如图 1-25 所示。
☑　功能区：单击"默认"选项卡"图层"面板中的"图层特性"按钮，如图 1-26 所示。

图 1-25　"图层"工具栏　　　　　　　图 1-26　"图层"面板

2. 操作步骤

执行上述命令后，打开"图层特性管理器"选项板，如图 1-27 所示。

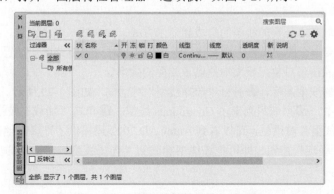

图 1-27　"图层特性管理器"选项板

在"图层特性管理器"选项板中单击"新建图层"按钮 ，即可建立新图层，默认的图层名为"图层 1"，可以根据绘图需要更改图层名称，例如改为实体层、中心线层或标准层等。

在一个图形中可以创建的图层数以及在每个图层中可以创建的对象数实际上是无限的。"图层特性管理器"按其名称的字母顺序排列图层。

注意： 如果要建立不止一个图层，无须重复单击"新建图层"按钮，更有效的方法是：在建立一个新的图层"图层 1"后，改变图层名，在其后输入一个逗号","，这样就会又自动建立一个新图层"图层 1"……以此类推，即可新建多个图层。也可以按两次 Enter 键，建立另一个新的图层。图层名称也可以更改，直接双击图层名称，输入新的名称即可。

在图层属性设置中，主要涉及"状态""名称""开/关闭""冻结/解冻""锁定/解锁""颜色""线型""线宽""透明度""打印样式""打印/不打印""新视口冻结""说明" 13 个参数。下面将介绍几个图层参数的设置方法。

（1）设置图层线条颜色。

在工程制图中，整个图形包含多种不同功能的图形对象，例如实体、剖面线与尺寸标注等。为了便于直观地区分它们，有必要针对不同的图形对象使用不同的颜色。例如，实体层使用白色，剖面线层使用青色等。

要改变图层的颜色时，单击图层所对应的颜色图标，打开"选择颜色"对话框，如图 1-28 所示。这是一个标准的颜色设置对话框，其中包括"索引颜色""真彩色""配色系统" 3 个选项卡。选择不同的选项卡，即可针对颜色进行相应的设置。

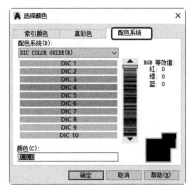

（a）"索引颜色"选项卡　　　（b）"真彩色"选项卡　　　（c）"配色系统"选项卡

图 1-28　"选择颜色"对话框

（2）设置图层线型。

线型是指作为图形基本元素的线条的组成和显示方式，如实线、点画线等。在绘图工作中，常常以线型划分图层。为某一个图层设置适合的线型后，在绘图时只需将该图层设置为当前工作层，即可绘制出符合线型要求的图形对象，极大地提高了绘图的效率。

单击图层所对应的线型图标，❶打开"选择线型"对话框，如图 1-29 所示。默认情况下，在"已加载的线型"列表框中，❷系统只列出了 Continuous 线型。❸单击"加载"按钮，❹打开如图 1-30所示的"加载或重载线型"对话框，可以看到 AutoCAD 2022 还提供了许多其他的线型。选择所需的线型，❺然后单击"确定"按钮，即可把该线型加载到"选择线型"对话框的"已加载的线型"列表框中。

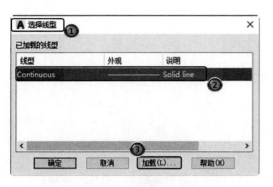

图 1-29　"选择线型"对话框

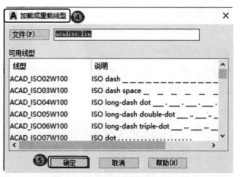

图 1-30　"加载或重载线型"对话框

> **提示：按住 Ctrl 键可以选择几种线型同时加载。**

（3）设置图层线宽。

顾名思义，线宽设置就是改变线条的宽度。使用不同宽度的线条表现图形对象的类型，可以提高图形的表达能力和可读性。例如，绘制外螺纹时大径使用粗实线，小径使用细实线。

单击图层所对应的线宽图标，❶打开"线宽"对话框，如图 1-31 所示。选择一种线宽，❷单击"确定"按钮，即可完成对图层线宽的设置。

线宽的默认值为 0.25 mm。在布局空间为"模型"状态时，显示的线宽同计算机的像素有关。当线宽为 0 mm 时，显示为 1 像素的线宽。单击状态栏中的"线宽"按钮，屏幕上显示的图形线宽与实际线宽成一定比例，但线宽不随着图形的放大和缩小而变化，如图 1-32 所示。当"线宽"功能关闭时，不显示图形的线宽，图形的线宽均为默认值。

图 1-31　"线宽"对话框

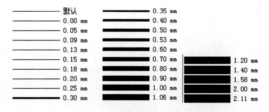

图 1-32　线宽显示效果图

1.5.2　设置图层

除了上述的通过图层特性管理器设置图层的方法外，还有几种更为简便的方法可以设置图层的颜色、线宽、线型等参数。

1. 直接设置图层

可以直接通过命令行或菜单栏设置图层的颜色、线宽、线型。

（1）设置图层颜色。

❶ 执行方式。

☑　命令行：COLOR。

☑ 菜单栏：选择菜单栏中的"格式"→"颜色"命令。

☑ 功能区：单击"默认"选项卡"特性"面板中的"更多颜色"按钮●。

❷ 操作步骤。

执行上述命令后，在打开的"选择颜色"对话框（见图 1-28）中设置所需颜色即可。

（2）设置图层线型。

❶ 执行方式。

☑ 命令行：LINETYPE。

☑ 菜单栏：选择菜单栏中的"格式"→"线型"命令。

☑ 功能区：单击"默认"选项卡"特性"面板"线型"下拉列表中的"其他"按钮。

❷ 操作步骤。

执行上述命令后，在打开的"线型管理器"对话框（见图 1-33）中设置所需线型即可。在该对话框中设置线型的具体方法与"选择线型"对话框类似。

（3）设置图层线宽。

❶ 执行方式。

☑ 命令行：LINEWEIGHT 或 LWEIGHT。

☑ 菜单栏：选择菜单栏中的"格式"→"线宽"命令。

☑ 功能区：单击"默认"选项卡"特性"面板"线宽"下拉列表中的"线宽设置"按钮。

❷ 操作步骤。

执行上述命令后，在打开的"线宽设置"对话框（见图 1-34）中设置所需的线宽即可。在该对话框中设置线宽的具体方法与"线宽"对话框类似。

图 1-33　"线型管理器"对话框

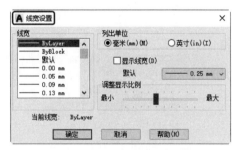

图 1-34　"线宽设置"对话框

2. 利用"对象特性"工具栏设置图层

通过 AutoCAD 2022 提供的"特性"工具栏（见图 1-35），用户能够快速地查看和修改所选对象的图层、颜色、线型和线宽等特性。

图 1-35　"特性"工具栏

在绘图窗口中选择任何对象，都将在此工具栏上自动显示其所在图层、颜色、线型及打印样式等属性。如需修改，打开相应的下拉列表，从中选择需要的选项即可。如果其中没有列出所需选项，还可通过选择相应选项打开对话框进行设置。例如，在如图 1-36 所示的"颜色"下拉列表中选择"选择颜色"选项，在打开的"选择颜色"对话框中即可选择所需的颜色；在如图 1-37 所示的"线型"下拉列表框中选择"其他"选项，在打开的"线型管理器"对话框中即可选择所需的线型。

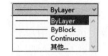

图 1-36 "颜色"下拉列表　　　图 1-37 "线型"下拉列表框

3．用"特性"选项板设置图层

（1）执行方式。

☑ 命令行：DDMODIFY 或 PROPERTIES。

☑ 菜单栏：选择菜单栏中的"修改"→"特性"命令。

☑ 工具栏：单击"标准"工具栏中的"特性"按钮 📋。

☑ 功能区：单击"视图"选项卡"选项板"面板中的"特性"按钮 📋。

（2）操作步骤。

执行上述命令后，在打开的"特性"选项板（见图 1-38）中可以方便地设置或修改图层、颜色、线型、线宽等属性。

1.5.3 控制图层

1．切换当前图层

不同的图形对象需要绘制在不同的图层中，这就要求在绘制前先将工作图层切换到所需的图层。打开"图层特性管理器"选项板，从中选择需要的图层，然后单击"置为当前"按钮 🗐 即可。

2．删除图层

在"图层特性管理器"选项板的图层列表框中选择要删除的图层，单击"删除图层"按钮 🗐 即可删除该图层。从图形文件定义中删除选定的图层，只能删除未参照的图层，参照图层包括图层 0 及 DEFPOINTS、包含对象（包括块定义中的对象）的图层、当前图层和依赖外部参照的图层。不包含对象（包括块定义中的对象）的图层、非当前图层和不依赖外部参照的图层都可以删除。

3．关闭/打开图层

图 1-38 "特性"选项板

在"图层特性管理器"选项板中单击"开/关"按钮 💡，可以控制图层的可见性。当图层打开时，按钮呈鲜艳的颜色 💡，该图层上的图形可以显示在屏幕上或绘制在绘图仪的输出图纸上。单击该按钮，使其呈灰暗色 💡时，该图层上的图形将不显示在屏幕上，而且不能被打印输出，但仍然作为图形的一部分保留在文件中。

4．冻结/解冻图层

在"图层特性管理器"选项板中单击"冻结/解冻"按钮 ❄，可以冻结图层或将图层解冻。当按钮呈雪花灰暗色 ❄ 时，表示该图层处于冻结状态；当其呈太阳鲜艳色 ☀ 时，表示该图层处于解冻状态。冻结图层上的对象不能显示，也不能打印，同时也不能编辑、修改该图层上的图形对象。在冻结图层后，该图层上的对象不影响其他图层上对象的显示和打印。例如，在使用 HIDE 命令消隐时，只消隐未被冻结图层上的对象，不消隐其他的对象。

5．锁定/解锁图层

在"图层特性管理器"选项板中单击"锁定/解锁"按钮 🔓，可以锁定图层或将图层解锁。锁定图层后，该图层上的图形依然显示在屏幕上并可打印输出，同时可以在该图层上绘制新的图形对象，但用户不能对该图层上的图形进行编辑、修改操作。由此可以看出，其目的就是防止对图形的意外修改。可以对当前图层进行锁定，也可对锁定图层上的图形进行查询和对象捕捉。

6．打印样式

在 AutoCAD 2022 中，可以使用一个称为"打印样式"的新的对象特性。打印样式主要用于控制对象的打印特性，包括颜色、抖动、灰度、笔号、虚拟笔、淡显、线型、线宽、线条端点样式、线条连接样式和填充样式等。打印样式为用户提供了很大的灵活性，因为用户可以设置打印样式来替代其他对象特性。当然，也可以根据用户的需要关闭这些替代设置。

7．打印/不打印

在"图层特性管理器"选项板中单击"打印/不打印"按钮 🖶，可以设置在打印时该图层是否打印，以在保证图形显示可见不变的条件下控制图形的打印特征。打印功能只对可见图层起作用，对于已经被冻结或被关闭的图层不起作用。

8．冻结新视口

控制在当前视口中图层的冻结和解冻，不解冻图形中设置为"关"或"冻结"的图层，对于模型空间视口不可用。

1.6　绘图辅助工具

要快速、顺利地完成图形绘制工作，有时需要借助一些辅助工具，例如用于准确确定绘制位置的精确定位工具、调整图形显示范围与方式的显示工具等。下面分别介绍这两种非常重要的辅助绘图工具。

1.6.1　精确定位工具

在绘制图形时，可以使用直角坐标和极坐标精确定位点，但是有些点（如端点、中心点等）的坐标是不知道的，要想精确地指定这些点是很难的，有时甚至是不可能的。幸好 AutoCAD 2022 很好地解决了这一问题，利用其提供的辅助定位工具，可以很容易地在屏幕中捕捉到这些点，从而进行精确绘图。

1．栅格

AutoCAD 的栅格由有规则的点的矩阵组成，延伸到指定为图形界限的整个区域。使用栅格与在坐标纸上绘图是十分相似的，可以对齐对象并直观地显示对象之间的距离。如果放大或缩小图形，则可能需要调整栅格间距，使其更适合新的比例。虽然栅格在屏幕上是可见的，但它并不是图形对象，因此并不会被打印成图形中的一部分，也不会影响绘图位置。

单击状态栏上的"栅格"按钮或按 F7 键，即可打开或关闭栅格。启用栅格并设置栅格在 X 轴方向和 Y 轴方向上的间距的方法如下。

（1）执行方式。

☑　命令行：DSETTINGS（或 DS、SE 或 DDRMODES）。

☑　菜单栏：选择菜单栏中的"工具"→"绘图设置"命令。

☑　快捷菜单：右击"栅格"按钮，在打开的快捷菜单中选择"网格设置"命令。

（2）操作步骤。

执行上述命令，打开"草图设置"对话框，如图 1-39 所示。

图 1-39　"草图设置"对话框

如果需要显示栅格，则选中"启用栅格"复选框。在"栅格 X 轴间距"文本框中输入栅格点之间的水平距离，单位为毫米。如要使用相同的间距设置垂直和水平分布的栅格点，则按 Tab 键；否则，在"栅格 Y 轴间距"文本框中输入栅格点之间的垂直距离。

用户可以改变栅格与图形界限的相对位置。默认情况下，栅格以图形界限的左下角为起点，沿着与坐标轴平行的方向填充整个由图形界限所确定的区域。

注意： 如果栅格的间距设置得太小，当进行"打开栅格"操作时，AutoCAD 将在"AutoCAD 文本窗口"中显示"栅格太密，无法显示"的提示信息，而不在屏幕上显示栅格点。使用"缩放"命令时，如果将图形缩放得很小，也会出现同样的提示信息，不显示栅格。

捕捉可以使用户直接使用鼠标快速地定位目标点。捕捉模式有栅格捕捉、对象捕捉、极轴捕捉和自动捕捉 4 种不同的形式，下面将详细讲解。

另外，还可以在命令行通过 GRID 命令设置栅格，其功能与"草图设置"对话框类似，在此不再赘述。

2．栅格捕捉

栅格捕捉是指 AutoCAD 可以生成一个隐含分布于屏幕上的栅格，这种栅格能够捕捉光标，使得光标只能落到其中的一个栅格点上。栅格捕捉可分为"矩形捕捉"和"等轴测捕捉"两种类型。默认设置为"矩形捕捉"，即捕捉点的阵列类似于栅格，如图 1-40 所示，用户可以指定捕捉模式在 X 轴方向和 Y 轴方向上的间距，也可改变捕捉模式与图形界限的相对位置。与栅格的不同之处在于，捕捉间距的值必须为正实数，另外捕捉模式不受图形界限的约束。"等轴测捕捉"表示捕捉模式为等轴测模式，此模式是绘制正等轴测图时的工作环境，如图 1-41 所示。在"等轴测捕捉"模式下，栅格和光标十字线呈绘制等轴测图时的特定角度。

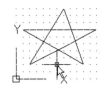

图 1-40 "矩形捕捉"实例

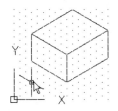

图 1-41 "等轴测捕捉"实例

在绘制图 1-40 和图 1-41 中的图形时，输入参数点时光标只能落在栅格点上。两种模式切换方法为：打开"草图设置"对话框，进入"捕捉和栅格"选项卡，在"捕捉类型"选项组中，通过选中不同的单选按钮可以切换"矩形捕捉"模式与"等轴测捕捉"模式。

3. 极轴追踪

极轴追踪是指在创建或修改对象时，按事先给定的角度增量和距离增量来追踪特征点，即捕捉相对于初始点且满足指定极轴距离和极轴角的目标点。

极轴追踪设置主要是设置追踪的距离增量和角度增量，以及与之相关联的捕捉模式。这些设置可以通过"草图设置"对话框中的"捕捉和栅格"与"极轴追踪"选项卡来实现，如图 1-42 和图 1-43 所示。

图 1-42 "捕捉和栅格"选项卡

图 1-43 "极轴追踪"选项卡

（1）设置极轴距离。

在"草图设置"对话框的"捕捉和栅格"选项卡中，可以设置极轴距离，单位为毫米。绘图时，光标将按指定的极轴距离增量进行移动。

（2）设置极轴角度。

在"草图设置"对话框的"极轴追踪"选项卡中，可以设置极轴角增量角度。在"极轴角设置"选项组中，既可以在"增量角"下拉列表框中选择 90、45、30、22.5、18、15、10 和 5（度）的极轴角增量，也可以直接输入其他任意角度。光标移动时，如果接近极轴角，将显示对齐路径和工具栏提示。例如，当极轴角增量设置为 30°，光标移动 90° 时显示的对齐路径如图 1-44 所示。

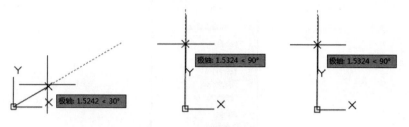

图 1-44　设置极轴角度

　　"附加角"用于设置极轴追踪时是否采用附加角度追踪。选中"附加角"复选框，通过"新建"按钮或者"删除"按钮来增加、删除附加角度值。

　　（3）对象捕捉追踪设置。

　　该选项组主要用于设置对象捕捉追踪的模式。如果选中"仅正交追踪"单选按钮，则当采用追踪功能时，系统仅在水平和垂直方向上显示追踪数据；如果选中"用所有极轴角设置追踪"单选按钮，则当采用追踪功能时，系统不仅可以在水平和垂直方向上显示追踪数据，还可以在设置的极轴追踪角度与附加角度所确定的一系列方向上显示追踪数据。

　　（4）极轴角测量。

　　该选项组主要用于设置测量极轴角的角度时采用的参考基准。其中，"绝对"是指相对水平方向逆时针测量，"相对上一段"则是以上一段对象为基准进行测量。

　　4．对象捕捉

　　AutoCAD 2022 为所有的图形对象都定义了特征点，对象捕捉则是指在绘图过程中，通过捕捉这些特征点，迅速、准确地将新的图形对象定位在现有对象的确切位置上，如圆的圆心、线段中点或两个对象的交点等。在 AutoCAD 2022 中，可以通过单击状态栏中的"对象捕捉"按钮，或是在"草图设置"对话框的"对象捕捉"选项卡中选中"启用对象捕捉"复选框，来启用对象捕捉功能。在绘图过程中，对象捕捉功能的调用可以通过以下方式来完成。

　　☑　通过"对象捕捉"工具栏：在绘图过程中，当系统提示需要指定点位置时，可以单击"对象捕捉"工具栏（见图 1-45）中相应的特征点按钮，再把光标移到要捕捉的对象上的特征点附近，AutoCAD 会自动提示并捕捉到这些特征点。例如，如果需要用直线连接一系列圆的圆心，可以将"圆心"设置为执行对象捕捉。如果有两个可能的捕捉点落在选择区域，AutoCAD 将捕捉离光标中心最近的符合条件的点。如果有多个符合点时要检查多个对象捕捉的有效性，例如在指定位置有多个对象捕捉符合条件，在指定点之前，按 Tab 键可以遍历所有可能的点。

图 1-45　"对象捕捉"工具栏

　　☑　通过"对象捕捉"快捷菜单：当需要指定点位置时，按住 Ctrl 键或 Shift 键的同时右击，在打开的快捷菜单（见图 1-46）中选择某一种特征点执行对象捕捉，然后把光标移动到要捕捉对象上的特征点附近，即可捕捉到这些特征点。

图 1-46　"对象捕捉"快捷菜单

☑　通过命令行：当需要指定点位置时，在命令行中输入相应特征点的关键字，如表 1-1 所示，然后把光标移动到要捕捉对象上的特征点附近，即可捕捉到这些特征点。

表 1-1　对象捕捉模式及关键字

模　式	关 键 字	模　式	关 键 字	模　式	关 键 字
临时追踪点	TT	捕捉自	FROM	端点	END
中点	MID	交点	INT	外观交点	APP
延长线	EXT	圆心	CEN	象限点	QUA
切点	TAN	垂足	PER	平行线	PAR
节点	NOD	最近点	NEA	无捕捉	NON

📢 **注意：** 对象捕捉不可单独使用，必须配合其他绘图命令一起使用。仅当 AutoCAD 提示输入点时，对象捕捉才生效。如果试图在命令行提示下使用对象捕捉，AutoCAD 将显示错误信息。对象捕捉只影响屏幕上可见的对象，包括锁定图层、布局视口边界和多段线上的对象，而不能捕捉不可见的对象，如未显示的对象、关闭或冻结图层上的对象或虚线的空白部分。

5. 自动对象捕捉

在绘制图形的过程中，使用对象捕捉的频率非常高，如果每次在捕捉时都要先选择捕捉模式，将使工作效率大大降低。出于此种考虑，AutoCAD 提供了自动对象捕捉模式。如果启用自动捕捉功能，当光标距指定的捕捉点较近时，系统会自动精确地捕捉这些特征点，并显示出相应的标记以及该捕捉的提示。在"草图设置"对话框中选择"对象捕捉"选项卡，选中"启用对象捕捉"复选框，即可启用自动捕捉功能，如图 1-47 所示。

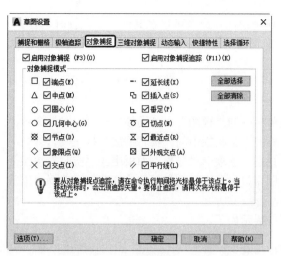

图1-47 "对象捕捉"选项卡

> **注意：** 用户可以根据需要设置自己经常要用的对象捕捉模式。一旦完成了设置，以后每次运行时，所设定的对象捕捉模式就会被激活，而不是仅对一次选择有效。当同时采用多种模式时，系统将捕捉距光标最近且满足多种对象捕捉模式之一的点。当光标距要获取的点非常近时，按住 Shift 键将暂时不获取对象。

6. 正交绘图

所谓正交绘图，就是在命令的执行过程中，光标只能沿 X 轴或 Y 轴移动，所有绘制的线段和构造线都将平行于 X 轴或 Y 轴，因此它们相互垂直成 90°相交，即正交。在"正交"模式下绘图，对于绘制水平线和垂直线非常有用，特别是在绘制构造线时经常会用到。此外，当捕捉模式为"等轴测"时，还迫使直线平行于 3 个等轴测中的一个。

要设置正交绘图，可以直接单击状态栏中的"正交限制光标"按钮 或按 F8 键，此时在 AutoCAD 文本窗口中将显示相应的开/关提示信息。此外，也可以在命令行中输入 ORTHO，开启或关闭正交绘图。

> **注意：** "正交"模式将光标限制在水平或垂直（正交）轴上。因为不能同时打开"正交"模式和极轴追踪，因此"正交"模式打开时，AutoCAD 会关闭极轴追踪。如果再次打开极轴追踪，AutoCAD 将关闭"正交"模式。

1.6.2 图形显示工具

对于一个较为复杂的图形来说，在观察整幅图形时，往往无法对其局部细节进行查看和操作；而在屏幕上显示一个细部时，又看不到其他部分。为了解决这类问题，AutoCAD 提供了缩放、平移、视图、鸟瞰视图和视口等一系列图形显示控制命令，可以用来任意地放大、缩小或移动屏幕上的图形显示，或者同时从不同的角度、不同的部位来显示图形。另外，AutoCAD 还提供了重画和重新生成命令来刷新屏幕，重新生成图形。

1. 图形缩放

图形缩放命令类似于照相机的镜头，可以放大或缩小屏幕所显示的范围，但它只改变视图的比例，对象的实际尺寸并不发生变化。当放大图形一部分的显示尺寸时，可以更清楚地查看该区域的细节；相反，如果缩小图形的显示尺寸，则可以查看更大的区域，如整体浏览。

图形缩放功能在绘制大幅面机械图，尤其是装配图时非常有用，是使用频率最高的命令之一。该命令可以透明地使用，也就是说，该命令可以在其他命令执行时运行。完成该透明命令的执行后，AutoCAD 会自动返回到之前正在运行的命令。

执行图形缩放的方法如下。

（1）执行方式。

☑ 命令行：ZOOM。

☑ 菜单栏：选择菜单栏中的"视图"→"缩放"→"实时"命令。

☑ 工具栏：单击"标准"工具栏中的"实时缩放"按钮±ʠ。

☑ 功能区：单击"视图"选项卡"导航"面板中的"实时"按钮±ʠ。

☑ 快捷菜单：在绘图窗口中右击，在打开的快捷菜单中选择"缩放"命令。

（2）操作步骤。

执行上述命令后，系统提示如下。

[全部(A)/中心(C)/动态(D)/范围(E)/上一个(P)/比例(S)/窗口(W)/对象(O)] <实时>:

（3）选项说明。

❶ 实时：这是"缩放"命令的默认操作，即在输入 ZOOM 后，直接按 Enter 键，将自动执行实时缩放操作。实时缩放可以通过上下移动鼠标交替进行放大和缩小。在进行实时缩放时，系统会显示一个"+"号或"−"号。当缩放比例接近极限时，AutoCAD 将不再与光标一起显示"+"号或"−"号。需要从实时缩放操作中退出时，可按 Enter 键、Esc 键或者从菜单中选择 Exit 命令退出。

❷ 全部(A)：执行 ZOOM 命令后，在提示文字后输入 A，即可执行"全部(A)"缩放操作。不论图形有多大，该操作都将显示图形的边界或范围，即使对象不包括在边界以内，它们也将被显示。因此，使用"全部(A)"缩放选项，可查看当前视口中的整个图形。

❸ 中心(C)：通过确定一个中心点，可以定义一个新的显示窗口。操作过程中需要指定中心点，以及输入比例或高度。默认新的中心点就是视图的中心点，默认的输入高度就是当前视图的高度，直接按 Enter 键后，图形将不会被放大。输入比例，则数值越大，图形放大倍数也将越大。此外，也可以在数值后面紧跟一个 X，如 3X，表示在放大时不是按照绝对值变化，而是按相对于当前视图的相对值缩放。

❹ 动态(D)：通过操作一个表示视口的视图框，可以确定所需显示的区域。选择该选项，在绘图窗口中将出现一个小的视图框，按住鼠标左键左右移动可以改变该视图框的大小，定形后释放鼠标左键；再按下鼠标左键移动视图框，确定图形中的放大位置，系统将清除当前视口并显示一个特定的视图选择屏幕，这个特定屏幕由当前视图及有效视图的相关信息构成。

❺ 范围(E)：此选项可以使图形缩放至整个显示范围。图形的显示范围由图形所在的区域构成，剩余的空白区域将被忽略。应用该选项，图形中所有的对象都尽可能地被放大。

❻ 上一个(P)：在绘制一幅复杂的图形时，有时需要放大图形的一部分以进行细节的编辑。而当编辑完成后，又希望回到前一个视图，此时就可以使用"上一个(P)"选项来实现。当前视口由"缩放"命令的各种选项或移动视图、视图恢复、平行投影或透视命令引起的任何变化，系统都将保存起来。每一个视口最多可以保存 10 个视图，连续使用"上一个(P)"选项可以恢复前 10 个视图。

❼ 比例(S)：此选项提供了 3 种比例输入样式。第一种是在提示信息下直接输入比例系数，AutoCAD 将按照此比例因子放大或缩小图形的尺寸。第二种是如果在比例系数后面加一个 X，则表示相对于当前视图计算的比例因子。第三种则是相对于图纸空间的。例如，可以在图纸空间阵列布排或打印出模型的不同视图。为了使每一张视图都与图纸空间单位成比例，即可选择"比例(S)"选项。每一个视图可以有单独的比例。

❽　窗口(W)：此选项是最常用的选项，通过确定一个矩形窗口的两个对角点来指定所需缩放的区域。对角点可以由鼠标指定，也可以通过输入坐标来确定。指定窗口的中心点将成为新的显示屏幕的中心点，窗口中的区域将被放大或缩小。调用 ZOOM 命令时，可以在没有选择任何选项的情况下，利用鼠标在绘图窗口中直接指定缩放窗口的两个对角点。

❾　对象(O)：此选项可以缩放以便尽可能大地显示一个或多个选定的对象并使其位于视图的中心。可以在启动 ZOOM 命令前后选择对象。

◀)) **注意**：这里提到的诸如放大、缩小或移动等操作，仅仅是对图形在屏幕上的显示进行控制，图形本身并没有发生任何改变。

2. 图形平移

当图形幅面大于当前视口时，例如使用图形缩放命令将图形放大后，如果需要在当前视口之外观察或绘制一个特定区域，可以使用图形平移命令来实现。该命令能将在当前视口以外的图形的一部分移动进来查看或编辑，但不会改变图形的缩放比例。

（1）执行方式。

☑　命令行：PAN。

☑　菜单栏：选择菜单栏中的"视图"→"平移"命令。

☑　工具栏：单击"标准"工具栏中的"实时平移"按钮🖐。

☑　功能区：单击"视图"选项卡"导航"面板中的"平移"按钮🖐。

☑　快捷菜单：在绘图窗口中右击，在打开的快捷菜单中选择"平移"命令。

（2）操作步骤。

激活平移命令之后，光标将变成一只"小手"形状，可以在绘图窗口中任意移动，以示当前正处于平移模式。按住鼠标左键，将光标锁定在当前位置，即"小手"已经抓住图形，然后拖动图形使其移动到所需位置上。释放鼠标左键后，将停止平移图形。可以反复按住鼠标左键、拖动、释放，将图形平移到其他位置上。

（3）选项说明。

平移命令预先定义了一些不同的菜单选项与按钮，可用于在特定方向上平移图形。在激活平移命令后，这些选项可以从菜单"视图"→"平移"→"*"中调用。

❶　实时：该选项是平移命令中最常用的选项，也是默认选项，前面提到的平移操作都是指实时平移，通过鼠标的拖动来实现任意方向上的平移。

❷　点：该选项要求确定位移量，这就需要确定图形移动的方向和距离。可以通过输入点的坐标或用鼠标指定点的坐标来确定位移量。

❸　左：移动图形使屏幕左部的图形进入显示窗口。

❹　右：移动图形使屏幕右部的图形进入显示窗口。

❺　上：向底部平移图形后，使屏幕顶部的图形进入显示窗口。

❻　下：向顶部平移图形后，使屏幕底部的图形进入显示窗口。

1.7　操作与实践

通过前面的学习，读者对本章知识已经有了大体的了解，本节将通过两个操作实践帮助读者进一步掌握本章的知识。

Note

1.7.1 设置绘图环境

1．目的要求

任何一个图形文件都有一个特定的绘图环境，包括图形边界、绘图单位、角度等。设置绘图环境通常有两种方法：设置向导和用单独的命令设置。通过实践设置绘图环境，可以促进读者对图形总体环境的认识。

2．操作提示

（1）选择菜单栏中的"文件"→"新建"命令，打开"选择样板"对话框，单击"打开"按钮，进入绘图界面。

（2）选择菜单栏中的"工具"→"选项"命令，设置绘图窗口颜色为黑色。

（3）选择菜单栏中的"工具"→"工作空间"→"草图与注释"命令，进入工作空间。

1.7.2 管理图形文件

1．目的要求

图形文件管理包括文件的新建、打开、保存、退出等。本实践要求读者熟练掌握 DWG 文件的命名保存、自动保存及打开方法。

2．操作提示

（1）启动 AutoCAD 2022，进入操作界面。

（2）打开一幅已经保存过的图形。

（3）打开图层特性管理器，从中设置图层。

（4）进行自动保存设置。

（5）尝试在图形上绘制任意图线。

（6）将图形以新的名称保存。

（7）退出该图形。

第 **2** 章

二维绘图命令

　　二维图形是指在二维平面空间绘制的图形，主要由一些图形元素组成，如点、直线、圆弧、圆、椭圆、矩形、多边形、多段线、样条曲线、多线等几何元素。AutoCAD 2022 提供了大量的绘图工具，可以帮助用户完成二维图形的绘制。本章主要内容包括直线类命令的使用，如直线和构造线命令；圆类命令的使用，如圆、圆弧、圆环、椭圆和椭圆弧命令；平面图形的绘制，如矩形和正多边形；多段线、样条曲线和多线的绘制；点的绘制；图案填充等。

- ☑　直线类
- ☑　圆类图形
- ☑　平面图形
- ☑　多段线

- ☑　样条曲线
- ☑　多线
- ☑　点
- ☑　图案填充

任务驱动&项目案例

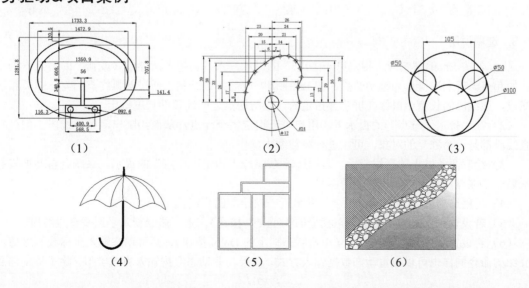

（1）　　　　　　　　（2）　　　　　　　　（3）

（4）　　　　　　　　（5）　　　　　　　　（6）

2.1 直 线 类

直线类命令主要包括"直线"和"构造线"命令，这两个命令是 AutoCAD 2022 中最简单的绘图命令。

2.1.1 绘制线段

不论多么复杂的图形，都是由点、直线、圆弧等按不同的粗细、间隔、颜色组合而成的。其中直线是 AutoCAD 绘图中最简单、最基本的一种图形单元，连续的直线可以组成折线，直线与圆弧的组合又可以组成多段线。直线在机械制图中常用于表达物体棱边或平面的投影，在建筑制图中则常用于建筑平面投影。在这里暂时不关注直线段的颜色、粗细、间隔等属性，先简单讲述一下怎样开始绘制一条基本的直线段。

1．执行方式

☑ 命令行：LINE（快捷命令为 L）。
☑ 菜单栏：选择菜单栏中的"绘图"→"直线"命令。
☑ 工具栏：单击"绘图"工具栏中的"直线"按钮 。
☑ 功能区：单击"默认"选项卡"绘图"面板中的"直线"按钮 。

2．操作步骤

执行上述命令后，命令行提示与操作如下。

```
命令：LINE↙
指定第一个点：（输入直线段的起点，用鼠标指定点或者给定点的坐标）
指定下一点或 [放弃(U)]：（输入直线段的端点，也可以用鼠标指定一定角度后，直接输入直线段的长度）
指定下一点或 [放弃(U)]：（输入下一直线段的端点。输入 U 表示放弃前面的输入；右击或按 Enter 键，结束命令）
指定下一点或 [闭合(C)/放弃(U)]：（输入下一直线段的端点，或输入 C 使图形闭合，结束命令）
```

3．选项说明

（1）若按 Enter 键响应"指定第一个点："的提示，系统会把上次绘线（或弧）的终点作为本次操作的起点。若上次操作为绘制圆弧，按 Enter 键响应后，则绘制出通过圆弧终点的与该圆弧相切的直线段，该线段的长度由鼠标在屏幕上指定的一点与切点之间线段的长度确定。

（2）在"指定下一点"的提示下，用户可以指定多个端点，从而绘制出多条直线段。但是每一条直线段都是一个独立的对象，可以进行单独编辑操作。

（3）绘制两条以上的直线段后，若用选项 C 响应"指定下一点"的提示，系统会自动连接起点和最后一个端点，从而绘制出封闭的图形。

（4）若用选项 U 响应提示，则会擦除最近一次绘制的直线段。

（5）若设置正交方式（单击状态栏上的"正交"按钮），则只能绘制水平或垂直直线段。

（6）若设置动态数据输入方式（单击状态栏上的 DYN 按钮），则可动态输入坐标或长度值。后面介绍的命令同样也可以设置动态数据输入方式，效果与非动态数据输入方式类似。除了特别需要外

（以后不再强调），只按非动态数据输入方式输入相关数据。

2.1.2　数据的输入方法

在 AutoCAD 中，点的坐标可以用直角坐标、极坐标、球面坐标和柱面坐标表示，每一种坐标又分别具有两种坐标输入方式：绝对坐标和相对坐标。其中，直角坐标和极坐标最为常用，下面主要介绍它们的输入方法。

（1）直角坐标法：用点的 X、Y 坐标值表示的坐标。

例如，在命令行中输入点的坐标提示下，输入"15,18"，则表示输入一个 X、Y 的坐标值分别为15、18 的点，此为绝对坐标输入方式，表示该点的坐标是相对于当前坐标原点的坐标值，如图 2-1（a）所示。如果输入"@10,20"，则为相对坐标输入方式，表示该点的坐标是相对于前一点的坐标值，如图 2-1（b）所示。

（2）极坐标法：用长度和角度表示的坐标，只能用来表示二维点的坐标。

在绝对坐标输入方式下，表示为"长度<角度"，如"25<50"，其中长度为该点到坐标原点的距离，角度为该点至原点的连线与 X 轴正向的夹角，如图 2-1（c）所示。

在相对坐标输入方式下，表示为"@长度<角度"，如"@25<45"，其中长度为该点到前一点的距离，角度为该点至前一点的连线与 X 轴正向的夹角，如图 2-1（d）所示。

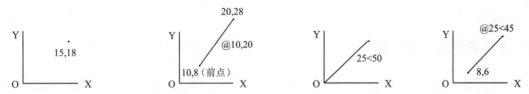

（a）直角坐标法：绝对坐标　（b）直角坐标法：相对坐标（c）极坐标法：绝对坐标（d）极坐标法：相对坐标

图 2-1　数据输入方法

（3）动态数据输入。

按下状态栏上的"动态输入"按钮，系统打开动态输入功能，默认情况下是打开的（如果不需要动态输入功能，单击"动态输入"按钮，关闭动态输入功能）。可以在屏幕上动态地输入某些参数数据。例如，绘制直线时，在光标附近，会动态地显示"指定第一个点"及后面的坐标框，当前坐标框中显示的是光标所在位置，可以输入数据，两个数据之间以逗号","（在英文状态下输入）隔开，如图 2-2 所示。指定第一点后，系统动态地显示直线的角度，同时要求输入线段长度值，如图 2-3所示。其输入效果与"@长度<角度"方式相同。

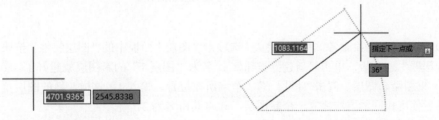

图 2-2　动态输入坐标值　　　　　　图 2-3　动态输入长度值

下面分别讲述点与距离值的输入方法。

（1）点的输入。

在绘图过程中常需要输入点的位置，AutoCAD 提供如下几种输入点的方式。

❶ 直接在命令行窗口中输入点的坐标。笛卡儿坐标有两种输入方式："X,Y"（点的绝对坐标值，如"100,50"）和"@X,Y"（相对于上一点的相对坐标值，如"@50,-30"）。坐标值是相对于当前的用户坐标系。

极坐标的输入方式为"长度<角度"（其中，长度为点到坐标原点的距离，角度为原点至该点连线与 X 轴的正向夹角，如"20<45"）或"@长度<角度"（相对于上一点的相对极坐标，如"@50<-30"）。

💡提示：在动态输入功能下，第二个点和后续点的默认设置为相对极坐标，不需要输入"@"符号。如果需要使用绝对坐标，请使用"#"符号前缀。例如，要将对象移到原点，请在提示输入第二个点时，输入"#0,0"。

❷ 用鼠标等定标设备移动光标并单击，在屏幕上直接取点。

❸ 用目标捕捉方式捕捉屏幕上已有图形的特殊点（如端点、中点、中心点、插入点、交点、切点、垂足点等，详见第 4 章）。

❹ 直接输入距离：先用光标拖拉出橡筋线确定方向，然后用键盘输入距离。这样有利于准确控制对象的长度等参数。

（2）距离值的输入。

在 AutoCAD 命令中，有时需要提供高度、宽度、半径、长度等距离值。AutoCAD 提供两种输入距离值的方式：一种是用键盘在命令行窗口中直接输入数值；另一种是在屏幕上拾取两点，以两点的距离值定出所需数值。

2.1.3 实例——方桌

视频讲解

本实例通过对图层的设置来限定线宽，再利用"直线"命令绘制连续线段，从而绘制出方桌。绘制流程如图 2-4 所示。

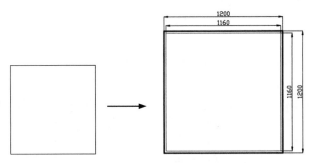

图 2-4　方桌的绘制流程

操作步骤

（1）创建新图层并命名。单击"默认"选项卡"图层"面板中的"图层特性"按钮，打开"图层特性管理器"选项板。单击"新建"按钮，名为"图层 1"的新图层就建好了。

（2）重新命名图层。双击"图层 1"3 个字所在位置，输入 1，这样，新的图层就被命名为 1 图层了。然后使用相同的方法建立一个新图层，并将其命名为 2。

（3）设置图层颜色属性。单击 1 图层的颜色属性 ■白，打开"选择颜色"对话框，选择黄色，然后单击"确定"按钮，可以看到"图层特性管理器"选项板中，1 图层的颜色变为黄色。使用同样的方法将 2 图层设为绿色。

（4）设置线型属性。在"图层特性管理器"选项板中单击 1 图层的线型 Continuous，打开如

图 2-5 所示的"选择线型"对话框。

如果要加载一个 CENTER 线型，单击"加载"按钮，打开"加载或重载线型"对话框，用户可以在该对话框中加载需要的线型。找到 CENTER 线型，单击"确定"按钮，系统返回"选择线型"对话框，在"线型"栏选择 CENTER 线型，然后单击"确定"按钮加载 CENTER 线型。

（5）设定线宽属性。在"图层特性管理器"选项板中单击 1 图层的线宽属性"—默认"，打开"线宽"对话框。选择 0.30 mm 的线宽，单击"确定"按钮，则粗实线图层的线宽设定为 0.30 mm，其颜色为黄色。

（6）设定其他图层。本例中共建立了两个图层，其属性如下。

☑　　1 图层：颜色为黄色，线宽为 0.3 mm，其余属性保持默认。

☑　　2 图层：颜色为绿色，其余属性保持默认。

（7）单击状态栏中的"动态输入"按钮 ⁺▭，关闭"动态输入"功能。将当前图层设为 1 图层，单击"默认"选项卡"绘图"面板中的"直线"按钮 ╱，设置坐标分别为（0,0）、（@1200,0）、（@0,1200）、（@-1200,0），最后选择闭合 C 绘制连续线段，作为餐桌外轮廓。

（8）打开"显示/隐藏线宽"。"显示/隐藏线宽"按钮在状态栏中，单击使其处于激活的状态。绘制结果如图 2-6 所示。

（9）将当前图层设为 2 图层，单击"默认"选项卡"绘图"面板中的"直线"按钮 ╱，设置坐标分别为（20,20）、（@1160,0）、（@0,1160）、（@-1160,0），最后选择闭合 C 绘制餐桌内轮廓。

绘制结果如图 2-7 所示，一个简易的方桌就绘制完成了。

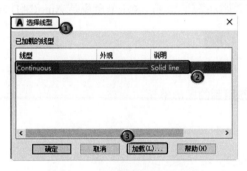
图 2-5　"选择线型"对话框

图 2-6　绘制连续线段

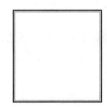
图 2-7　简易方桌

（10）单击快速访问工具栏中的"另存为"按钮 🖫，打开"图形另存为"对话框，输入文件名为"方桌"，单击"保存"按钮，保存图形。

🔊 **注意：**一般每个命令有 4 种执行方式，即命令行、工具栏、菜单栏和功能区，这里只给出了功能区和命令行的执行方式，其他两种执行方式的操作方法用户可自行练习。

2.1.4　绘制构造线

构造线就是无穷长度的直线，用于模拟手工绘图中的辅助绘图线。构造线用特殊的线型显示，在图形输出时可不作输出。应用构造线作为辅助线绘制机械图中的三视图是构造线的最主要用途。构造线的应用保证了三视图之间"主、俯视图长对正，主、左视图高平齐，俯、左视图宽相等"的对应关系。

1. 执行方式

☑　命令行：XLINE（快捷命令为 XL）。

☑　菜单栏：选择菜单栏中的"绘图"→"构造线"命令。

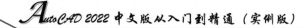

☑ 工具栏：单击"绘图"工具栏中的"构造线"按钮。

☑ 功能区：单击"默认"选项卡"绘图"面板中的"构造线"按钮。

2. 操作步骤

执行上述命令后，命令行提示与操作如下。

> 命令：XLINE✓
> 指定点或 [水平(H)/垂直(V)/角度(A)/二等分(B)/偏移(O)]：（给出点）
> 指定通过点：（给定通过点 2，画一条双向的无限长直线）
> 指定通过点：（继续给点，继续画线，按 Enter 键，结束命令）

3. 选项说明

（1）执行选项中有"指定点""水平""垂直""角度""二等分""偏移"6 种绘制构造线的方式。

（2）构造线可以模拟手工绘图中的辅助绘图线。用特殊的线型显示，在绘图输出时，可不作输出，常用于辅助绘图。

2.2　圆类图形

圆类命令主要包括"圆""圆弧""椭圆""椭圆弧""圆环"等命令，这几个命令是 AutoCAD 2022 中最简单的圆类命令。

2.2.1　绘制圆

圆是最简单的封闭曲线，也是绘制工程图形时经常用到的图形单元。

1. 执行方式

☑ 命令行：CIRCLE（快捷命令为 C）。

☑ 菜单栏：选择菜单栏中的"绘图"→"圆"命令。

☑ 工具栏：单击"绘图"工具栏中的"圆"按钮。

☑ 功能区：单击"默认"选项卡"绘图"面板中的"圆"按钮。

2. 操作步骤

执行上述命令后，命令行提示与操作如下。

> 命令：CIRCLE✓
> 指定圆的圆心或 [三点(3P)/两点(2P)/切点、切点、半径(T)]：（指定圆心）
> 指定圆的半径或 [直径(D)]：（直接输入半径数值或用鼠标指定半径长度）
> 指定圆的直径 <默认值>：（输入直径数值或用鼠标指定直径长度）

3. 选项说明

（1）三点(3P)：用指定圆周上三点的方法绘制圆。

（2）两点(2P)：按指定直径的两端点的方法绘制圆。

（3）切点、切点、半径(T)：按先指定两个相切对象，后给出半径的方法绘制圆。

在"默认"选项卡"绘图"面板"圆"按钮中多了一种"相切、相切、相切"的方法，当选择此方式时，命令行提示与操作如下。

指定圆上的第一个点：_tan 到：（指定相切的第一个圆弧）
指定圆上的第二个点：_tan 到：（指定相切的第二个圆弧）
指定圆上的第三个点：_tan 到：（指定相切的第三个圆弧）

📢 **注意**：找切点，可以使用快捷菜单，按住 Shift 键，同时右击打开快捷菜单，选择菜单中的"切点"命令，就可以方便、准确地找到切点。

Note

视频讲解

2.2.2　实例——镶嵌圆

本实例利用"圆"命令绘制相切圆，从而绘制出镶嵌圆，绘制流程如图 2-8 所示。

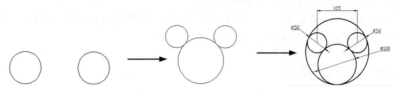

图 2-8　镶嵌圆的绘制流程

操作步骤

（1）单击"默认"选项卡"绘图"面板中的"圆"按钮⊙，以"圆心、半径"的方法绘制一个小圆，设置圆心坐标为（200,200），半径为 25；以"两点(2P)"方式绘制另一个小圆，两点坐标分别为（280,200）、（330,200）。结果如图 2-9 所示。

（2）单击"默认"选项卡"绘图"面板中的"相切、相切、半径"按钮⊙，以"切点、切点、半径"的方法绘制中间与两个小圆均相切的大圆，并设置大圆的半径为 50，结果如图 2-10 所示。

（3）单击"默认"选项卡"绘图"面板中的"相切、相切、相切"按钮◯，以已经绘制的 3 个圆为相切对象，绘制最外面的大圆，切点捕捉如图 2-11 所示。

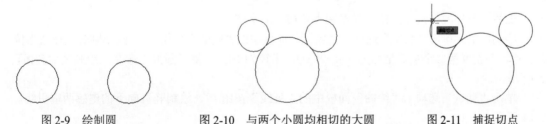

图 2-9　绘制圆　　　图 2-10　与两个小圆均相切的大圆　　　图 2-11　捕捉切点

2.2.3　绘制圆弧

圆弧是圆的一部分。在工程造型中，圆弧的使用比圆更普遍。通常强调的"流线形"造型或圆润的造型实际上就是圆弧造型。

1. 执行方式

☑　命令行：ARC（快捷命令为 A）。

☑　菜单栏：选择菜单栏中的"绘图"→"圆弧"命令。

☑　工具栏：单击"绘图"工具栏中的"圆弧"按钮╱。

☑　功能区：单击"默认"选项卡"绘图"面板中的"圆弧"按钮╱。

2. 操作步骤

执行上述命令后，命令行提示与操作如下。

```
命令：ARC↙
指定圆弧的起点或 [圆心(C)]：（指定起点）
指定圆弧的第二点或 [圆心(C)/端点(E)]：（指定第二点）
指定圆弧的端点：（指定端点）
```

3. 选项说明

（1）用命令行方式画圆弧时，可以根据系统提示选择不同的选项，具体功能和用"绘图"菜单中的"圆弧"子菜单提供的11种方式的功能相似。

（2）需要强调的是圆弧菜单命令中的"继续"方式，选择此方式时绘制的圆弧与上一线段或圆弧相切，起点为上段圆弧终点，因此提供端点即可。

视频讲解

2.2.4 实例——电感符号

本实例图形的绘制主要是利用"圆弧"和"直线"命令。首先绘制半圆弧，将圆弧复制后，再利用正交的方式绘制两端的引线。绘制流程如图2-12所示。

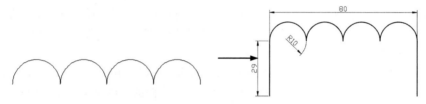

图2-12 电感符号的绘制流程

操作步骤

（1）配置绘图环境。具体操作可以参阅本章前面的实例。

（2）绘制绕组。单击"默认"选项卡"绘图"面板中的"圆弧"按钮，画半圆弧，在适当位置指定起点，并设置第二个端点坐标为（@-20,0），半径为10。重复"圆弧"命令，绘制其他圆弧，如图2-13所示。

（3）单击"默认"选项卡"绘图"面板中的"直线"按钮，绘制竖直向下的电感两端引线，如图2-14所示。

图2-13 绕组图

图2-14 电感符号

2.2.5 绘制圆环

1. 执行方式

☑ 命令行：DONUT（快捷命令为DO）。

☑　菜单栏：选择菜单栏中的"绘图"→"圆环"命令。

☑　功能区：单击"默认"选项卡"绘图"面板中的"圆环"按钮◎。

2. 操作步骤

执行上述命令后，命令行提示与操作如下。

> 命令：DONUT✓
> 指定圆环的内径 <默认值>：（指定圆环内径）
> 指定圆环的外径 <默认值>：（指定圆环外径）
> 指定圆环的中心点或 <退出>：（指定圆环的中心点）
> 指定圆环的中心点或 <退出>：（指定圆环的中心点，继续绘制具有相同内外径的圆环。按 Enter 键、Space 键或右击，结束命令）

3. 选项说明

（1）若指定内径为 0，则画出实心填充圆。

（2）用命令 FILL 可以控制圆环是否填充。命令行提示与操作如下：

> 命令：FILL✓
> 输入模式 [开(ON)/关(OFF)] <开>：（选择"开(ON)"选项表示填充，选择"关(OFF)"选项表示不填充）

2.2.6　绘制椭圆与椭圆弧

椭圆也是一种典型的封闭曲线图形，圆在某种意义上可以看成是椭圆的特例。椭圆在工程图形中的应用不多，只在某些特殊造型，如室内设计单元中的浴盆、桌子等造型或机械造型中的杆状结构的截面形状等图形中才会出现。

1. 执行方式

☑　命令行：ELLIPSE。

☑　菜单栏：选择菜单栏中的"绘图"→"椭圆"→"圆弧"命令。

☑　工具栏：单击"绘图"工具栏中的"椭圆"按钮 或"椭圆弧"按钮 。

☑　功能区：单击"默认"选项卡"绘图"面板中的"椭圆"按钮 或"椭圆弧"按钮 。

2. 操作步骤

执行上述命令后，命令行提示与操作如下。

> 命令：ELLIPSE✓
> 指定椭圆的轴端点或 [圆弧(A)/中心点(C)]：
> 指定轴的另一个端点：
> 指定另一条半轴长度或 [旋转(R)]：

3. 选项说明

（1）指定椭圆的轴端点：根据两个端点，定义椭圆的第一条轴。第一条轴的角度决定了整个椭圆的角度。第一条轴既可定义为椭圆的长轴，也可定义为椭圆的短轴。

（2）旋转(R)：通过绕第一条轴旋转圆来创建椭圆。相当于将一个圆绕椭圆轴翻转一个角度后的投影视图。

（3）中心点(C)：通过指定的中心点创建椭圆。

（4）圆弧(A)：该选项用于创建一段椭圆弧。与单击"默认"选项卡"绘图"面板中的"椭圆弧"按钮 功能相同。其中第一条轴的角度确定了椭圆弧的角度。第一条轴既可定义为椭圆弧长轴，也可定义为椭圆弧短轴。选择该选项，命令行提示与操作如下。

```
命令：ELLIPSE✓
指定椭圆的轴端点或 [圆弧(A)/中心点(C)]：（输入 A）
指定椭圆弧的轴端点或 [中心点(C)]：（指定端点或输入 C）
指定轴的另一个端点：（指定另一端点）
指定另一条半轴长度或 [旋转(R)]：（指定另一条半轴长度或输入 R）
指定绕长轴旋转的角度：
指定起点角度或 [参数(P)]：（指定起始角度或输入 P）
指定端点角度或 [参数(P)/夹角(I)]：
```

其中各选项含义如下。

☑ 角度：指定椭圆弧端点的两种方式之一，光标与椭圆中心点连线的夹角为椭圆弧端点位置的角度。

☑ 参数(P)：指定椭圆弧端点的另一种方式，该方式同样是指定椭圆弧端点的角度，通过以下矢量参数方程式创建椭圆弧。

$$p(u) = c + a \times \cos(u) + b \times \sin(u)$$

其中，c 是椭圆的中心点，a 和 b 分别是椭圆的长轴和短轴，u 为光标与椭圆中心点连线的夹角。

☑ 夹角(I)：定义从起点角度开始的夹角度数。

☑ 中心点(C)：通过指定的中心点创建椭圆。

☑ 旋转(R)：通过绕第一条轴旋转圆来创建椭圆。相当于将一个圆绕椭圆轴翻转一个角度后的投影视图。

2.2.7 实例——盥洗盆

本实例主要介绍椭圆和椭圆弧绘制方法的具体应用。首先利用前面学到的知识绘制水龙头和旋钮，然后利用椭圆和椭圆弧绘制洗脸盆内沿和外沿。绘制流程如图 2-15 所示。

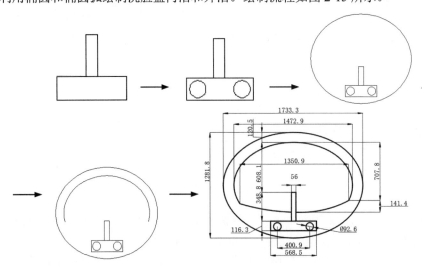

图 2-15　盥洗盆的绘制流程

操作步骤

（1）单击"默认"选项卡"绘图"面板中的"直线"按钮 ╱，绘制水龙头图形，如图 2-16 所示。

（2）单击"默认"选项卡"绘图"面板中的"圆"按钮 ⊙，绘制两个水龙头旋钮，如图 2-17 所示。

图 2-16　绘制水龙头　　　　　图 2-17　绘制旋钮

（3）单击"默认"选项卡"绘图"面板中的"椭圆"按钮 ⊙，绘制适当大小的椭圆作为脸盆外沿。绘制结果如图 2-18 所示。

（4）单击"默认"选项卡"绘图"面板中的"椭圆弧"按钮 ⊙，绘制脸盆部分内沿，命令行提示与操作如下。

```
命令：ellipse✓
指定椭圆的轴端点或 [圆弧(A)/中心点(C)]：A✓
指定椭圆弧的轴端点或 [中心点(C)]：C✓
指定椭圆弧的中心点：（单击状态栏中的"对象捕捉"按钮，捕捉刚才绘制的椭圆中心点。关于"捕捉"，
后面进行介绍）
指定轴的端点：（适当指定一点）
指定另一条半轴长度或 [旋转(R)]：R✓
指定绕长轴旋转的角度：（用鼠标指定椭圆轴端点）
指定起点角度或 [参数(P)]：（用鼠标拉出起点角度）
指定端点角度或 [参数(P)/夹角(I)]：（用鼠标拉出端点角度）
```

绘制结果如图 2-19 所示。

（5）单击"默认"选项卡"绘图"面板中的"圆弧"按钮 ╱，绘制脸盆其他部分内沿。最终结果如图 2-20 所示。

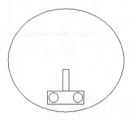　　　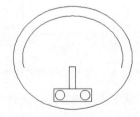　　　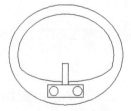

图 2-18　绘制脸盆外沿　　　图 2-19　绘制脸盆部分内沿　　　图 2-20　盥洗盆

2.3　平　面　图　形

简单的平面图形命令包括"矩形"命令和"多边形"命令。

2.3.1 绘制矩形

矩形是最简单的封闭直线图形，在机械制图中常用来表达平行投影平面的面，在建筑制图中常用来表达墙体平面。

1. 执行方式

- ☑ 命令行：RECTANG（快捷命令为 REC）。
- ☑ 菜单栏：选择菜单栏中的"绘图"→"矩形"命令。
- ☑ 工具栏：单击"绘图"工具栏中的"矩形"按钮 ▭。
- ☑ 功能区：单击"默认"选项卡"绘图"面板中的"矩形"按钮 ▭。

2. 操作步骤

执行上述命令后，命令行提示与操作如下。

命令：RECTANG✓
指定第一个角点或 [倒角(C)/标高(E)/圆角(F)/厚度(T)/宽度(W)]：
指定另一个角点或 [面积(A)/尺寸(D)/旋转(R)]：

3. 选项说明

（1）第一个角点：通过指定两个角点来确定矩形，如图 2-21（a）所示。

（2）倒角(C)：指定倒角距离，绘制带倒角的矩形，如图 2-21（b）所示。每一个角点的逆时针和顺时针方向的倒角可以相同，也可以不同。其中第一个倒角距离是指角点逆时针方向的倒角距离，第二个倒角距离是指角点顺时针方向的倒角距离。

（3）标高(E)：指定矩形标高（Z 坐标），即把矩形画在标高为 Z，和 XOY 坐标面平行的平面上，并作为后续矩形的标高值。

（4）圆角(F)：指定圆角半径，绘制带圆角的矩形，如图 2-21（c）所示。

（5）厚度(T)：指定矩形的厚度，如图 2-21（d）所示。

（6）宽度(W)：指定线宽，如图 2-21（e）所示。

（a）第一个角点　　　（b）倒角　　　（c）圆角　　　（d）厚度　　　（e）宽度

图 2-21　各选项绘制的矩形

（7）面积(A)：通过指定面积和长或宽来创建矩形。选择该选项，系统提示如下。

输入以当前单位计算的矩形面积 <20.0000>：（输入面积值）
计算矩形标注时依据 [长度(L)/宽度(W)] <长度>：（按 Enter 键或输入 W）
输入矩形长度 <4.0000>：（指定长度）

指定长度或宽度后，系统自动计算出另一个维度后绘制出矩形。如果矩形被倒角或圆角，则在长度或宽度计算中会考虑此设置，如图 2-22 所示。

（8）尺寸(D)：使用长和宽创建矩形。第二个指定点将矩形定位在与第一角点相关的 4 个位置之一。

（9）旋转(R)：旋转所绘制矩形的角度。选择该选项，系统提示如下。

> 指定旋转角度或 [拾取点(P)] <135>：（指定角度）
> 指定另一个角点或 [面积(A)/尺寸(D)/旋转(R)]：（指定另一个角点或选择其他选项）

指定旋转角度后，系统按指定旋转角度创建矩形，如图 2-23 所示。

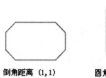

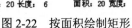

图 2-22 按面积绘制矩形

图 2-23 按指定旋转角度创建矩形

2.3.2 绘制正多边形

正多边形是相对复杂的一种平面图形，人类曾经为准确找到手工绘制正多边形的方法而长期探索。伟大的数学家高斯为发现正十七边形的绘制方法而引以为毕生的荣誉，以致他的墓碑被设计成正十七边形。现在利用 AutoCAD 可以轻松地绘制出任意边的正多边形。

1. 执行方式

☑ 命令行：POLYGON（快捷命令为 POL）。

☑ 菜单栏：选择菜单栏中的"绘图"→"多边形"命令。

☑ 工具栏：单击"绘图"工具栏中的"多边形"按钮⬡。

☑ 功能区：单击"默认"选项卡"绘图"面板中的"多边形"按钮⬡。

2. 操作步骤

执行上述命令后，命令行提示与操作如下。

> 命令：POLYGON✓
> 输入侧面数 <4>：（指定多边形的边数，默认值为 4）
> 指定正多边形的中心点或 [边(E)]：（指定中心点）
> 输入选项 [内接于圆(I)/外切于圆(C)] <I>：（指定是内接于圆或外切于圆，I 表示内接于圆，如图 2-24（a）所示；C 表示外切于圆，如图 2-24（b）所示）
> 指定圆的半径：（指定外接圆或内切圆的半径）

3. 选项说明

如果选择"边"选项，则只要指定多边形的一条边，系统就会按逆时针方向创建该正多边形，如图 2-24（c）所示。

（a）内接于圆 （b）外切于圆 （c）边

图 2-24 各选项绘制的正多边形

2.3.3　实例——八角凳

本实例主要是使用"多边形"命令绘制外轮廓，再利用"偏移"命令绘制内轮廓。绘制流程如图 2-25 所示。

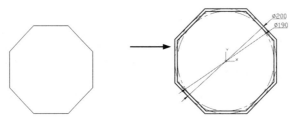

图 2-25　八角凳的绘制流程

操作步骤

（1）选择菜单栏中的"格式"→"图形界限"命令，设置图幅界限为 297×210。

（2）绘制轮廓线。

❶ 单击"默认"选项卡"绘图"面板中的"多边形"按钮⬡，设置"侧面数"为 8，中心点坐标为（0,0），外切圆半径为 100，绘制外轮廓线。绘制结果如图 2-26 所示。

❷ 再次单击"默认"选项卡"绘图"面板中的"多边形"按钮⬡，设置"侧面数"为 8，中心点坐标为（0,0），外切圆半径为 95，绘制内轮廓线。命令行提示与操作如下：

📢 **注意**：在 AutoCAD 绘图界面中，重复使用相同命令时，可以在第一个命令绘制完毕时，直接按 Enter 键，就可以继续绘制下一个相同的命令。

绘制结果如图 2-27 所示。

图 2-26　绘制轮廓线图　　　　　　　图 2-27　八角凳

2.4　多　段　线

多段线是一种由线段和圆弧组合而成的、不同线宽的多线，这种线由于其组合形式的多样和线宽的不同，弥补了直线或圆弧功能的不足，适合绘制各种复杂的图形轮廓，因而得到了广泛应用。

2.4.1　绘制多段线

1. 执行方式

☑　命令行：PLINE（缩写名为 PL）。

- 菜单栏：选择菜单栏中的"绘图"→"多段线"命令。
- 工具栏：单击"绘图"工具栏中的"多段线"按钮 。
- 功能区：单击"默认"选项卡"绘图"面板中的"多段线"按钮 。

2. 操作步骤

执行上述命令后，命令行提示与操作如下。

```
命令：PLINE↙
指定起点：(指定多段线的起点)
当前线宽为 0.0000
指定下一个点或 [圆弧(A)/半宽(H)/长度(L)/放弃(U)/宽度(W)]：(指定多段线的下一点)
```

3. 选项说明

多段线主要由不同长度的连续的线段或圆弧组成，如果在上述提示中选择"圆弧"命令，则命令行提示如下：

```
指定圆弧的端点(按住 Ctrl 键以切换方向)或 [角度(A)/圆心(CE)/方向(D)/半宽(H)/直线(L)/半径(R)/第二个点(S)/放弃(U)/宽度(W)]：
```

2.4.2　实例——三极管符号

本实例主要是利用"直线"命令绘制三极管的隔层、基极和集电极部分，然后再利用"多段线"命令绘制发射极。绘制流程如图 2-28 所示。

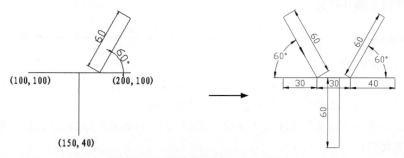

图 2-28　三极管符号的绘制流程

操作步骤

（1）选择菜单栏中的"文件"→"新建"命令，系统将打开"选择样板"对话框。选择一种样板文件，单击"打开"按钮，系统自动进入绘图界面。

（2）单击"默认"选项卡"绘图"面板中的"直线"按钮 ，设置3 条直线坐标点分别为{（100,100）（200,100）}、{（150,40）（150,100）}、{（160,100）（@60<60）}，在绘图区中绘制直线，位置参数如图 2-29 所示。

（3）单击"默认"选项卡"绘图"面板中的"多段线"按钮 ，设置多段线起点坐标为（130,100），下一点坐标为（@20<120），选择"宽度W"选项，设置起点宽度为 0，端点宽度为 1.5；继续指定下一点坐标为（@10<120），选择"宽度 W"选项，指定起点和端点宽度均为 0；继续指定下一点坐标为（@30<120），完成 PNP 三极管符号的绘制，如图 2-30

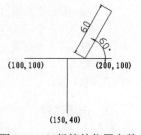

图 2-29　三极管的位置参数

所示。

若是 NPN 三极管，其符号如图 2-31 所示。

图 2-30　PNP 三极管符号　　　　图 2-31　NPN 三极管符号

2.5　样条曲线

　　AutoCAD 2022 使用一种称为非一致有理 B 样条（NURBS）曲线的特殊样条曲线类型。NURBS 曲线在控制点之间产生一条光滑的样条曲线，如图 2-32 所示。样条曲线可用于创建形状不规则的曲线，例如为地理信息系统（GIS）应用或汽车设计绘制轮廓线。

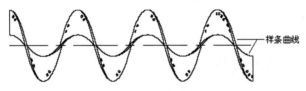

图 2-32　样条曲线

2.5.1　绘制样条曲线

1．执行方式

☑　命令行：SPLINE。

☑　菜单栏：选择菜单栏中的"绘图"→"样条曲线"→"拟合点"命令。

☑　工具栏：单击"绘图"工具栏中的"样条曲线"按钮 N。

☑　功能区：单击"默认"选项卡"绘图"面板中的"样条曲线拟合"按钮 N 或"样条曲线控制点"按钮 N。

2．操作步骤

执行上述命令后，命令行提示与操作如下。

```
命令：SPLINE↙
当前设置：方式 = 拟合　　节点 = 弦
指定第一个点或 [方式(M)/节点(K)/对象(O)]：（指定一点或选择"对象(O)"选项）
输入下一个点或 [起点切向(T)/公差(L)]：（指定下一点）
输入下一个点或 [端点相切(T)/公差(L)/放弃(U)]：（指定下一点）
输入下一个点或 [端点相切(T)/公差(L)/放弃(U)/闭合(C)]：（按 Enter 键或 Space 键结束样条
曲线的绘制）
```

3．选项说明

　　（1）方式(M)：通过指定拟合点来绘制样条曲线。更改"方式"将更新 SPLMETHOD 系统变量。

（2）节点(K)：指定节点参数化，会影响曲线在通过拟合点时的形状。

（3）对象(O)：将二维或三维的二次或三次样条曲线的拟合多段线转换为等价的样条曲线，然后（根据 DelOBJ 系统变量的设置）删除该多段线。

（4）起点切向(T)：基于切向创建样条曲线。

（5）公差(L)：指定距样条曲线必须经过的指定拟合点的距离。公差应用于除起点和端点外的所有拟合点。

（6）端点相切(T)：停止基于切向创建曲线。可通过指定拟合点继续创建样条曲线。选择"端点相切"后，将提示用户指定最后一个输入拟合点的最后一个切点。

（7）闭合(C)：将最后一点定义为与第一点一致，并使它在连接处与样条曲线相切，这样可以闭合样条曲线。选择该选项后，系统提示如下：

> 指定切向：（指定点或按 Enter 键）

2.5.2　实例——雨伞

本实例利用"圆弧"与"样条曲线"命令绘制伞的外框与底边，再利用"圆弧"命令绘制伞面，最后利用"多段线"命令绘制伞顶与伞把。绘制流程如图 2-33 所示。

图 2-33　雨伞的绘制流程

操作步骤

（1）单击"默认"选项卡"绘图"面板中的"圆弧"按钮 ⟋，绘制伞的外框。命令行提示与操作如下。

> 命令：arc✓
> 指定圆弧的起点或 [圆心(C)]：C✓
> 指定圆弧的圆心：（在屏幕上指定圆心）
> 指定圆弧的起点：（在屏幕上圆心位置的右边指定圆弧的起点）
> 指定圆弧的端点(按住 Ctrl 键以切换方向) 或 [角度(A)/弦长(L)]：A✓
> 指定夹角(按住 Ctrl 键以切换方向)：180✓（注意角度的逆时针转向）

（2）单击"默认"选项卡"绘图"面板中的"样条曲线拟合"按钮 ∿，依次指定如图 2-34 所示的 7 个点以绘制伞的底边。

（3）单击"默认"选项卡"绘图"面板中的"圆弧"按钮 ⟋，绘制起点在正中点 8、第二个点在点 9、端点在点 2 的圆弧，如图 2-35 所示。重复"圆弧"命令，绘制其他的伞面辐条，结果如图 2-36 所示。

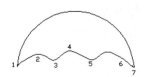

图 2-34　绘制伞边

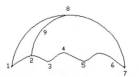

图 2-35　绘制伞面辐条

（4）单击"默认"选项卡"绘图"面板中的"多段线"按钮⟶，绘制伞顶和伞把。命令行提示与操作如下。

```
命令：pline↙
指定起点：（在图 2-35 所示的点 8 位置指定伞顶起点）
当前线宽为 3.0000
指定下一个点或 [圆弧(A)/半宽(H)/长度(L)/放弃(U)/宽度(W)]：W↙
指定起点宽度 <3.0000>：4↙
指定端点宽度 <4.0000>：↙
指定下一个点或[圆弧(A)/半宽(H)/长度(L)/放弃(U)/宽度(W)]：（伞顶往上适当位置指定伞顶终点）
指定下一个点或 [圆弧(A)/闭合(C)/半宽(H)/长度(L)/放弃(U)/宽度(W)]：（按 Enter 键或
Space 键结束样条曲线的绘制）
命令：pline↙
指定起点：（在图 2-35 所示的点 8 的正下方点 4 位置附近，指定伞把起点）
当前线宽为 4.0000
指定下一个点或 [圆弧(A)/半宽(H)/长度(L)/放弃(U)/宽度(W)]：H↙
指定起点半宽 <1.0000>：1.5↙
指定端点半宽 <1.5000>：↙
指定下一个点或 [圆弧(A)/半宽(H)/长度(L)/放弃(U)/宽度(W)]：（往下适当位置指定下一点）
指定下一点或 [圆弧(A)/闭合(C)/半宽(H)/长度(L)/放弃(U)/宽度(W)]：A↙
指定圆弧的端点(按住 Ctrl 键以切换方向)或 [角度(A)/圆心(CE)/闭合(CL)/方向(D)/半宽(H)/
直线(L)/半径(R)/第二个点(S)/放弃(U)/宽度(W)]：（指定圆弧的端点）
指定圆弧的端点(按住 Ctrl 键以切换方向)或 [角度(A)/圆心(CE)/闭合(CL)/方向(D)/半宽(H)/
直线(L)/半径(R)/第二个点(S)/放弃(U)/宽度(W)]：（按 Enter 键或 Space 键结束样条曲线的绘制）
```

结果如图 2-37 所示。

图 2-36　绘制伞面

图 2-37　雨伞

2.6　多　　线

多线是一种复合线，由连续的直线段复合组成。多线的一个突出优点是能够提高绘图效率，保证图线之间的统一性。

2.6.1　绘制多线

多线应用的一个最主要的场合是建筑墙线的绘制，在后面的学习中会通过相应的实例帮助读者体会。

1. 执行方式

☑　命令行：MLINE。

☑　菜单栏：选择菜单栏中的"绘图"→"多线"命令。

2. 操作步骤

执行上述命令后，命令行提示与操作如下。

```
命令：MLINE✓
当前设置：对正 = 上，比例 = 20.00，样式 = STANDARD
指定起点或 [对正(J)/比例(S)/样式(ST)]：（指定起点）
指定下一点：（给定下一点）
指定下一点或 [放弃(U)]：（继续给定下一点，绘制线段。输入 U，则放弃前一段的绘制；右击或按
Enter 键，结束命令）
指定下一点或 [闭合(C)/放弃(U)]：（继续给定下一点，绘制线段。输入 C，则闭合线段，结束命令）
```

3. 选项说明

（1）对正(J)：该选项用于给定绘制多线的基准。其共有 3 种对正类型："上""无""下"，其中，"上"表示以多线上侧的线为基准，以此类推。

（2）比例(S)：选择该选项，要求用户设置平行线的间距。值为 0 时，平行线重合；值为负时，多线的排列倒置。

（3）样式(ST)：该选项用于设置当前使用的多线样式。

2.6.2　定义多线样式

1. 执行方式

☑　命令行：MLSTYLE。

☑　菜单栏：选择菜单栏中的"格式"→"多线样式"命令。

2. 操作步骤

执行 MLSTYLE 命令后，打开如图 2-38 所示的"多线样式"对话框。用户在该对话框中可以对多线样式进行定义、保存和加载等操作。

2.6.3　编辑多线

1. 执行方式

☑　命令行：MLEDIT。

☑　菜单栏：选择菜单栏中的"修改"→"对象"→"多线"命令。

2. 操作步骤

执行上述命令后，打开"多线编辑工具"对话框，如图 2-39 所示。

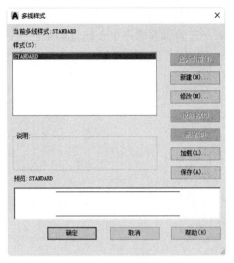

图 2-38 "多线样式"对话框   图 2-39 "多线编辑工具"对话框

利用"多线编辑工具"对话框可以创建或修改多线的模式。对话框中分 4 列显示了示例图形。其中，第 1 列管理十字交叉形式的多线，第 2 列管理 T 形多线，第 3 列管理拐角接合点和节点形式的多线，第 4 列管理多线被剪切或连接的形式。

单击选择某个示例图形，然后单击"关闭"按钮，即可调用该项编辑功能。

2.6.4 实例——墙体

视频讲解

本实例利用"构造线"与"偏移"命令绘制辅助线，再利用"多线"命令绘制墙线，最后编辑多线得到所需图形。绘制流程如图 2-40 所示。

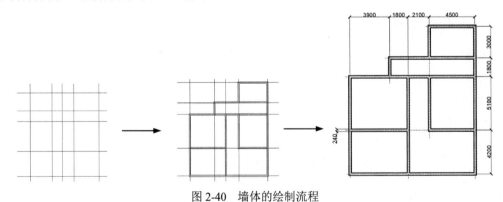

图 2-40 墙体的绘制流程

操作步骤

（1）单击"默认"选项卡"绘图"面板中的"构造线"按钮，绘制出一条水平构造线和一条垂直构造线，组成"十"字形辅助线，如图 2-41 所示。

（2）单击"默认"选项卡"修改"面板中的"偏移"按钮，将水平构造线依次向上偏移 4200、5100、1800 和 3000，偏移得到的水平构造线如图 2-42 所示。

重复"构造线"命令，将垂直构造线依次向右偏移 3200、1800、2400 和 4900，结果如图 2-43所示。

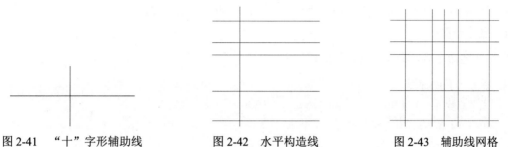

图 2-41　"十"字形辅助线　　　　图 2-42　水平构造线　　　　图 2-43　辅助线网格

（3）选择菜单栏中的"格式"→"多线样式"命令，系统打开"多线样式"对话框，在该对话框中单击"新建"按钮，系统打开"创建新的多线样式"对话框，在"新样式名"文本框中输入"墙体线"，单击"继续"按钮。

（4）系统打开"新建多线样式：墙体线"对话框，设置墙"图元"偏移量分别为 120 和-120。

（5）选择菜单栏中的"绘图"→"多线"命令，绘制多线墙体，结果如图 2-44 所示。

（6）编辑多线。选择菜单栏中的"修改"→"对象"→"多线"命令，系统打开"多线编辑工具"对话框，如图 2-39 所示。选择其中的"T 形合并"选项，单击"关闭"按钮。

重复执行"多线"命令，继续进行多线编辑，最终结果如图 2-45 所示。

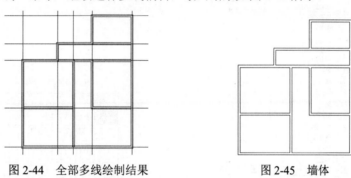

图 2-44　全部多线绘制结果　　　　　　图 2-45　墙体

2.7　点

点在 AutoCAD 2022 中有多种不同的表示方式，用户可以根据需要进行设置。也可以设置等分点和测量点。

2.7.1　绘制点

通常认为点是最简单的图形单元。在工程图形中，点通常用来标定某个特殊的坐标位置，或者作为某个绘制步骤的起点和基础。为了使点更明显，AutoCAD 为点设置了各种样式，用户可以根据需要选择。

1. 执行方式

☑　命令行：POINT（快捷命令为 PO）。

☑ 菜单栏：选择菜单栏中的 ❶ "绘图" → ❷ "点" 命令（见图 2-46）。

☑ 工具栏：单击 "绘图" 工具栏中的 "点" 按钮 ⋮。

☑ 功能区：单击 "默认" 选项卡 "绘图" 面板中的 "多点" 按钮 ⋮。

2. 操作步骤

执行上述命令后，命令行提示与操作如下。

```
命令：POINT✓
当前点模式：PDMODE = 0  PDSIZE = 0.0000
指定点：（指定点所在的位置）
```

3. 选项说明

（1）通过菜单方法进行操作时（见图 2-46），❸ "单点" 命令表示只输入一个点，"多点" 命令表示可输入多个点。

（2）可以单击状态栏中的 "对象捕捉" 按钮 □，设置点的捕捉模式，帮助用户拾取点。

（3）点在图形中的表示样式共有 20 种。可通过命令 DDPTYPE 或单击 "默认" 选项卡 "实用工具" 面板中的 "点样式" 按钮 ⋮，打开 "点样式" 对话框来设置点样式，如图 2-47 所示。

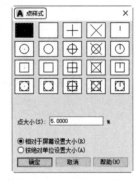

图 2-46　"点" 子菜单　　　　图 2-47　"点样式" 对话框

2.7.2　绘制等分点

有时需要把某个线段或曲线按一定的份数进行等分，这一点在手工绘图中很难实现，但在 AutoCAD 中，可以通过相关命令轻松完成。

1. 执行方式

☑ 命令行：DIVIDE（快捷命令为 DIV）。

☑ 菜单栏：选择菜单栏中的 "绘图" → "点" → "定数等分" 命令。

☑ 功能区：单击 "默认" 选项卡 "绘图" 面板中的 "定数等分" 按钮 ⋮。

2. 操作步骤

执行上述命令后，命令行提示与操作如下。

> 命令：DIVIDE✓
> 选择要定数等分的对象：（选择要等分的实体）
> 输入线段数目或 [块(B)]：（指定实体的等分数）

3. 选项说明

（1）等分数范围为 2～32767。

（2）在等分点处按当前的点样式设置画出等分点。

（3）在第二提示行选择"块(B)"选项时，表示在等分点处插入指定的块（BLOCK）。

2.7.3 绘制测量点

和等分点类似，有时需要把某个线段或曲线按给定的长度为单元进行等分。在 AutoCAD 中，可以通过相关命令来完成。

1. 执行方式

☑ 命令行：MEASURE（快捷命令为 ME）。

☑ 菜单栏：选择菜单栏中的"绘图"→"点"→"定距等分"命令。

☑ 功能区：单击"默认"选项卡"绘图"面板中的"定距等分"按钮 。

2. 操作步骤

执行上述命令后，命令行提示与操作如下。

> 命令：MEASURE✓
> 选择要定距等分的对象：（选择要设置测量点的实体）
> 指定线段长度或 [块(B)]：（指定分段长度）

3. 选项说明

（1）设置的起点一般是指指定线段的绘制起点。

（2）在第二提示行选择"块(B)"选项时，表示在测量点处插入指定的块，后续操作与上节中等分点的绘制类似。

（3）在测量点处按当前的点样式设置画出测量点。

（4）最后一个测量段的长度不一定等于指定分段的长度。

2.7.4 实例——凸轮

本实例利用"直线"与"圆弧"命令绘制辅助线，再利用"定数等分"与"圆弧"命令进行圆弧的绘制与等分，随后利用"点"命令绘制多个连续的点，最后利用"样条曲线"与"圆"等命令绘制出凸轮，绘制流程如图 2-48 所示。

操作步骤

（1）单击"默认"选项卡"图层"面板中的"图层特性"按钮 ，新建 3 个图层。

☑ 第 1 层命名为"粗实线"，线宽设为 0.3 mm，其余属性设置保持默认。

☑ 第 2 层命名为"细实线"，所有属性设置保持默认。

视频讲解

☑ 第3层命名为"中心线"，颜色为红色，线型为CENTER，其余属性设置保持默认。

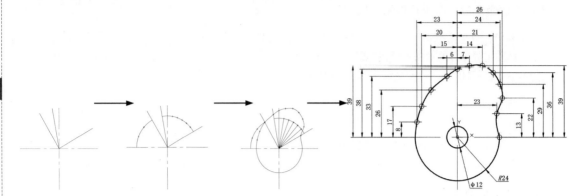

图 2-48　凸轮的绘制流程

（2）将当前图层设为"中心线"图层。单击"默认"选项卡"绘图"面板中的"直线"按钮／，指定坐标为{（-40,0）（40,0）}、{（0,40）（0,-40）}绘制中心线。

（3）将当前图层设为"细实线"图层。单击"默认"选项卡"绘图"面板中的"直线"按钮／，指定坐标为{（0,0）（@40<30）}、{（0,0）（@40<100）}、{（0,0）（@40<120）}绘制辅助直线，结果如图 2-49 所示。

（4）单击"默认"选项卡"绘图"面板中的"圆弧"按钮／，圆心坐标为（0,0），圆弧起点坐标为（@30<120）、（@30<30），夹角为 60 和 70，绘制辅助线圆弧。

（5）单击"默认"选项卡"实用工具"面板中的"点样式"按钮❖，系统打开"点样式"对话框，如图 2-47 所示。将点样式设为⊞。

（6）单击"默认"选项卡"绘图"面板中的"定数等分"按钮❖，选择左边弧线进行三等分，另一圆弧七等分，绘制结果如图 2-50 所示。将中心点与第二段弧线的等分点连上直线，如图 2-51 所示。

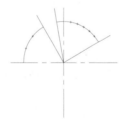
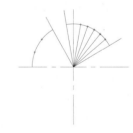

图 2-49　中心线及其辅助线　　　图 2-50　绘制辅助线并等分　　　图 2-51　连接等分点与中心点

（7）单击"默认"选项卡"绘图"面板中的"圆弧"按钮／，圆心坐标为（0,0），圆弧起点坐标为（24,0），角度为-180，绘制凸轮下半部分圆弧，结果如图 2-52 所示。

（8）绘制凸轮上半部分样条曲线。

❶ 单击"默认"选项卡"绘图"面板中的"多点"按钮⋯，指定点坐标为（24.5<160），标记样条曲线的端点。

用相同的方法，依次标记点为（26.5<140）、（30<120）、（34<100）、（37.5<90）、（40<80）、（42<70）、（41<60）、（38<50）、（33.5<40）、（26<30）。

❷ 单击"默认"选项卡"绘图"面板中的"样条曲线拟合"按钮∿，选择右边圆弧的端点作为起点，下一点坐标依次为（26<30）、（33.5<40）、（38<50），最后选择"端点相切（T）"，如图 2-53 所示，绘制样条曲线。绘制结果如图 2-54 所示。

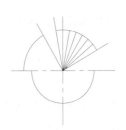
图 2-52 绘制凸轮下轮廓线

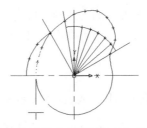
图 2-53 指定样条曲线的起始切线方向

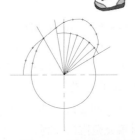
图 2-54 绘制样条曲线

（9）选择绘制的辅助线和点，将其删除。

（10）单击"默认"选项卡"修改"面板中的"删除"按钮，将凸轮剪切成如图 2-55 所示的样式。命令行提示与操作如下。

```
命令：_erase✓
选择对象：（选择要删除的线段）
```

（11）单击"默认"选项卡"绘图"面板中的"圆"按钮。以（0,0）为圆心，以 6 为半径绘制凸轮轴孔，绘制的图形如图 2-56 所示。

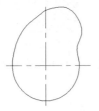

图 2-55 修剪后的凸轮轮廓

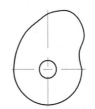

图 2-56 绘制轴孔

2.8 图 案 填 充

有些图形，尤其是机械工程图中，有时会遇到绘制重复的、有规律的图线的问题，例如剖面线，这些图线如果用前面讲述的绘图命令绘制，会既烦琐又不准确。为此，AutoCAD 设置了"图案填充"命令来快速完成这种工作。

2.8.1 基本概念

1. 图案边界

当进行图案填充时，首先要确定图案填充的边界。定义边界的对象只能是直线、双向射线、单向射线、多段线、样条曲线、圆弧、圆、椭圆、椭圆弧、面域等对象或用这些对象定义的块，而且作为边界的对象，在当前屏幕上必须全部可见。

2. 孤岛

在进行图案填充时，把位于总填充域内的封闭区域称为孤岛，如图 2-57 所示。在用 BHATCH 命令进

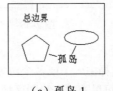
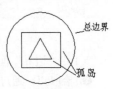

（a）孤岛 1　　　　（b）孤岛 2

图 2-57 孤岛

行图案填充时，AutoCAD 允许用户以拾取点的方式确定填充边界，即在希望填充的区域内任意拾取一点，AutoCAD 会自动确定出填充边界，同时也确定该边界内的孤岛。如果用户是以点取对象的方式确定填充边界的，则必须确切地选取这些孤岛。

3. 填充方式

在进行图案填充时，需要控制填充的范围，AutoCAD 系统为用户设置了以下 3 种填充方式，以实现对填充范围的控制。

（1）普通方式：如图 2-58（a）所示，该方式从边界开始，从每条填充线或每个剖面符号的两端向里画，遇到内部对象与之相交时，填充线或剖面符号断开，直到遇到下一次相交时再继续画。采用这种方式时，要避免填充线或剖面符号与内部对象的相交次数为奇数。该方式为系统内部的默认方式。

（2）最外层方式：如图 2-58（b）所示，该方式从边界开始，向里画剖面符号，只要在边界内部与对象相交，则剖面符号由此断开，不再继续画。

（3）忽略方式：如图 2-58（c）所示，该方式忽略边界内部的对象，所有内部结构都被剖面符号覆盖。

（a）普通方式　　　（b）最外层方式　　　（c）忽略方式

图 2-58　填充方式

2.8.2　图案填充的操作

1. 执行方式

☑　命令行：BHATCH。
☑　菜单栏：选择菜单中的"绘图"→"图案填充"命令。
☑　工具栏：单击"绘图"工具栏中的"图案填充"按钮▨。
☑　功能区：单击"默认"选项卡"绘图"面板中的"图案填充"▨。

2. 选项说明

执行上述命令后，打开如图 2-59 所示的"图案填充创建"选项卡，其中各项含义介绍如下。

图 2-59　"图案填充创建"选项卡 1

（1）"边界"面板。

❶ 拾取点：通过选择由一个或多个对象形成的封闭区域内的点，确定图案填充边界，如图 2-60 所示。指定内部点时，可以随时在绘图区域中右击以显示包含多个选项的快捷菜单。

❷ 选择边界对象：指定基于选定对象的图案填充边界。使用该选项时，不会自动检测内部对象，必须选择选定边界内的对象，以按照当前孤岛检测样式填充这些对象，如图 2-61 所示。

选择一点　　　　　　　填充区域　　　　　　　填充结果

图 2-60　边界确定

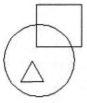 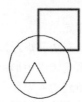 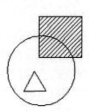

原始图形　　　　　　　选取边界对象　　　　　　填充结果

图 2-61　选取边界对象

❸ 删除边界对象：从边界定义中删除之前添加的任何对象，如图 2-62 所示。

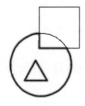 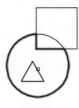 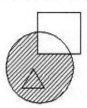

选取边界对象　　　　　　删除边界　　　　　　　填充结果

图 2-62　删除"岛"后的边界

❹ 重新创建边界：围绕选定的图案填充或填充对象创建多段线或面域，并使其与图案填充对象相关联（可选）。

❺ 显示边界对象：选择构成选定关联图案填充对象的边界的对象，使用显示的夹点可修改图案填充边界。

❻ 保留边界对象：指定如何处理图案填充边界对象，包括如下 4 个选项。

☑ 不保留边界：（仅在图案填充创建期间可用）不创建独立的图案填充边界对象。

☑ 保留边界-多段线：（仅在图案填充创建期间可用）创建封闭图案填充对象的多段线。

☑ 保留边界-面域：（仅在图案填充创建期间可用）创建封闭图案填充对象的面域对象。

☑ 选择新边界集：指定对象的有限集（称为边界集），以便通过创建图案填充时的拾取点进行计算。

（2）"图案"面板。

显示所有预定义和自定义图案的预览图像。

（3）"特性"面板。

❶ 图案填充类型：指定是使用纯色、渐变色、图案还是用户定义的填充。

❷ 图案填充颜色：替代实体填充和填充图案的当前颜色。

❸ 背景色：指定填充图案背景的颜色。

❹ 图案填充透明度：设定新图案填充或填充的透明度，替代当前对象的透明度。

❺ 图案填充角度：指定图案填充或填充的角度。

❻ 填充图案比例：放大或缩小预定义或自定义填充图案。

❼ 相对于图纸空间：（仅在布局中可用）相对于图纸空间单位缩放填充图案。使用此选项，可以很容易地做到以适合于布局的比例显示填充图案。

❽ 交叉线：（仅当"图案填充类型"设定为"用户定义"时可用）将绘制第二组直线，与原始直线成 90°，从而构成交叉线。

❾ ISO 笔宽：（仅对于预定义的 ISO 图案可用）基于选定的笔宽缩放 ISO 图案。

（4）"原点"面板。

❶ 设定原点：直接指定新的图案填充原点。

❷ 左下：将图案填充原点设定在图案填充边界矩形范围的左下角。

❸ 右下：将图案填充原点设定在图案填充边界矩形范围的右下角。

❹ 左上：将图案填充原点设定在图案填充边界矩形范围的左上角。

❺ 右上：将图案填充原点设定在图案填充边界矩形范围的右上角。

❻ 中心：将图案填充原点设定在图案填充边界矩形范围的中心。

❼ 使用当前原点：将图案填充原点设定在 HPORIGIN 系统变量中存储的默认位置。

❽ 存储为默认原点：将新图案填充原点的值存储在 HPORIGIN 系统变量中。

（5）"选项"面板。

❶ 关联：指定图案填充或填充为关联图案填充。关联的图案填充或填充在用户修改其边界对象时将会更新。

❷ 注释性：指定图案填充为注释性。此特性会自动完成缩放注释过程，从而使注释能够以正确的大小在图纸上打印或显示。

❸ 特性匹配。

☑ 使用当前原点：使用选定图案填充对象（除图案填充原点外）设定图案填充的特性。

☑ 使用源图案填充的原点：使用选定图案填充对象（包括图案填充原点）设定图案填充的特性。

❹ 允许的间隙：设定将对象用作图案填充边界时可以忽略的最大间隙。默认值为 0，此值指定对象必须封闭区域而没有间隙。

❺ 创建独立的图案填充：控制当指定了几个单独的闭合边界时，是创建单个图案填充对象，还是创建多个图案填充对象。

❻ 孤岛检测。

☑ 普通孤岛检测：从外部边界向内填充。如果遇到内部孤岛，填充将关闭，直到遇到孤岛中的另一个孤岛。

☑ 外部孤岛检测：从外部边界向内填充。此选项仅填充指定的区域，不会影响内部孤岛。

☑ 忽略孤岛检测：忽略所有内部的对象，填充图案时将通过这些对象。

❼ 绘图次序：为图案填充或填充指定绘图次序，选项包括不指定、后置、前置、置于边界之后和置于边界之前。

（6）"关闭"面板。

关闭"图案填充创建"：退出 HATCH 并关闭上下文选项卡。也可以按 Enter 键或 Esc 键退出 HATCH。

2.8.3　渐变色的操作

渐变色是指从一种颜色到另一种颜色的平滑过渡，能产生光的效果，可为图形添加视觉效果。

1. 执行方式

☑ 命令行：BHATCH。

☑ 菜单栏：选择菜单中的"绘图"→"渐变色"命令。

☑ 工具栏：单击"绘图"工具栏中的"渐变色"按钮▥。

☑ 功能区：单击"默认"功能区"绘图"面板中的"渐变色"按钮▥。

2. 选项说明

执行命令后系统打开如图 2-63 所示的"图案填充创建"选项卡，各面板中的按钮含义与图案填充的类似，这里不再赘述。

图 2-63 "图案填充创建"选项卡 2

2.8.4 编辑填充的图案

利用 HATCHEDIT 命令可以编辑已经填充的图案。

1. 执行方式

☑ 命令行：HATCHEDIT。

☑ 菜单栏：选择菜单栏中的"修改"→"对象"→"图案填充"命令。

☑ 工具栏：单击"修改 II"工具栏中的"编辑图案填充"按钮▨。

☑ 功能区：单击"默认"选项卡"修改"面板中的"编辑图案填充"按钮▨。

2. 操作步骤

执行上述命令后，AutoCAD 会给出如下提示。

选择关联填充对象：

选取关联填充物体后，系统打开如图 2-64 所示的"图案填充编辑"对话框。

图 2-64 "图案填充编辑"对话框

在图 2-64 中，只有正常显示的选项才可以对其进行操作。该对话框中各项的含义与图 2-63 所示的"图案填充创建"选项卡中各选项的含义相同。利用"图案填充编辑"对话框可以对已填充的图案进行一系列的编辑修改。

2.8.5　实例——庭院一角

本实例利用"矩形"与"样条曲线"命令绘制花园外形，再利用"填充"命令填充图形，绘制结果如图 2-65 所示。

操作步骤

（1）单击"默认"选项卡"绘图"面板中的"矩形"按钮 □ 和"样条曲线拟合"按钮 ∿，绘制庭院外形，如图 2-66 所示。

（2）单击"默认"选项卡"绘图"面板中的"图案填充"按钮 ▨，系统打开"图案填充创建"选项卡。选择"图案填充类型"为"图案"，单击"图案填充图案"按钮，打开选项板，选择 GRAVEL 图案。

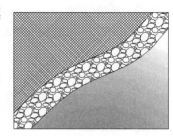

图 2-65　绘制庭院一角

（3）单击"拾取点"按钮 ⊞，在绘图区两条样条曲线组成的小路中拾取一点，填充小路，完成鹅卵石小路的绘制，如图 2-67 所示。

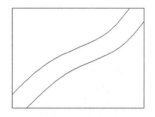

图 2-66　庭院外形

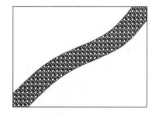

图 2-67　填充小路

（4）从图 2-67 中可以看出，填充图案过于细密，可以对其进行编辑修改。单击"默认"选项卡"修改"面板中的"编辑图案填充"按钮 ▨，在绘图区选择步骤（3）中填充的图案，系统打开"图案填充编辑"对话框，将图案填充"比例"改为 1，单击"确定"按钮，修改后的填充图案如图 2-68 所示。

（5）单击"默认"选项卡"绘图"面板中的"图案填充"按钮 ▨，系统打开"图案填充创建"选项卡。选择"图案填充类型"为"用户定义"，填充"角度"为 45°、"间距"为 3，选中"双"按钮。单击"拾取点"按钮 ⊞，在绘制的图形左上方拾取一点，填充图案，完成草坪的绘制，如图 2-69 所示。

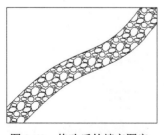

图 2-68　修改后的填充图案

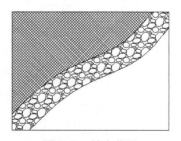

图 2-69　填充草坪

（6）单击"默认"选项卡"绘图"面板中的"渐变色"按钮 ▨，系统打开"图案填充创建"选项卡，单击"渐变色 1"按钮 ▨ 右边的 ▾ 按钮，在其下拉列表中选择"更多颜色"命令，系统打开"选择颜色"选项卡,选择绿色;单击"渐变色" 右边的 按钮,打开"选择颜色"选项卡,选择白色;然后单击"图案填充图案"按钮,打开"图案"选项卡,选择 GR_LINEAR 图案,单击"拾取点"按钮 ,在绘制的图形右下方拾取一点,填充图案,完成池塘的绘制。

2.9　操作与实践

通过前面的学习,读者对本章知识已经有了大体的了解。本节将通过几个操作实践帮助读者进一步掌握本章所学的知识要点。

2.9.1　绘制圆餐桌

1. 目的要求

如图 2-70 所示,本实践反复利用"圆"命令绘制餐桌,目的是使读者灵活掌握圆的绘制方法。

2. 操作提示

(1)绘制初步轮廓。

(2)将圆餐桌补充完整。

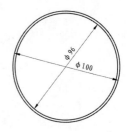

图 2-70　圆餐桌

2.9.2　绘制椅子

1. 目的要求

如图 2-71 所示,本实践利用"直线"命令绘制初始轮廓,再利用"直线"与"圆弧"命令绘制出椅子,从而使读者灵活掌握线段以及圆弧的绘制方法。

2. 操作提示

(1)利用"直线"命令绘制初步轮廓。

(2)将椅子轮廓补充完整。

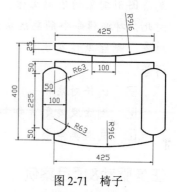

图 2-71　椅子

2.9.3　绘制螺丝刀

1. 目的要求

如图 2-72 所示,主要运用"样条曲线""多段线"等命令绘制螺丝刀基本轮廓。

2. 操作提示

(1)利用"直线""圆弧"等命令绘制螺丝刀左部把手。

(2)利用"样条曲线"等命令绘制螺丝刀中间部分。

(3)利用"多段线"等命令绘制螺丝刀右部。

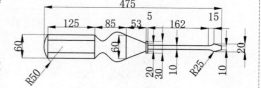

图 2-72　螺丝刀

第**3**章

编辑命令

根据实际需要对二维图形进行恰当的编辑操作，配合绘图命令的使用，可以进一步完成复杂图形对象的绘制工作，并可使用户合理地安排和组织图形，保证绘图准确，减少重复。因此，对编辑命令的熟练掌握和使用有助于提高设计和绘图的效率。本章主要内容包括选择对象、删除及恢复类命令、复制类命令、改变位置类命令、改变几何特性类命令和对象编辑等。

☑ 选择对象　　　　　　　☑ 改变位置类命令

☑ 删除及恢复类命令　　　☑ 改变几何特性类命令

☑ 复制类命令　　　　　　☑ 对象编辑

任务驱动&项目案例

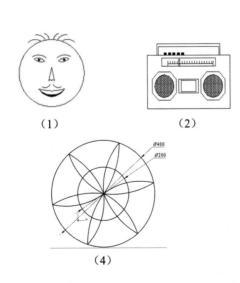

（1）　　　　　　　（2）　　　　　　　　（3）

（4）　　　　　　　　（5）　　　　　　　（6）

3.1 选 择 对 象

选择对象是进行编辑的前提。AutoCAD 提供了多种对象选择方法，如点取法、用选择窗口选择对象、用选择线选择对象、用对话框选择对象等。

AutoCAD 可以把选择的多个对象组成一个整体，如选择集和对象组，以进行整体编辑与修改。

AutoCAD 提供了以下两种编辑图形的途径，其执行效果相同。

- ☑ 先执行编辑命令，然后选择要编辑的对象。
- ☑ 先选择要编辑的对象，然后执行编辑命令。

AutoCAD 提供了以下几种方法来选择对象。

- ☑ 先选择一个编辑命令，然后选择对象，按 Enter 键结束操作。
- ☑ 在命令行提示下输入 SELECT，然后根据选择的选项，出现选择对象提示，按 Enter 键结束操作。
- ☑ 用点取设备选择对象，然后调用编辑命令。
- ☑ 定义对象组。

无论使用哪种方法，AutoCAD 2022 都将提示用户选择对象，并且光标的形状由十字光标变为拾取框。

下面结合 SELECT 命令说明选择对象的方法。

SELECT 命令可以单独使用，也可以在执行其他编辑命令时被自动调用。此时屏幕提示如下。

> 选择对象：

等待用户以某种方式选择对象作为回答。AutoCAD 2022 提供了多种选择方式，可以输入 "?" 查看这些选择方式。选择选项后，出现如下提示。

> 需要点或窗口 (W) / 上一个 (L) / 窗交 (C) / 框 (BOX) / 全部 (ALL) / 栏选 (F) / 圈围 (WP) / 圈交 (CP) / 编组 (G) / 添加 (A) / 删除 (R) / 多个 (M) / 前一个 (P) / 放弃 (U) / 自动 (AU) / 单个 (SI) / 子对象 (SO) / 对象 (O)

各选项的含义分别介绍如下。

（1）点：该选项表示直接通过点取的方式选择对象。用鼠标或键盘移动拾取框，使其框住要选取的对象并单击，就会选中该对象并以高亮显示。

（2）窗口(W)：使用由两个对角顶点确定的矩形窗口选取位于其范围内部的所有图形，与边界相交的对象不会被选中。在指定对角顶点时，应该按照从左向右的顺序，如图 3-1 所示。

（3）上一个(L)：在 "选择对象：" 提示下输入 L 后，按 Enter 键，系统会自动选取最后绘出的一个对象。

（4）窗交(C)：该方式与 "窗口" 方式类似，区别在于它不但选中矩形窗口内部的对象，也选中与矩形窗口边界相交的对象，如图 3-2 所示。

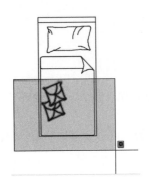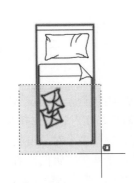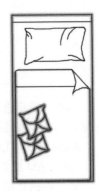

（a）图中深色覆盖部分为选择窗口　（b）选择后的图形　　（a）图中深色覆盖部分为选择窗口　（b）选择后的图形

　　　　图 3-1　"窗口"对象选择方式　　　　　　　　　　　图 3-2　"窗交"对象选择方式

（5）框(BOX)：系统根据用户在屏幕上给出的两个对角点的位置而自动引用"窗口"或"窗交"方式。若从左向右指定对角点，则为"窗口"方式，反之，则为"窗交"方式。

（6）全部(ALL)：选取图面上的所有对象。

（7）栏选(F)：用户临时绘制一些直线，这些直线不必构成封闭图形，凡是与这些直线相交的对象均被选中，如图 3-3 所示。

（8）圈围(WP)：使用一个不规则的多边形来选择对象。根据提示，用户依次输入构成多边形的所有顶点的坐标，最后按 Enter 键做出空回答结束操作，系统将从第一个顶点到最后一个顶点自动连接各个顶点，形成封闭的多边形，凡是被多边形围住的对象均被选中（不包括边界），如图 3-4 所示。

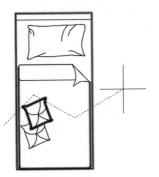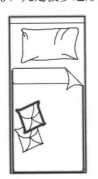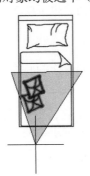

（a）图中虚线为选择栏　　（b）选择后的图形　　　（a）图中十字线所拉出的　　（b）选择后的图形

　　　图 3-3　"栏选"对象选择方式　　　　　　　深色多边形为选择窗口

　　　　　　　　　　　　　　　　　　　　　　　　　图 3-4　"圈围"对象选择方式

（9）圈交(CP)：在"选择对象："提示下输入 CP，后续操作与"圈围"方式相同。其区别在于，与多边形边界相交的对象也被选中。

（10）编组(G)：使用预先定义的对象组作为选择集。事先将若干个对象组成对象组，用组名引用。

（11）添加(A)：添加下一个对象到选择集，也可用于从移走模式（Remove）到选择模式的切换。

（12）删除(R)：按住 Shift 键选择对象，可以从当前选择集中移走该对象，对象由高亮显示状态变为正常显示状态。

（13）多个(M)：指定多个点，不高亮显示对象。这种方法可以加快在复杂图形上的选择对象过程。若两个对象交叉，两次指定交叉点，则可以选中这两个对象。

（14）前一个(P)：用关键字 P 回应"选择对象："的提示，则把上次编辑命令中最后一次构造的选择集或最后一次使用 SELECT（DDSELECT）命令预置的选择集作为当前选择集。这种方法适用于对同一选择集进行多种编辑操作的情况。

（15）放弃(U)：用于取消加入选择集的对象。

（16）自动(AU)：选择结果视用户在屏幕上的选择操作而定。如果选中单个对象，则该对象为自动选择的结果；如果选择点落在对象内部或外部的空白处，系统提示如下。

指定对角点：

此时，系统会采取一种窗口的选择方式。对象被选中后，变为虚线形式，并以高亮显示。

> **注意：** 若矩形框从左向右定义，即第一个选择的对角点为左侧的对角点，矩形框内部的对象被选中，框外部的及与矩形框边界相交的对象不会被选中；若矩形框从右向左定义，矩形框内部及与矩形框边界相交的对象都会被选中。

（17）单个(SI)：选择指定的第一个对象或对象集，而不继续提示进行下一步的选择。

（18）子对象(SU)：逐个选择原始形状，这些形状是实体中的一部分或三维实体上的顶点、边和面。可以选择，也可以创建多个子对象的选择集。选择集可以包含多种类型的子对象。

（19）对象(O)：结束选择子对象，也可以使用其他对象选择方法。

3.2 删除及恢复类命令

删除及恢复类命令主要用于删除图形的某部分或对已被删除的部分进行恢复，其中包括"删除""恢复""重做""清除"等命令。下面主要介绍"删除"和"恢复"命令。

3.2.1 "删除"命令

如果所绘制的图形不符合要求或错绘了图形，则可以使用"删除"命令 ERASE 将其删除。

1．执行方式

☑ 命令行：ERASE。

☑ 菜单栏：选择菜单栏中的"修改"→"删除"命令。

☑ 快捷菜单：选择要删除的对象，在绘图区右击，在打开的快捷菜单中选择"删除"命令。

☑ 工具栏：单击"修改"工具栏中的"删除"按钮 。

☑ 功能区：单击"默认"选项卡"修改"面板中的"删除"按钮 。

2．操作步骤

可以先选择对象，然后调用"删除"命令；也可以先调用"删除"命令，然后再选择对象。选择对象时，可以使用前面介绍的各种对象选择方法。

当选择多个对象时，多个对象都将被删除；若选择的对象属于某个对象组，则该对象组中的所有对象都将被删除。

3.2.2 "恢复"命令

若误删除了图形，则可以使用"恢复"命令 OOPS 将其恢复。

1．执行方式

☑ 命令行：OOPS（或 U）。

☑ 工具栏：单击"标准"工具栏中的"回退"按钮 ⇦ ▾。

☑ 快捷键：Ctrl+Z。

2．操作步骤

在命令行提示下输入 OOPS，按 Enter 键。

3.3　复制类命令

本节将详细介绍 AutoCAD 2022 的复制类命令，利用这些命令可以方便地编辑、绘制图形。

3.3.1　"复制"命令

1．执行方式

☑ 命令行：COPY（快捷命令为 CO）。

☑ 菜单栏：选择菜单栏中的"修改"→"复制"命令。

☑ 工具栏：单击"修改"工具栏中的"复制"按钮 ⟨⟩ 。

☑ 快捷菜单：选择要复制的对象，在绘图区右击，在打开的快捷菜单中选择"复制选择"命令。

☑ 功能区：单击"默认"选项卡"修改"面板中的"复制"按钮 ⟨⟩ 。

2．操作步骤

执行上述命令后，命令行提示与操作如下。

> 命令：COPY✓
> 选择对象：（选择要复制的对象）

用前面介绍的对象选择方法选择一个或多个对象，按 Enter 键结束选择操作，系统提示如下。

> 当前设置：复制模式 = 多个
> 指定基点或 [位移(D)/模式(O)] <位移>：

3．选项说明

（1）指定基点：指定一个坐标点后，AutoCAD 2022 把该点作为复制对象的基点，系统提示如下。

> 指定第二个点或 [阵列(A)] <使用第一个点作为位移>：

指定第二个点后，系统将根据这两点确定的位移矢量把选择的对象复制到第二点处。如果此时直接按 Enter 键，即选择默认的"使用第一个点作为位移"，则第一个点坐标被当作相对于 X、Y、Z 的位移。例如，如果指定基点为（2,3）并在下一个提示下按 Enter 键，则该对象从它当前的位置开始，在 X 方向上移动两个单位，在 Y 方向上移动 3 个单位。复制完成后，系统继续显示如下提示。

> 指定第二个点或 [阵列(A)/退出(E)/放弃(U)] <退出>：

这时，可以不断地指定新的第二点，从而实现多重复制。

（2）位移：直接输入位移值，表示以选择对象时的拾取点为基准，以拾取点坐标为移动方向纵横比，移动指定位移后所确定的点为基点。例如，选择对象时的拾取点坐标为（2,3），输入位移为 5，则表示以（2,3）点为基准，沿纵横比为 3：2 的方向移动 5 个单位所确定的点为基点。

（3）模式：控制是否自动重复该命令，即确定复制模式是单个还是多个。

3.3.2　实例——办公桌

本实例利用"矩形"命令绘制一侧的桌柜，再利用"矩形"命令绘制桌面，最后利用"复制"命令创建另一侧的桌柜。绘制流程如图 3-5 所示。

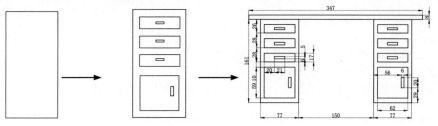

图 3-5　办公桌的绘制流程

操作步骤

（1）单击"默认"选项卡"绘图"面板中的"矩形"按钮 ▭，绘制一个矩形，如图 3-6 所示。

（2）单击"默认"选项卡"绘图"面板中的"矩形"按钮 ▭，在合适的位置绘制一系列的矩形，如图 3-7 所示。

（3）单击"默认"选项卡"绘图"面板中的"矩形"按钮 ▭，在合适的位置绘制一系列的矩形，如图 3-8 所示。

（4）单击"默认"选项卡"绘图"面板中的"矩形"按钮 ▭，在合适的位置绘制一个矩形，如图 3-9 所示。

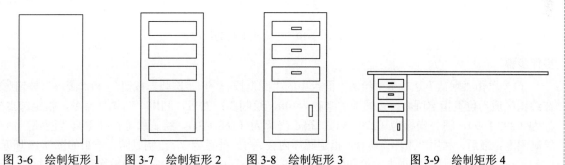

图 3-6　绘制矩形 1　　　图 3-7　绘制矩形 2　　　图 3-8　绘制矩形 3　　　　图 3-9　绘制矩形 4

（5）单击"默认"选项卡"修改"面板中的"复制"按钮 ⅋，将办公桌左边的一系列矩形复制到右边，完成办公桌的绘制。最终绘制结果如图 3-5 所示。

3.3.3　"镜像"命令

所谓镜像，就是把选择的对象以一条镜像线为对称轴进行复制。镜像操作完成后，可以保留原对象，也可以将其删除。

1．执行方式

☑ 命令行：MIRROR（快捷命令为 MI）。

☑ 菜单栏：选择菜单栏中的"修改"→"镜像"命令。

☑ 工具栏：单击"修改"工具栏中的"镜像"按钮▲。

☑ 功能区：单击"默认"选项卡"修改"面板中的"镜像"按钮▲。

2．操作步骤

执行上述命令后，命令行提示与操作如下。

命令：MIRROR↙
选择对象：（选择要镜像的对象）
选择对象：↙
指定镜像线的第一点：（指定镜像线的第一个点）
指定镜像线的第二点：（指定镜像线的第二个点）
要删除源对象？[是(Y)/否(N)] <否>：（确定是否删除原对象）

这两点确定一条镜像线，被选择的对象以该线为对称轴进行镜像。包含该线的镜像平面与用户坐标系的 XY 平面垂直，即镜像操作工作在与用户坐标系的 XY 平面平行的平面上。

3.3.4　实例——小人头

本实例利用"圆""圆弧""圆环"命令绘制小人的头和眼睛，然后利用"直线""圆弧""多段线"命令绘制小人的鼻子和嘴巴，再利用"圆弧"命令绘制小人的胡须和头发，最后利用"镜像"命令完成图形的创建。绘制流程如图 3-10 所示。

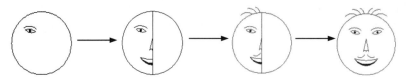

图 3-10　小人头的绘制流程

操作步骤

（1）单击"默认"选项卡"绘图"面板中的"圆"按钮⊙、"圆弧"按钮╱和"圆环"按钮◎，在绘图区适当位置指定圆心，设置圆的半径为 48，绘制头；然后，利用"圆弧"命令，指定起点坐标为（292,169），圆心坐标为（279,153），端点坐标为（268,170），绘制眉毛；并重复"圆弧"命令绘制眼眶；最后，利用"圆环"命令，指定圆环内径为 1，外径为 3，绘制眼睛，结果如图 3-11 所示。

（2）单击"默认"选项卡"绘图"面板中的"直线"按钮╱，绘制作为镜像对称线的直线，有时此线不一定绘出，指定两点也可。重复"直线"命令，指定坐标依次为（303,155）、（299,139），绘制鼻子，结果如图 3-12 所示。

（3）单击"默认"选项卡"绘图"面板中的"圆弧"按钮╱，指定起点坐标为（303,139），圆心坐标为（301,138），端点坐标为（299,139），绘制圆弧。

（4）单击"默认"选项卡"绘图"面板中的"多段线"按钮⌐，绘制小人的嘴巴。命令行提示与操作如下：

命令: pline✓（绘制多段线，画嘴巴）
指定起点: （捕捉对称线上一点）
当前线宽为 0.0000
指定下一个点或 [圆弧(A)/半宽(H)/长度(L)/放弃(U)/宽度(W)]: A✓（绘制圆弧）
指定圆弧的端点(按住 Ctrl 键以切换方向)或 [角度(A)/圆心(CE)/方向(D)/半宽(H)/直线(L)/半径(R)/第二个点(S)/放弃(U)/宽度(W)]: S（选择三点方法绘制圆弧）
指定圆弧上的第二个点: （用鼠标在屏幕上指定圆弧第二点）
指定圆弧的端点: （用鼠标在屏幕上指定圆弧第三点）
指定圆弧的端点(按住 Ctrl 键以切换方向)或 [角度(A)/圆心(CE)/闭合(CL)/方向(D)/半宽(H)/直线(L)/半径(R)/第二个点(S)/放弃(U)/宽度(W)]: W✓（指定多段线宽度）
指定起点宽度 <0.0000>: ✓（确认默认值）
指定端点宽度 <0.0000>: 0.3
指定圆弧的端点或 [角度(A)/圆心(CE)/闭合(CL)/方向(D)/半宽(H)/直线(L)/半径(R)/第二个点(S)/放弃(U)/宽度(W)]: S✓（选择三点方法绘制圆弧）
指定圆弧上的第二个点: （用鼠标在屏幕上指定圆弧第二点）
指定圆弧的端点: （捕捉对称线上一点）
指定圆弧的端点(按住 Ctrl 键以切换方向)或 [角度(A)/圆心(CE)/闭合(CL)/方向(D)/半宽(H)/直线(L)/半径(R)/第二个点(S)/放弃(U)/宽度(W)]: （结束绘制多段线，结果如图 3-13 所示）

（5）单击"默认"选项卡"绘图"面板中的"圆弧"按钮，指定起点坐标为（289,130），圆心坐标为（292,141），端点坐标为（301,135），绘制小人的胡须。

（6）单击"默认"选项卡"绘图"面板中的"圆弧"按钮，绘制头发，结果如图 3-14 所示。

图 3-11 绘制眼睛　　　图 3-12 绘制鼻子　　　图 3-13 绘制嘴巴　　　图 3-14 绘制胡须和头发

（7）单击"默认"选项卡"修改"面板中的"镜像"按钮，指定绘制的半边图形为镜像对象，竖直线为镜像线，镜像图形，完成后的图形如图 3-10 所示。

3.3.5 "偏移"命令

偏移对象是指保持所选对象的形状，在不同的位置以不同的尺寸大小新建一个对象。

1. 执行方式

- ☑ 命令行：OFFSET（快捷命令为 O）。
- ☑ 菜单栏：选择菜单栏中的"修改"→"偏移"命令。
- ☑ 工具栏：单击"修改"工具栏中的"偏移"按钮。
- ☑ 功能区：单击"默认"选项卡"修改"面板中的"偏移"按钮。

2. 操作步骤

执行上述命令后，命令行提示与操作如下。

命令: OFFSET✓
当前设置: 删除源 = 否 图层 = 源 OFFSETGAPTYPE = 0
指定偏移距离或 [通过(T)/删除(E)/图层(L)] <通过>: （指定距离值）
选择要偏移的对象，或 [退出(E)/放弃(U)] <退出>: （选择要偏移的对象，按Enter 键结束操作）

指定要偏移的那一侧上的点，或 [退出(E)/多个(M)/放弃(U)] <退出>：（指定偏移方向）
　　选择要偏移的对象，或 [退出(E)/放弃(U)] <退出>：

3. 选项说明

（1）指定偏移距离：输入一个距离值，或按 Enter 键，使用当前的距离值，系统将把该距离值作为偏移距离，如图 3-15 所示。

（2）通过(T)：指定偏移对象的通过点。选择该选项后出现如下提示。

　　选择要偏移的对象或 [退出(E)/放弃(U)] <退出>：（选择要偏移的对象，按 Enter 键结束操作）
　　指定通过点：（指定偏移对象的一个通过点）

操作完毕后，系统根据指定的通过点绘出偏移对象，如图 3-16 所示。

图 3-15　指定偏移对象的距离　　　　　　图 3-16　指定偏移对象的通过点

（3）删除(E)：偏移后，将源对象删除。选择该选项后出现如下提示。

　　要在偏移后删除源对象吗？ [是(Y)/否(N)] <否>：

（4）图层(L)：确定将偏移对象创建在当前图层上还是源对象所在的图层上。选择该选项后出现如下提示。

　　输入偏移对象的图层选项 [当前(C)/源(S)] <当前>：

3.3.6　实例——支架

视频讲解

本实例主要是利用基本二维绘图命令将支架的外轮廓绘出，然后利用"编辑多段线"命令将其合并，再利用"偏移"命令完成整个图形的绘制。绘制流程如图 3-17 所示。

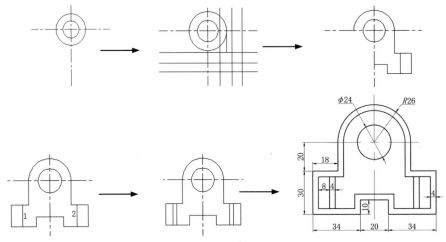

图 3-17　支架的绘制流程

操作步骤

（1）选择菜单栏中的"文件"→"新建"命令，新建一个名为"支架.dwg"的图形文件，然后利用 LIMITS 命令设置图幅大小为 297×210。

（2）单击"默认"选项卡"图层"面板中的"图层特性"按钮，新建两个图层："轮廓线"层，线宽为 0.30 mm，其余属性设置保持默认值；"中心线"层，颜色设置为红色，线型加载为 CENTER，其余属性设置保持默认值。

（3）将"中心线"层设置为当前图层，单击"默认"选项卡"绘图"面板中的"直线"按钮，绘制辅助线。

重复上述命令，绘制竖直辅助线，结果如图 3-18 所示。

（4）将"轮廓线"层设置为当前图层，单击"默认"选项卡"绘图"面板中的"圆"按钮，绘制 R12 与 R22 两个圆，结果如图 3-19 所示。

（5）单击"默认"选项卡"修改"面板中的"偏移"按钮，指定偏移距离为14，向右偏移辅助线。

重复上述命令，将竖直辅助线分别向右偏移 28、40，将水平辅助线分别向下偏移 24、36、46。选择偏移后的直线，将其所在图层修改为"轮廓线"层，结果如图 3-20 所示。

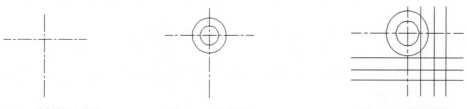

图 3-18　绘制辅助直线　　　图 3-19　绘制圆　　　图 3-20　偏移处理

（6）单击"默认"选项卡"绘图"面板中的"直线"按钮，绘制与大圆相切的竖直直线，结果如图 3-21 所示。

（7）单击"默认"选项卡"修改"面板中的"修剪"按钮，修剪相关图线，结果如图 3-22 所示。

（8）单击"默认"选项卡"修改"面板中的"镜像"按钮，将右下方的图形以竖直中心线为对称轴进行镜像。结果如图 3-23 所示。

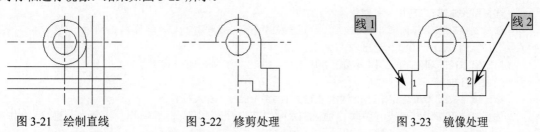

图 3-21　绘制直线　　　图 3-22　修剪处理　　　图 3-23　镜像处理

（9）单击"默认"选项卡"修改"面板中的"偏移"按钮，将图 3-23 所示的直线 1 向左偏移 4，将直线 2 向右偏移 4，结果如图 3-24 所示。

（10）单击"默认"选项卡"修改"面板中的"编辑多段线"按钮，选择图形的外轮廓线合并多段线。

（11）单击"默认"选项卡"修改"面板中的"偏移"按钮，将外轮廓线向外偏移4，结果如图 3-25 所示。

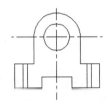

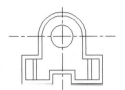

图 3-24　偏移直线　　　　　　　　图 3-25　偏移多段线

3.3.7　"阵列"命令

阵列是指多重复制所选对象并把得到的副本按矩形或环形排列。把副本按矩形排列称为建立矩形阵列，把副本按环形排列称为建立极阵列。建立矩形阵列时，应该控制行和列的数量以及对象副本之间的距离；建立极阵列时，应该控制复制对象的次数和对象是否被旋转。

用"阵列"命令可以建立矩形阵列、极阵列（环形）和旋转的矩形阵列。

1.　执行方式

☑　　命令行：ARRAY（快捷命令为 AR）。

☑　　菜单栏：选择菜单栏中的"修改"→"阵列"→"矩形阵列"、"路径阵列"或"环形阵列"命令。

☑　　工具栏：单击"修改"工具栏中的"矩形阵列"按钮🔲、"路径阵列"按钮◦◦◦或"环形阵列"按钮◦◦◦。

☑　　功能区：单击"默认"选项卡"修改"面板中的"矩形阵列"按钮🔲、"路径阵列"按钮◦◦◦或"环形阵列"按钮◦◦◦。

2.　操作步骤

执行上述命令后，命令行提示与操作如下。

```
命令：ARRAY↙
选择对象：（使用对象选择方法）
选择对象：↙
输入阵列类型 [矩形(R)/路径(PA)/极轴(PO)] <矩形>：PA↙
类型 = 路径 关联 = 是
选择路径曲线：（使用一种对象选择方法）
选择夹点以编辑阵列或 [关联(AS)/方法(M)/基点(B)/切向(T)/项目(I)/行(R)/层(L)/对齐项
目(A)/Z 方向(Z)/退出(X)] <退出>：I↙
指定沿路径的项目之间的距离或 [表达式(E)] <1293.769>：（指定距离）
最大项目数 = 5
指定项目数或 [填写完整路径(F)/表达式(E)] <5>：（输入数目）
选择夹点以编辑阵列或 [关联(AS)/方法(M)/基点(B)/切向(T)/项目(I)/行(R)/层(L)/对齐项
目(A)/Z 方向(Z)/退出(X)] <退出>：↙
```

3.　选项说明

（1）切向(T)：控制选定对象是否将相对于路径的起始方向重定向（旋转），然后再移动到路径的起点。

（2）表达式(E)：使用数学公式或方程式获取值。

（3）基点(B)：指定阵列的基点。

（4）关联(AS)：指定是否在阵列中创建项目作为关联阵列对象，或作为独立对象。

（5）项目(I)：编辑阵列中的项目数。

（6）行(R)：指定阵列中的行数和行间距，以及它们之间的增量标高。

（7）层(L)：指定阵列中的层数和层间距。

（8）对齐项目(A)：指定是否对齐每个项目以与路径的方向相切。对齐相对于第一个项目的方向。

（9）Z 方向(Z)：控制是否保持项目的原始 Z 方向或沿三维路径自然倾斜项目。

（10）退出(X)：退出命令。

视 频 讲 解

3.3.8　实例——三相绕组变压器符号

绘制本实例的图形，首先是利用"圆"命令绘制一个圆，然后利用"阵列"命令将所绘的圆进行阵列，添加三相线后做成块。绘制流程如图 3-26 所示。

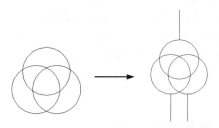

图 3-26　三相绕组变压器符号的绘制流程

操作步骤

（1）单击"默认"选项卡"绘图"面板中的"圆"按钮 ⊙，绘制一个圆心为（100,100）、半径为 10 的圆，如图 3-27 所示。

（2）阵列整圆。单击"默认"选项卡"修改"面板中的"环形阵列"按钮 ⁂，选取阵列对象为上述绘制的圆，阵列基点坐标为（100,95），阵列个数为 3，填充角度为 360°，结果如图 3-28 所示。

图 3-27　圆

（3）绘制三相引线。

❶ 单击"默认"选项卡"绘图"面板中的"直线"按钮 ∕，捕捉第一个圆象限点作为直线起点，直线长度为 15。捕捉过程和绘制完成的效果分别如图 3-29 和图 3-30 所示。

❷ 单击"默认"选项卡"修改"面板中的"复制"按钮 ⁰°，完成另外两条引线的绘制，三相绕组变压器符号的最终绘制结果如图 3-31 所示。

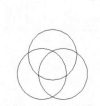   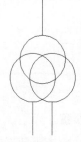

图 3-28　阵列结果　　　图 3-29　捕捉过程　　　图 3-30　绘制引线　　　图 3-31　三相绕组变压器符号

3.4　改变位置类命令

这一类编辑命令的功能是按照指定要求改变当前图形或图形某部分的位置，主要包括"移动""旋转""缩放"等命令。

3.4.1　"移动"命令

1．执行方式

☑　命令行：MOVE（快捷命令为M）。
☑　菜单栏：选择菜单栏中的"修改"→"移动"命令。
☑　快捷菜单：选择要复制的对象，在绘图区右击，在打开的快捷菜单中选择"移动"命令。
☑　工具栏：单击"修改"工具栏中的"移动"按钮✛。
☑　功能区：单击"默认"选项卡"修改"面板中的"移动"按钮✛。

2．操作步骤

执行上述命令后，命令行提示与操作如下。

> 命令：MOVE✓
> 选择对象：（选择对象）

用前面介绍的对象选择方法选择要移动的对象，按Enter键结束选择。系统继续提示：

> 指定基点或 [位移(D)] <位移>：（指定基点或移至点）
> 指定第二个点或 <使用第一个点作为位移>：

其中各选项功能与"复制"命令中的相应选项类似，在此不再赘述。

3.4.2　实例——组合电视柜

本实例利用"移动"命令将电视机图形移动到电视柜的适当位置，从而生成组合电视柜。绘制流程如图3-32所示。

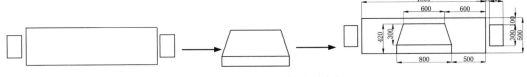

图3-32　组合电视柜的绘制流程

操作步骤

（1）打开随书配套资源中的"源文件\建筑图库\组合电视柜图形"，其中包括电视柜（见图3-33）和电视机（见图3-34）两个图形。

（2）单击"默认"选项卡"修改"面板中的"移动"按钮✛，以电视机外边的中点为基点，电视柜外边的中点为第二点，将电视机移动到电视柜上，如图 3-35 所示。

| 图 3-33　电视柜 | 图 3-34　电视机 | 图 3-35　组合电视柜 |

3.4.3　"旋转"命令

1. 执行方式

☑　命令行：ROTATE（快捷命令为 RO）。

☑　菜单栏：选择菜单栏中的"修改"→"旋转"命令。

☑　快捷菜单：选择要旋转的对象，在绘图区右击，在打开的快捷菜单中选择"旋转"命令。

☑　工具栏：单击"修改"工具栏中的"旋转"按钮 ↻。

☑　功能区：单击"默认"选项卡"修改"面板中的"旋转"按钮 ↻。

2. 操作步骤

执行上述命令后，命令行提示与操作如下。

```
命令：ROTATE↙
UCS 当前的正角方向：ANGDIR = 逆时针　ANGBASE = 0
选择对象：（选择要旋转的对象）
选择对象：↙
指定基点：（指定旋转的基点。在对象内部指定一个坐标点）
指定旋转角度，或 [复制(C)/参照(R)] <0>：（指定旋转角度或其他选项）
```

3. 选项说明

（1）复制(C)：选择该项，旋转对象的同时保留原对象，如图 3-36 所示。

旋转前　　　　　　　　　旋转后

图 3-36　复制旋转

（2）参照(R)：采用参照方式旋转对象时，系统提示如下。

```
指定参照角 <0>：（指定要参考的角度，默认值为 0）
指定新角度或 [点(P)] <0>：（输入旋转后的角度值）
```

操作完毕后，对象被旋转至指定的角度位置。

注意：可以用拖曳鼠标的方法旋转对象。选择对象并指定基点后，从基点到当前光标位置会出现一条连线，移动鼠标时选择的对象会动态地随着该连线与水平方向的夹角的变化而旋转，按 Enter 键确认旋转操作，如图 3-37 所示。

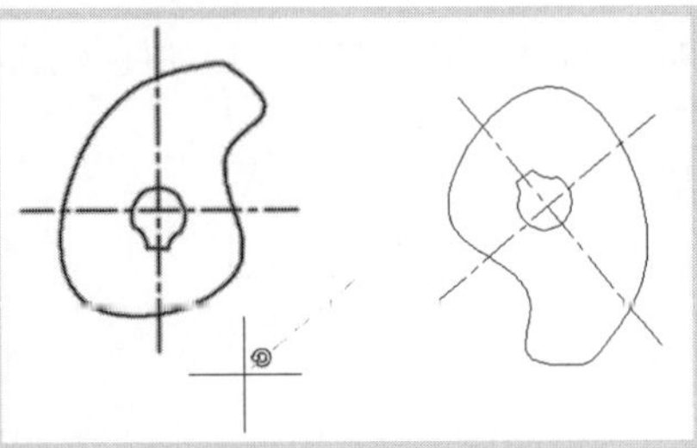

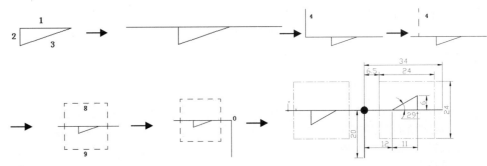

图 3-37　拖曳鼠标旋转对象

3.4.4　实例——电极探头

本实例图形的绘制，主要是利用"直线"和"移动"等命令绘制探头的一部分，然后进行旋转复制绘制另一半，最后添加填充。绘制流程如图 3-38 所示。

图 3-38　电极探头的绘制流程

操作步骤

（1）选择菜单栏中的"文件"→"新建"命令，系统将打开"选择样板"对话框。选择一种样板文件，单击"打开"按钮，系统自动进入绘图界面。

（2）单击"默认"选项卡"图层"面板中的"图层特性"按钮，打开"图层特性管理器"选项板。单击"新建图层"按钮，创建"虚线层"，"颜色"设置为"红色"，"线型"加载为"CENTER"，"线宽"设置为默认。

（3）先把 0 图层设置为当前图层，单击"默认"选项卡"绘图"面板中的"直线"按钮，分别绘制直线 1{（10,0）（21,0）}、直线 2{（10,0）（10,-6）}和直线 3{（10,-6）（21,0）}，这 3 条直线构成一个直角三角形，如图 3-39（a）所示。

（4）单击"默认"选项卡"修改"面板中的"拉长"按钮，将直线 1 分别向左拉长 11 mm，向右拉长 12 mm，结果如图 3-39（b）所示。

（a）绘制 3 条直线　　　　　　　　（b）拉长直线 1

图 3-39　绘制直角三角形

（5）单击"默认"选项卡"绘图"面板中的"直线"按钮／，在"对象追踪"和"正交"绘图模式下，用鼠标捕捉直线1的左端点，以该点为起点，向上绘制长度为12 mm的直线4，如图3-40（a）所示。

（6）单击"默认"选项卡"修改"面板中的"移动"按钮✛，将直线4向右平移3.5 mm。

（7）选中直线4，单击"默认"选项卡"图层"面板中的下拉按钮 💡☀️🔓■0 ，在打开的下拉列表中选择"虚线层"，将其图层属性设置为"虚线层"，然后单击结束。更改后的效果如图3-40（b）所示。

（8）单击"默认"选项卡"修改"面板中的"镜像"按钮⚠️，选择直线4为镜像对象，以直线1为镜像线，进行镜像操作，得到直线5，如图3-41（a）所示。

（9）单击"默认"选项卡"修改"面板中的"偏移"按钮⬸，分别以直线4和5为起始，向右绘制直线6和7，偏移量都为24 mm，如图3-41（b）所示。

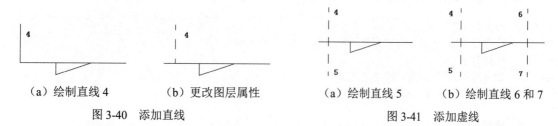

（a）绘制直线4　　　（b）更改图层属性　　　（a）绘制直线5　　　（b）绘制直线6和7

图3-40　添加直线　　　　　　　　　　图3-41　添加虚线

（10）单击"默认"选项卡"绘图"面板中的"直线"按钮／，在"对象追踪"绘图模式下，用鼠标分别捕捉直线4和6的上端点，绘制直线8。用相同的方法绘制直线9，得到两条水平直线。

（11）选中直线8和9，单击"图层"下拉列表旁边的▼按钮，在打开的下拉列表中选择"虚线层"，将其图层属性设置为"虚线层"，然后单击结束。更改后的效果如图3-42（a）所示。

（12）单击"默认"选项卡"绘图"面板中的"直线"按钮／，在"对象追踪"和"正交"绘图模式下，用鼠标捕捉直线1的右端点O，以其为起点向下绘制一条长度为20 mm的竖直直线，如图3-42（b）所示。

（13）单击"默认"选项卡"修改"面板中的"旋转"按钮↻，选择左侧的图形作为复制旋转对象，选择O点作为旋转的基点，指定旋转角度为180°，进行旋转操作，结果如图3-43所示。

（14）单击"默认"选项卡"绘图"面板中的"圆"按钮⊙，用鼠标捕捉O点作为圆心，绘制一个半径为1.5 mm的圆。

（15）单击"默认"选项卡"绘图"面板中的"图案填充"按钮▨，打开"图案填充创建"选项卡，选择SOLID图案，其他保持默认设置。选择步骤（14）中绘制的圆为填充边界，结果如图3-44所示。至此，电极探头的绘制工作完成。

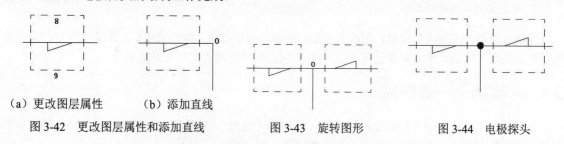

（a）更改图层属性　　　（b）添加直线

图3-42　更改图层属性和添加直线　　　图3-43　旋转图形　　　图3-44　电极探头

3.4.5 "缩放"命令

1. 执行方式

☑ 命令行：SCALE（快捷命令为SC）。

☑ 菜单栏：选择菜单栏中的"修改"→"缩放"命令。

☑ 快捷菜单：选择要缩放的对象，在绘图区右击，在打开的快捷菜单中选择"缩放"命令。

☑ 工具栏：单击"修改"工具栏中的"缩放"按钮 。

☑ 功能区：单击"默认"选项卡"修改"面板中的"缩放"按钮 。

2. 操作步骤

执行上述命令后，命令行提示与操作如下。

> 命令：SCALE✓
> 选择对象：（选择要缩放的对象）
> 选择对象：✓
> 指定基点：（指定缩放操作的基点）
> 指定比例因子或 [复制(C)/参照(R)]：

3. 选项说明

（1）指定比例因子：选择对象并指定基点后，从基点到当前光标位置会出现一条线段，线段的长度即为比例大小。鼠标选择的对象会动态地随着该连线长度的变化而缩放，按 Enter 键确认缩放操作。

（2）复制(C)：选择此选项时，可以复制缩放对象，即缩放对象时保留原对象，如图 3-45 所示。

（a）缩放前　　　　　　　　（b）缩放后

图 3-45　复制缩放

（3）参照(R)：采用参考方向缩放对象时，系统提示如下。

> 指定参照长度 <1.0000>：（指定参考长度值）
> 指定新的长度或 [点(P)] <1.0000>：（指定新长度值）

若新长度值大于参考长度值，则放大对象；否则，缩小对象。操作完毕后，系统以指定的基点按指定的比例因子缩放对象。如果选择"点(P)"选项，则指定两点来定义新的长度。

3.4.6　实例——装饰盘

本实例利用"圆"命令绘制盘的外轮廓，再利用"圆弧""环形阵列"命令绘制装饰花瓣，最后利用"缩放"命令绘制盘内装饰圆。绘制流程如图 3-46 所示。

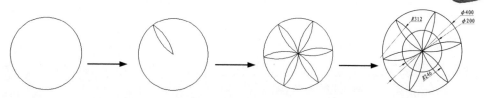

图 3-46 装饰盘的绘制流程

操作步骤

（1）单击"默认"选项卡"绘图"面板中的"圆"按钮⊙，以（100,100）为圆心，绘制半径为 200 的圆作为盘的外轮廓线，如图 3-47 所示。

（2）单击"默认"选项卡"绘图"面板中的"圆弧"按钮，绘制花瓣，如图 3-48 所示。

（3）单击"默认"选项卡"修改"面板中的"镜像"按钮△，捕捉圆弧的两端点作为镜像线镜像花瓣，如图 3-49 所示。

（4）单击"默认"选项卡"修改"面板中的"环形阵列"按钮，选择花瓣为源对象，以圆心为阵列中心点阵列花瓣，项目数为 6，如图 3-50 所示。

（5）单击"默认"选项卡"修改"面板中的"缩放"按钮，指定比例因子为 0.5，缩放一个圆作为盘内装饰圆。绘制结果如图 3-51 所示。

图 3-47 绘制圆形

图 3-48 绘制花瓣　　图 3-49 镜像花瓣线　　图 3-50 阵列花瓣　　图 3-51 装饰盘图形

3.5 改变几何特性类命令

这一类编辑命令（包括倒角、圆角、打断、剪切、延伸、拉长、拉伸等）在对指定对象进行编辑后，将使对象的几何特性发生改变。

3.5.1 "圆角"命令

圆角是指用指定半径决定的一段平滑的圆弧连接两个对象。系统规定可以圆角连接一对直线段、非圆弧的多段线（可以在任何时刻以圆角连接非圆弧多段线的每个节点）、样条曲线、双向无限长线、射线、圆、圆弧和椭圆。

1. 执行方式

☑ 命令行：FILLET（快捷命令为 F）。
☑ 菜单栏：选择菜单栏中的"修改"→"圆角"命令。
☑ 工具栏：单击"修改"工具栏中的"圆角"按钮。
☑ 功能区：单击"默认"选项卡"修改"面板中的"圆角"按钮。

Note

2．操作步骤

执行上述命令后，命令行提示与操作如下：

```
命令：FILLET↙
当前设置：模式 = 修剪，半径 = 0.0000
选择第一个对象或 [放弃(U)/多段线(P)/半径(R)/修剪(T)/多个(M)]：(选择第一个对象或其他
选项)
选择第二个对象，或按住 Shift 键选择对象以应用角点或 [半径(R)]：(选择第二个对象)
```

3．选项说明

（1）多段线(P)：多段线是由几段线段或圆弧构成的连续线条。选择多段线后，系统会根据指定的圆弧的半径把多段线各顶点用圆滑的弧连接起来。

（2）修剪(T)：决定在圆角连接两条边时，是否修剪这两条边，如图 3-52 所示。

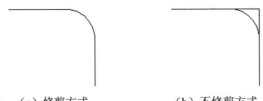

（a）修剪方式　　　　　　　（b）不修剪方式

图 3-52　圆角连接

（3）多个(M)：可以同时对多个对象进行圆角编辑，而不必重新启用命令。

（4）按住 Shift 键并选择两条直线，可以快速创建零距离倒角或零半径圆角。

3.5.2　实例——吊钩

视 频 讲 解

本实例先利用"直线"命令绘制辅助线，再利用"圆"命令绘制吊钩主体，最后利用"修剪"命令细化图形。绘制流程如图 3-53 所示。

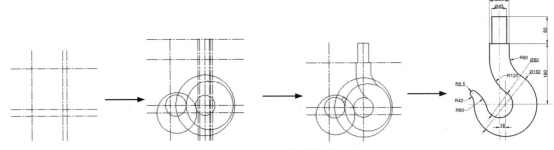

图 3-53　吊钩的绘制流程

操作步骤

（1）单击"默认"选项卡"图层"面板中的"图层特性"按钮，打开"图层特性管理器"选项板，单击"新建图层"按钮，新建两个图层："轮廓线"图层，线宽为 0.3 mm，其余属性设置保持默认值；"中心线"图层，颜色设置为红色，线型加载为 CENTER，其余属性设置保持默认值。

（2）将"中心线"图层设置为当前图层。利用"直线"命令绘制两条相互垂直的定位中心线，如图 3-54 所示。

（3）单击"默认"选项卡"修改"面板中的"偏移"按钮 ⫐，将竖直直线分别向右偏移 142 和 160，将水平直线分别向下偏移 180 和 210，如图 3-55 所示。

图 3-54　绘制定位中心线　　　　　　　　　图 3-55　偏移处理 1

（4）将"轮廓线"图层设置为当前图层。单击"默认"选项卡"绘图"面板中的"圆"按钮 ⊙，以点 1 为圆心，分别绘制半径为 120 和 40 的同心圆；再以点 2 为圆心，绘制半径为 96 的圆；以点 3 为圆心，绘制半径为 80 的圆；以点 4 为圆心，绘制半径为 42 的圆。结果如图 3-56 所示。

（5）单击"默认"选项卡"修改"面板中的"偏移"按钮 ⫐，将直线段 5 分别向左、向右偏移 22.5 和 30，将线段 6 向上偏移 80，并将偏移后的直线转换到"轮廓线"图层，结果如图 3-57 所示。

（6）单击"默认"选项卡"修改"面板中的"修剪"按钮 ⛏，修剪直线，如图 3-58 所示。

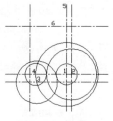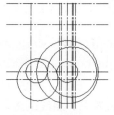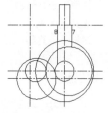

图 3-56　绘制圆　　　　　　图 3-57　偏移处理 2　　　　　　图 3-58　修剪处理 1

（7）单击"默认"选项卡"修改"面板中的"圆角"按钮 ⌐，指定圆角半径为 80，利用修剪模式，选择线段 7 和半径为 96 的圆进行倒圆角。

重复上述命令，选择线段 8 和半径为 40 的圆进行倒圆角，圆角半径为 120，结果如图 3-59 所示。

（8）单击"默认"选项卡"绘图"面板中的"圆"按钮 ⊙，选用"三点"的方法绘制圆。以半径为 42 的圆为第一点，以半径为 96 的圆为第二点，以半径为 80 的圆为第三点，绘制结果如图 3-60 所示。

📢 **注意**：这 3 个圆的点，都是切点。

（9）单击"默认"选项卡"修改"面板中的"修剪"按钮 ⛏，将多余线段修剪掉，结果如图 3-61 所示。

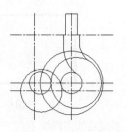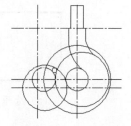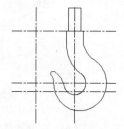

图 3-59　圆角处理　　　　　　图 3-60　三点画圆　　　　　　图 3-61　修剪处理 2

（10）单击"默认"选项卡"修改"面板中的"删除"按钮 ⌫，删除多余线段，最终绘制结果如图 3-53 所示。

3.5.3 "倒角"命令

倒角是指用斜线连接两个不平行的线型对象。可以用斜线连接直线段、双向无限长线、射线和多段线。

1. 执行方式

☑ 命令行：CHAMFER（快捷命令为 CHA）。

☑ 菜单栏：选择菜单栏中的"修改"→"倒角"命令。

☑ 工具栏：单击"修改"工具栏中的"倒角"按钮 。

☑ 功能区：单击"默认"选项卡"修改"面板中的"倒角"按钮 。

2. 操作步骤

执行上述命令后，命令行提示与操作如下。

命令：CHAMFER✓
（"不修剪"模式）当前倒角距离 1 = 0.0000，距离 2 = 0.0000
选择第一条直线或 [放弃(U)/多段线(P)/距离(D)/角度(A)/修剪(T)/方式(E)/多个(M)]:（选择第一条直线或其他选项）
选择第二条直线，或按住 Shift 键选择直线以应用角点或 [距离(D)/角度(A)/方法(M)]:（选择第二条直线）

3. 选项说明

（1）距离(D)：选择倒角的两个斜线距离。斜线距离是指从被连接的对象与斜线的交点到被连接的两个对象可能的交点之间的距离，如图 3-62 所示。这两个斜线距离可以相同，也可以不同。若二者均为 0，则系统不绘制连接的斜线，而是把两个对象延伸至相交，并修剪超出的部分。

（2）角度(A)：选择第一条直线的斜线距离和角度。采用这种方法用斜线连接对象时，需要输入两个参数，即斜线与一个对象的斜线距离和斜线与该对象的夹角，如图 3-63 所示。

图 3-62　斜线距离

（3）多段线(P)：对多段线的各个交叉点进行倒角编辑。为了得到最好的连接效果，一般设置斜线是相等的值。系统根据指定的斜线距离把多段线的每个交叉点都作斜线连接，连接的斜线成为多段线新添加的构成部分，如图 3-64 所示。

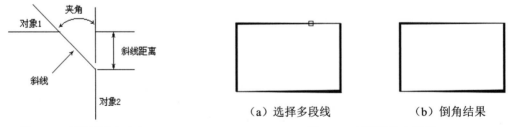

（a）选择多段线　　　　　（b）倒角结果

图 3-63　斜线距离与夹角　　　　　图 3-64　斜线连接多段线

（4）修剪(T)：与圆角连接命令 FILLET 相同，该选项决定连接对象后，是否剪切原对象。

（5）方法(M)：决定采用"距离"方式还是"角度"方式来倒角。

（6）多个(M)：同时对多个对象进行倒角编辑。

注意：在执行"圆角"和"倒角"命令时，有时会发现命令不执行或执行后没什么变化，那是因为系统默认圆角半径和斜线距离均为 0，如果不事先设定圆角半径或斜线距离，系统就以默认值执行命令，所以看起来好像没有执行命令。

3.5.4 实例——录音机

首先利用"直线""圆""矩形"等命令绘制录音机的外观，然后利用"图案填充"命令填充频道按钮和喇叭，最后利用"倒角"命令对喇叭外观进行修改。绘制流程如图 3-65 所示。

视频讲解

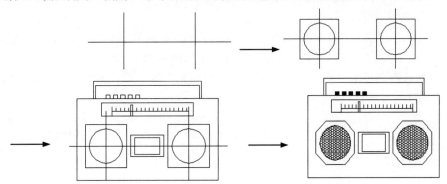

图 3-65 录音机的绘制流程

操作步骤

（1）单击"默认"选项卡"绘图"面板中的"直线"按钮 /，绘制端点坐标为{（100,150）（500,150）}、{（200,70）（200,230）}、{（400,70）（400,230）}的 3 条直线，结果如图 3-66 所示。

（2）单击"默认"选项卡"绘图"面板中的"矩形"按钮 □，分别以（150,100）、（350,100）为第一角点，以（250,200）、（450,200）为第二角点绘制矩形，结果如图 3-67 所示。

（3）单击"默认"选项卡"绘图"面板中的"圆"按钮 ⊙，分别以点（200,150）、（400,150）为圆心，以 40 为半径绘制圆，结果如图 3-68 所示。

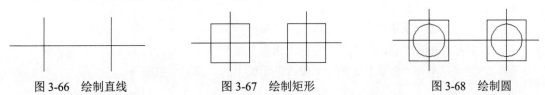

图 3-66 绘制直线　　　　图 3-67 绘制矩形　　　　图 3-68 绘制圆

（4）单击"默认"选项卡"绘图"面板中的"矩形"按钮 □，绘制几个矩形，对角点分别为{（260,125）（340,175）}、{（270,130）（330,170）}、{（130,70）（470,260）}、{（430,300）（170,260）}和{（175,260）（425,290）}。

（5）单击"默认"选项卡"绘图"面板中的"矩形"按钮 □，绘制矩形，对角点分别为（190,250）和（410,220）、（260,220）和（265,245），结果如图 3-69 所示。

（6）单击"默认"选项卡"绘图"面板中的"直线"按钮 /，绘制一系列的直线作为刻度线，结果如图 3-70 所示。

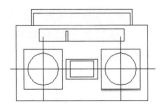

图 3-69　绘制矩形

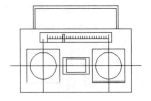

图 3-70　绘制刻度线

（7）单击"默认"选项卡"绘图"面板中的"矩形"按钮 ▢，绘制频道按钮，矩形对角点为（195,260）和（210,270），如图 3-71 所示。

（8）单击"默认"选项卡"修改"面板中的"矩形阵列"按钮 ▦，阵列频道按钮，列数为 5，行数为 1，层数为 1，列间距为 22.5，其他为默认值，结果如图 3-72 所示。

（9）单击"默认"选项卡"绘图"面板中的"图案填充"按钮 ▨，对频道按钮进行填充，如图 3-73 所示。以同样的方法对喇叭进行填充。

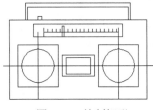

图 3-71　绘制矩形

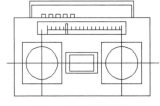

图 3-72　阵列按钮

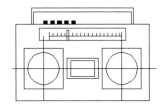

图 3-73　填充频道按钮

（10）单击"默认"选项卡"修改"面板中的"倒角"按钮 ╱，指定倒角距离均为 25，选择两个正方形的四条边绘制倒角。最终结果如图 3-65 所示。

3.5.5　"修剪"命令

1．执行方式

☑　命令行：TRIM（快捷命令为 TR）。

☑　菜单栏：选择菜单栏中的"修改"→"修剪"命令。

☑　工具栏：单击"修改"工具栏中的"修剪"按钮 ✂。

☑　功能区：单击"默认"选项卡"修改"面板中的"修剪"按钮 ✂。

2．操作步骤

执行上述命令后，命令行提示与操作如下。

```
命令：TRIM✓
当前设置：投影 = UCS，边 = 无
选择剪切边...
选择对象或 <全部选择>：（选择用作修剪边界的对象）
```

按 Enter 键，结束对象选择，系统提示如下。

```
选择要修剪的对象，或按住 Shift 键选择要延伸的对象，或 [栏选(F)/窗交(C)/投影(P)/边(E)/删除(R)/放弃(U)]：
```

3．选项说明

（1）按 Shift 键：在选择对象时，如果按住 Shift 键，系统自动将"修剪"命令转换成"延伸"命令。

（2）边(E)：选择此选项时，可以选择对象的修剪方式。

☑　延伸(E)：延伸边界进行修剪。在此方式下，如果剪切边没有与要修剪的对象相交，系统会延伸剪切边直至与要修剪的对象相交，然后再修剪，如图 3-74 所示。

　（a）选择剪切边　　　　（b）选择要修剪的对象　　（c）修剪后的结果

图 3-74　以延伸方式选择修剪对象

☑　不延伸(N)：不延伸边界修剪对象。只修剪与剪切边相交的对象。

（3）栏选(F)：选择此选项时，系统以栏选的方式选择被修剪对象，如图 3-75 所示。

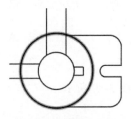
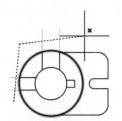
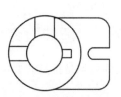

　（a）选择剪切边　　　　（b）选择要修剪的对象　　　（c）修剪后的结果

图 3-75　以栏选方式选择修剪对象

（4）窗交(C)：选择此选项时，系统以窗交的方式选择被修剪对象，如图 3-76 所示。

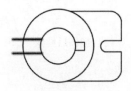
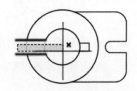
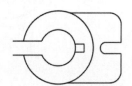

　（a）选择剪切边　　　　（b）选择要修剪的对象　　　（c）修剪后的结果

图 3-76　以窗交方式选择修剪对象

被选择的对象可以互为边界和被修剪对象，此时系统会在选择的对象中自动判断边界。

3.5.6　实例——铰套

本实例先利用"矩形"命令绘制外轮廓，再利用"偏移"命令创建内轮廓，最后利用"修剪"命令将多余的线段删除。绘制流程如图 3-77 所示。

视频讲解

图 3-77　铰套的绘制流程

操作步骤

（1）单击"默认"选项卡"绘图"面板中的"矩形"按钮 □，绘制两个矩形，如图 3-78 所示。

（2）单击"默认"选项卡"修改"面板中的"偏移"按钮 ⊆，生成方形套，如图 3-79 所示。

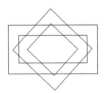

图 3-78　绘制矩形　　　　　图 3-79　方形套

（3）单击"默认"选项卡"修改"面板中的"修剪"按钮 ✂，剪切出层次关系。最终绘制结果如图 3-77 所示。

3.5.7　"延伸"命令

延伸对象是指延伸要延伸的对象直至另一个对象的边界线，如图 3-80 所示。

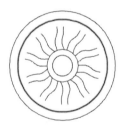

（a）选择边界　　　　（b）选择要延伸的对象　　　（c）延伸后结果

图 3-80　延伸对象

1．执行方式

☑　命令行：EXTEND（快捷命令为 EX）。

☑　菜单栏：选择菜单栏中的"修改"→"延伸"命令。

☑　工具栏：单击"修改"工具栏中的"延伸"按钮 ⇥。

☑　功能区：单击"默认"选项卡"修改"面板中的"延伸"按钮 ⇥。

2．操作步骤

执行上述命令后，命令行提示与操作如下。

```
命令：EXTEND↙
当前设置：投影 = UCS，边 = 无
选择边界的边...
```

选择对象或 <全部选择>:（选择边界对象）

此时可以通过选择对象来定义边界。若直接按 Enter 键，则选择所有对象作为可能的边界对象。

系统规定可以用作边界对象的对象包括直线段、射线、双向无限长线、圆弧、圆、椭圆、二维和三维多段线、样条曲线、文本、浮动的视口和区域。如果选择二维多段线作为边界对象，系统会忽略其宽度而把对象延伸至多段线的中心线上。

选择边界对象后，系统提示如下。

选择要延伸的对象，或按住 Shift 键选择要修剪的对象，或 [栏选(F)/窗交(C)/投影(P)/边(E)/放弃(U)]:

3. 选项说明

（1）如果要延伸的对象是适配样条多段线，则延伸后会在多段线的控制框上增加新节点。如果要延伸的对象是锥形的多段线，系统会修正延伸端的宽度，使多段线从起始端平滑地延伸至新的终止端。如果延伸操作导致新终止端的宽度为负值，则取宽度值为 0，如图 3-81 所示。

（a）选择边界对象　　（b）选择要延伸的多段线　　（c）延伸后的结果

图 3-81　延伸对象

（2）选择对象时，如果按住 Shift 键，系统自动将"延伸"命令转换成"修剪"命令。

3.5.8　实例——电机

本实例首先利用"偏移"命令将直线偏移，绘制出机体的各个段位，然后使用"圆角"命令完成电机的半视图，最后调用"镜像"命令，完成电机的绘制。绘制流程如图 3-82 所示。

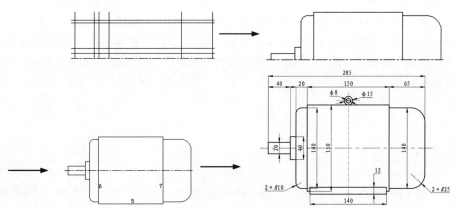

图 3-82　电机的绘制流程

操作步骤

（1）单击"默认"选项卡"图层"面板中的"图层特性"按钮，新建以下两个图层。

☑　第一个图层命名为"轮廓线"，线宽设置为 0.3 mm，其余属性设置保持默认值。

视频讲解

☑ 第二个图层命名为"中心线"，颜色设置为红色，线型加载为 CENTER，线宽设置为 0.09 mm。

（2）将"中心线"图层设置为当前图层。单击"默认"选项卡"绘图"面板中的"直线"按钮 ⁄，绘制水平直线。将"轮廓线"图层设置为当前图层，重复"直线"命令，绘制竖直直线，结果如图 3-83 所示。

（3）单击"默认"选项卡"修改"面板中的"偏移"按钮 ⊆，指定偏移距离为 40，选择竖直直线将其向右侧进行偏移。

重复上述命令，将竖直直线分别向右偏移 50、70、220 和 285，将水平直线分别向上偏移 10、20、70 和 75。选取偏移后的直线，将其所在层修改为"轮廓线"图层，结果如图 3-84 所示。

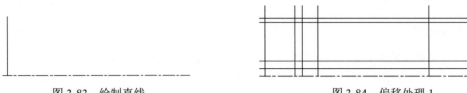

图 3-83　绘制直线　　　　　　　　　　　　　　　图 3-84　偏移处理 1

（4）修剪处理。单击"默认"选项卡"修改"面板中的"修剪"按钮 ✂，对图形进行修剪，结果如图 3-85 所示。

（5）进行倒圆角处理。单击"默认"选项卡"修改"面板中的"圆角"按钮 ⌒，指定圆角半径为 10，对线段 1 和线段 2 进行圆角处理。

重复上述命令，选择线段 3 和线段 4 进行倒圆角处理，半径为 25，结果如图 3-86 所示。

图 3-85　修剪处理 1　　　　　　　　　　　　　　图 3-86　倒圆角

（6）单击"默认"选项卡"修改"面板中的"镜像"按钮 ⚊，将上方的图形以水平中心线进行镜像，结果如图 3-87 所示。

（7）单击"默认"选项卡"修改"面板中的"偏移"按钮 ⊆，将线段 5 向上偏移 7、向下偏移 5，将线段 6 向右偏移 5，将线段 7 向左偏移 5，将最上端的直线向上偏移 7.5，结果如图 3-88 所示。

（8）单击"默认"选项卡"修改"面板中的"延伸"按钮 ⟶，将偏移后的竖直线向下延伸，结果如图 3-89 所示。

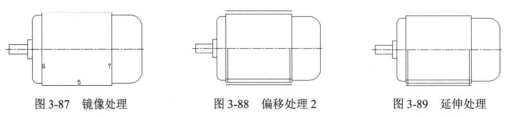

图 3-87　镜像处理　　　　　　图 3-88　偏移处理 2　　　　　　图 3-89　延伸处理

（9）修剪处理。单击"默认"选项卡"修改"面板中的"修剪"按钮 ✂，将多余的线段修剪掉，结果如图 3-90 所示。

（10）绘制竖直中心线。将"中心线"图层设置为当前图层。单击"默认"选项卡"绘图"面板中的"直线"按钮 ⁄，绘制竖直中心线，使其通过最下端线段的中点，结果如图 3-91 所示。

（11）绘制圆。将"轮廓线"图层设置为当前图层。单击"默认"选项卡"绘图"面板中的"圆"

按钮 ，以竖直中心线与最上端直线的交点为圆心，绘制半径分别为 4 和 7.5 的同心圆，如图 3-92 所示。

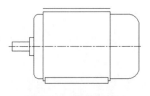

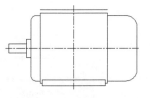

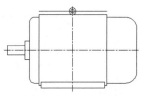

图 3-90　修剪处理 2　　　　　图 3-91　绘制竖直中心线　　　　　图 3-92　绘制圆

（12）绘制圆中心线。将"中心线"图层设置为当前图层。在最上边水平线的同样水平位置绘制适当长度的中心线，然后删除该水平实线，结果如图 3-82 所示。

3.5.9　"拉伸"命令

拉伸对象是指拖拉选择的对象，使其形状发生改变。拉伸对象时，应指定拉伸的基点和移至点。利用一些辅助工具，如捕捉、钳夹功能及相对坐标等，可以提高拉伸的精度。

1. 执行方式

☑　命令行：STRETCH（快捷命令为 S）。
☑　菜单栏：选择菜单栏中的"修改"→"拉伸"命令。
☑　工具栏：单击"修改"工具栏中的"拉伸"按钮 。
☑　功能区：单击"默认"选项卡"修改"面板中的"拉伸"按钮 。

2. 操作步骤

执行上述命令后，命令行提示与操作如下。

```
命令：STRETCH✓
以交叉窗口或交叉多边形选择要拉伸的对象...
选择对象：C✓
指定第一个角点：指定对角点：（采用交叉窗口的方式选择要拉伸的对象）
选择对象：✓
指定基点或 [位移(D)] <位移>：（指定拉伸的基点）
指定第二个点或 <使用第一个点作为位移>：（指定拉伸的移至点）
```

此时，若指定第二个点，系统将根据这两点决定的矢量拉伸对象。若直接按 Enter 键，系统会把第一个点坐标作为 X 轴和 Y 轴的分量值。

STRETCH 命令仅移动位于交叉选择窗口内的顶点和端点，而不更改那些位于交叉选择窗口外的顶点和端点，部分包含在交叉选择窗口内的对象将被拉伸。

3.5.10　实例——门把手

本实例先利用"圆"与"直线"命令绘制门把手一侧的连续曲线，然后利用"修剪"命令将多余的线段删除得到一侧的曲线，再利用"镜像"命令创建另一侧的曲线，最后利用"修剪""圆""拉伸"命令创建销孔并细化图形。绘制流程如图 3-93 所示。

视频讲解

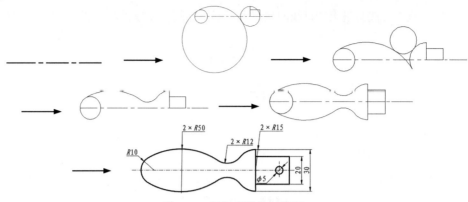

图 3-93　门把手的绘制流程

操作步骤

（1）单击"默认"选项卡"图层"面板中的"图层特性"按钮，打开"图层特性管理器"选项板，新建以下两个图层。

☑　第一个图层命名为"轮廓线"，线宽属性为 0.3 mm，其余属性设置保持默认值。

☑　第二个图层命名为"中心线"，颜色设为红色，线型加载为 CENTER，其余属性设置保持默认值。

（2）将"中心线"图层设置为当前图层。单击"默认"选项卡"绘图"面板中的"直线"按钮，绘制坐标分别为（150,150）、（@120,0）的直线，结果如图 3-94 所示。

（3）将"轮廓线"图层设置为当前图层。单击"默认"选项卡"绘图"面板中的"圆"按钮，以（160,150）为圆心，绘制半径为 10 的圆。重复"圆"命令，以（235,150）为圆心，绘制半径为 15 的圆。再绘制一个半径为 50 的圆与前两个圆相切，结果如图 3-95 所示。

（4）单击"默认"选项卡"绘图"面板中的"直线"按钮，绘制坐标为（250,150）、（@10<90）、（@15<180）的两条直线。重复"直线"命令，绘制坐标为（235,165）、（235,150）的直线，结果如图 3-96 所示。

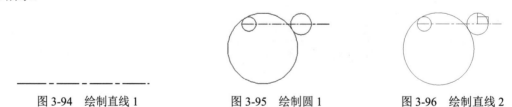

图 3-94　绘制直线 1　　　　　图 3-95　绘制圆 1　　　　　图 3-96　绘制直线 2

（5）单击"默认"选项卡"修改"面板中的"修剪"按钮，进行修剪处理，结果如图 3-97 所示。

（6）单击"默认"选项卡"绘图"面板中的"圆"按钮，绘制一个半径为 12、与圆弧 1 和圆弧 2 相切的圆，结果如图 3-98 所示。

图 3-97　修剪处理 1　　　　　　　　图 3-98　绘制圆 2

（7）单击"默认"选项卡"修改"面板中的"修剪"按钮，将多余的圆弧修剪掉，结果如图 3-99 所示。

（8）单击"默认"选项卡"修改"面板中的"镜像"按钮，以（150,150）、（250,150）为两镜像点对图形进行镜像处理，结果如图 3-100 所示。

（9）单击"默认"选项卡"修改"面板中的"修剪"按钮，进行修剪处理，结果如图 3-101 所示。

| 图 3-99　修剪处理 2 | 图 3-100　镜像处理 | 图 3-101　把手初步图形 |

（10）将"中心线"图层设置为当前图层。单击"默认"选项卡"绘图"面板中的"直线"按钮，在把手接头处中间位置绘制适当长度的竖直线段，作为销孔定位中心线，如图 3-102 所示。

（11）将"轮廓线"图层设置为当前图层。单击"默认"选项卡"绘图"面板中的"圆"按钮，以中心线交点为圆心，绘制一个适当半径的圆作为销孔，如图 3-103 所示。

（12）单击"默认"选项卡"修改"面板中的"拉伸"按钮，拉伸接头长度，如图 3-104 所示。

| 图 3-102　销孔中心线 | 图 3-103　销孔 | 图 3-104　指定拉伸对象 |

3.5.11　"拉长"命令

1. 执行方式

☑ 命令行：LENGTHEN（快捷命令为 LEN）。
☑ 菜单栏：选择菜单栏中的"修改"→"拉长"命令。
☑ 功能区：单击"默认"选项卡"修改"面板中的"拉长"按钮。

2. 操作步骤

执行上述命令后，命令行提示与操作如下。

```
命令：LENGTHEN✓
选择要测量的对象或 [增量(DE)/百分比(P)/总计(T)/动态(DY)] <总计(T)>：(选定对象)
当前长度：30.5001 (给出选定对象的长度，如果选择圆弧则还要给出圆弧的夹角)
选择要测量的对象或 [增量(DE)/百分比(P)/总计(T)/动态(DY)]：DE✓ (选择拉长或缩短的方式，
如选择"增量(DE)"方式)
输入长度增量或 [角度(A)] <0.0000>：10 (输入长度增量数值。如果选择圆弧段，则可输入选项
A给定角度增量)
选择要修改的对象或 [放弃(U)]：(选定要修改的对象，进行拉长操作)
选择要修改的对象或 [放弃(U)]：(继续选择，按 Enter 键结束命令)
```

3. 选项说明

（1）增量(DE)：用指定增加量的方法来改变对象的长度或角度。
（2）百分比(P)：用指定要修改对象的长度占总长度的百分比的方法来改变圆弧或直线段的长度。

（3）总计(T)：用指定新的总长度或总角度值的方法来改变对象的长度或角度。

（4）动态(DY)：在这种模式下，可以使用拖曳鼠标的方法来动态地改变对象的长度或角度。

3.5.12　实例——挂钟

本实例利用"圆"与"直线"命令绘制挂钟的轮廓及指针，再利用"拉长"命令进行细化处理。绘制流程如图 3-105 所示。

图 3-105　挂钟的绘制流程

操作步骤

（1）单击"默认"选项卡"绘图"面板中的"圆"按钮⊙，以（100,100）为圆心，绘制半径为 20 的圆形作为挂钟的外轮廓线，如图 3-106 所示。

（2）单击"默认"选项卡"绘图"面板中的"直线"按钮╱，绘制坐标为{（100,100）（100,120）}、{（100,100）（80,100）}、{（100,100）（105,94）}的 3 条直线作为挂钟的指针，如图 3-107 所示。

（3）单击"默认"选项卡"修改"面板中的"拉长"按钮╱，将秒针拉长至圆的边，完成挂钟的绘制，如图 3-108 所示。

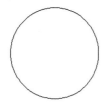

图 3-106　绘制圆形

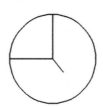

图 3-107　绘制指针

图 3-108　挂钟图形

3.5.13　"打断"命令

1. 执行方式

☑　命令行：BREAK（快捷命令为 BR）。

☑　菜单栏：选择菜单栏中的"修改"→"打断"命令。

☑　工具栏：单击"修改"工具栏中的"打断"按钮凹。

☑　功能区：单击"默认"选项卡"修改"面板中的"打断"按钮凹。

2. 操作步骤

执行上述命令后，命令行提示与操作如下。

命令：BREAK↙
选择对象：（选择要打断的对象）
指定第二个打断点或 [第一点(F)]：（指定第二个断开点或输入 F）

3. 选项说明

如果选择"第一点(F)"选项，系统将丢弃前面的第一个选择点，重新提示用户指定两个打断点。

3.5.14　"打断于点"命令

打断于点是指在对象上指定一点，从而把对象在此点拆分成两部分。此命令与"打断"命令的功能类似。

1. 执行方式

☑　工具栏：单击"修改"工具栏中的"打断于点"按钮 □ 。

☑　功能区：单击"默认"选项卡"修改"面板中的"打断于点"按钮 □ 。

2. 操作步骤

执行上述命令后，命令行提示与操作如下。

> 命令：BREAK↙
> 选择对象：（选择要打断的对象）
> 指定第二个打断点或 [第一点(F)]：F↙（系统自动执行"第一点(F)"选项）
> 指定第一个打断点：（选择打断点）
> 指定第二个打断点：（选择打断点）

3.5.15　"分解"命令

1. 执行方式

☑　命令行：EXPLODE（快捷命令为 X）。

☑　菜单栏：选择菜单栏中的"修改"→"分解"命令。

☑　工具栏：单击"修改"工具栏中的"分解"按钮 🗗 。

☑　功能区：单击"默认"选项卡"修改"面板中的"分解"按钮 🗗 。

2. 操作步骤

执行上述命令后，命令行提示与操作如下。

> 命令：EXPLODE↙
> 选择对象：（选择要分解的对象）

选择一个对象后，该对象就会被分解。系统将继续提示该信息，允许分解多个对象。

3.5.16　"合并"命令

可以将直线、圆弧、椭圆弧和样条曲线等独立的对象合并为一个对象，如图 3-109 所示。

1. 执行方式

☑　命令行：JOIN。

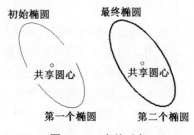

图 3-109　合并对象

- ☑ 菜单栏：选择菜单栏中的"修改"→"合并"命令。
- ☑ 工具栏：单击"修改"工具栏中的"合并"按钮 ⁺⁺。
- ☑ 功能区：单击"默认"选项卡"修改"面板中的"合并"按钮 ⁺⁺。

2．操作步骤

执行上述命令后，命令行提示与操作如下。

```
命令：JOIN✓
选择源对象或要一次合并的多个对象：找到 1 个
选择要合并的对象：找到 1 个，总计 2 个
选择要合并的对象：✓
2 条直线已合并为 1 条直线
```

3.6 对 象 编 辑

在对图形进行编辑时，还可以对图形对象本身的某些特性进行编辑，从而方便地进行图形绘制。

3.6.1 钳夹功能

利用钳夹功能可以快速、方便地编辑对象。AutoCAD 在图形对象上定义了一些特殊点，称为夹点。利用夹点可以灵活地控制对象，如图 3-110 所示。

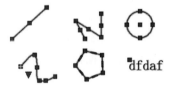

图 3-110 夹点

要使用钳夹功能编辑对象，必须先打开钳夹功能，方法如下。

- ☑ 选择菜单中的"工具"→"选项"命令，在弹出的对话框的"选择集"选项卡"夹点"选项组中选中"显示夹点"复选框。在该选项卡中，还可以设置代表夹点的小方格的尺寸和颜色。
- ☑ 通过 GRIPS 系统变量来控制是否打开钳夹功能，1 代表打开，0 代表关闭。

打开了钳夹功能后，应该在编辑对象之前先选择对象。夹点表示了对象的控制位置。

使用夹点编辑对象，要先选择一个夹点作为基点（称为基准夹点），然后选择一种编辑操作，如镜像、移动、旋转、拉伸和缩放。可以用 Space 键、Enter 键或快捷键循环选择这些功能。

下面仅以拉伸对象操作为例进行讲述，其他操作类似，在此不再赘述。

在图形上拾取一个夹点，该夹点改变颜色，将其作为编辑对象的基准夹点。这时系统提示如下。

```
** 拉伸 **
指定拉伸点或 [基点(B)/复制(C)/放弃(U)/退出(X)]：
```

在上述拉伸编辑提示下，输入"镜像"命令 MIRROR 或右击，在打开的快捷菜单中选择"镜像"命令，如图 3-111 所示，系统就会转换为"镜像"操作，其他操作类同。

图 3-111　快捷菜单

3.6.2　修改对象属性

1. 执行方式

☑　命令行：DDMODIFY 或 PROPERTIES。

☑　菜单栏：选择菜单栏中的"修改"→"特性"命令。

☑　工具栏：单击"标准"或者快速访问工具栏中的"特性"按钮。

☑　功能区：单击"视图"选项卡"选项板"面板中的"特性"按钮。

2. 操作步骤

执行上述命令后，打开"特性"选项板，可以方便地设置或修改对象的各种属性，如图 3-112 所示。

不同对象的属性种类和值不同，修改属性值，对象的属性即可改变。

3.6.3　特性匹配

特性匹配是指将目标对象的属性与源对象的属性进行匹配，使目标对象的属性与源对象的属性相同。利用特性匹配功能可以方便、快捷地修改对象属性，并保持不同对象的属性相同。

1. 执行方式

☑　命令行：MATCHPROP。

☑　工具栏：单击"标准"工具栏中的"特性匹配"按钮。

☑　菜单栏：选择菜单栏中的"修改"→"特性匹配"命令。

☑　功能区：单击"默认"选项卡"特性"面板中的"特性匹配"按钮。

图 3-112　"特性"选项板

2. 操作步骤

执行上述命令后，命令行提示与操作如下。

```
命令：MATCHPROP↙
选择源对象：（选择源对象）
选择目标对象或 [设置(S)]：（选择目标对象）
```

图 3-113（a）所示为两个属性不同的对象，以左边的圆为源对象，对右边的矩形进行特性匹配，结果如图 3-113（b）所示。

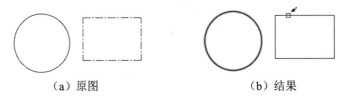

（a）原图　　　　　　　　　　　（b）结果

图 3-113　特性匹配

3.6.4　实例——花朵

视频讲解

本实例利用"圆"命令绘制花蕊，再利用"多边形"及"圆弧"等命令绘制花瓣，最后利用"多段线"命令绘制花茎与叶子并修改。绘制流程如图 3-114 所示。

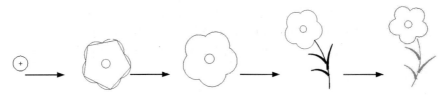

图 3-114　花朵的绘制流程

操作步骤

（1）单击"默认"选项卡"绘图"面板中的"圆"按钮⊙，绘制花蕊。

（2）单击"默认"选项卡"绘图"面板中的"多边形"按钮⬠，以图 3-115 中的圆心为正多边形的中心点绘制正五边形，结果如图 3-116 所示。

　　　　　　　　　　　　⊕

图 3-115　捕捉圆心　　　　　　　　　　　　　　　图 3-116　绘制正五边形

📢 **注意**：一定要先绘制中心的圆，因为正五边形的外接圆与此圆同心，必须通过捕捉获得正五边形的外接圆圆心位置。如果反过来，先画正五边形，再画圆，会发现无法捕捉正五边形外接圆圆心。

（3）单击"默认"选项卡"绘图"面板中的"圆弧"按钮⌒，以最上斜边的中点为圆弧起点，左上斜边中点为圆弧端点，绘制花朵，如图 3-117 所示。重复"圆弧"命令，绘制另外 4 段圆弧，结果如图 3-118 所示。最后删除正五边形，结果如图 3-119 所示。

图 3-117　绘制一段圆弧

图 3-118　绘制所有圆弧

图 3-119　绘制花朵

Note

（4）单击"默认"选项卡"绘图"面板中的"多段线"按钮，绘制枝叶。花枝的宽度为 4，叶子的起点宽度为 12，端点宽度为 3。使用同样的方法绘制另外两片叶子，结果如图 3-120 所示。

（5）选择枝叶，在一个枝叶上右击，在打开的快捷菜单中选择"特性"命令，打开"特性"选项板，在"颜色"下拉列表框中选择"绿"。

（6）按照步骤（5）的方法修改花朵颜色为红色，花蕊颜色为洋红色，最终结果如图 3-121 所示。

图 3-120　绘制枝叶

图 3-121　最终绘制结果

3.7　操作与实践

通过前面的学习，读者对本章知识已经有了大体的了解，本节将通过几个操作实践帮助读者进一步掌握本章所学知识要点。

3.7.1　绘制车模

1. 目的要求

如图 3-122 所示，本实践利用"多段线"命令绘制车壳，再利用"圆""直线""复制"等命令绘制车轮、车门、车窗，最后细化车身。通过本实践的练习，要求掌握相关命令的使用方法。

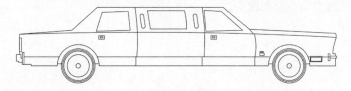
图 3-122　车模

2. 操作提示

（1）利用"多段线"命令绘制车壳。
（2）利用"圆"以及"复制"等命令绘制车轮。
（3）利用"直线"以及"复制"等命令绘制车门。
（4）利用"直线"命令绘制车窗。

3.7.2 绘制示波器

1. 目的要求

如图 3-123 所示，本实践利用"矩形"命令绘制示波器主体，再利用"圆""矩形阵列"命令绘制按钮。通过本实践的练习，要求掌握相关命令的使用方法。

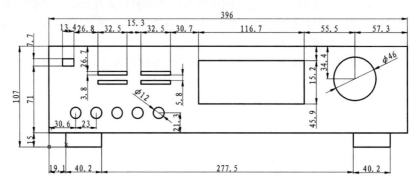

图 3-123　示波器

2. 操作提示

（1）利用"矩形"命令绘制示波器外形轮廓。
（2）利用"矩形阵列"和"圆"命令绘制按钮。

3.7.3 绘制床

1. 目的要求

如图 3-124 所示，本实践利用"矩形"命令绘制床的外轮廓，再利用"直线""圆弧"等命令绘制床上用品，最后利用"修剪"命令将多余的线段删除。通过本实践的练习，要求掌握相关命令的使用方法。

2. 操作提示

（1）利用"矩形"命令绘制床的外轮廓。
（2）利用"直线"命令绘制枕头。
（3）绘制床单。

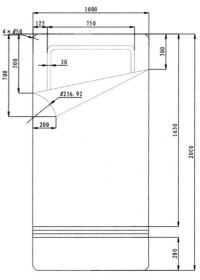

图 3-124　床

第 **4** 章

文字、表格与尺寸标注

　　文字注释是图形中很重要的一部分内容，在进行各种设计时，通常不仅要绘出图形，还要在图形中标注一些文字。图表在 AutoCAD 2022 中也有大量的应用，如明细表、参数表和标题栏等。尺寸标注是绘图设计过程中相当重要的一个环节，可以清晰地表示出各图形的大小和相对位置，作为施工的依据。

☑　文本标注　　　　　　　　　　☑　尺寸标注

☑　表格　　　　　　　　　　　　☑　绘制室内设计 A3 图纸样板图

任务驱动&项目案例

苗木名称	数量	规格	苗木名称	数量	规格	苗木名称	数量	规格
落叶松	32	10cm	红叶	3	15cm	金叶女贞		20棵/m²丛植H=500
银杏	44	15cm	法国梧桐	10	20cm	紫叶小染		20棵/m²丛植H=500
元宝枫	5	6m(冠径)	油松	4	8cm	草坪		2-3个品种混播
樱花	3	10cm	三角枫	26	10cm			
合欢	8	12cm	睡莲	20				
玉兰	27	15cm						
龙爪槐	30	8cm						

（1）　　　　　　　　　　　　　　　　　　（2）

（3）　　　　　　　　　　　　　　　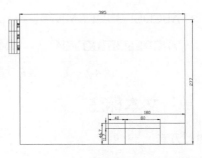

　　　　　　　　　　　　　　　　　　　　（4）

4.1 文 本 标 注

文本是建筑图形的基本组成部分，在图签、说明、图纸目录等处都要用到文本。本节将讲述文本标注的基本方法。

4.1.1 设置文本样式

所有 AutoCAD 图形中的文字都有和其相对应的文本样式。当输入文字对象时，AutoCAD 使用当前设置的文本样式。模板文件 acad.dwt 和 acadiso.dwt 中定义了名为 Standard 的默认文本样式。

1. 执行方式

☑ 命令行：STYLE 或 DDSTYLE。
☑ 菜单栏：选择菜单栏中的"格式"→"文字样式"命令。
☑ 工具栏：单击"文字"工具栏中的"文字样式"按钮Ａ。
☑ 功能区：单击"默认"选项卡"注释"面板中的"文字样式"按钮Ａ。

2. 操作步骤

执行上述命令，系统打开"文字样式"对话框，如图 4-1 所示。利用该对话框可以新建文字样式或修改当前文字样式，如图 4-2～图 4-4 所示为各种文字样式。

图 4-1 "文字样式"对话框   图 4-2 同一字体的不同样式图

图 4-3 文字倒置标注与反向标注   图 4-4 垂直标注文字

4.1.2 单行文本标注

1. 执行方式

☑ 命令行：TEXT 或 DTEXT。

☑ 菜单栏：选择菜单栏中的"绘图"→"文字"→"单行文字"命令。

☑ 工具栏：单击"文字"工具栏中的"单行文字"按钮 A。

☑ 功能区：单击"注释"选项卡"文字"面板中的"单行文字"按钮 A。

2. 操作步骤

执行上述命令后，命令行提示与操作如下。

命令：TEXT↙
当前文字样式：Standard 当前文字高度： 0.2000 注释性：否 对正： 左
指定文字的起点或 [对正(J)/样式(S)]:

3. 选项说明

（1）指定文字的起点。在此提示下直接在作图屏幕上点取一点作为文本的起始点，命令行提示如下。

指定高度 <0.2000>:（确定字符的高度）
指定文字的旋转角度 <0>:（确定文本行的倾斜角度）
输入文字:（输入文本）
输入文字:（输入文本或按 Enter 键）

（2）对正(J)。在上面的提示下输入 J，用来确定文本的对齐方式。对齐方式决定文本的哪一部分与所选的插入点对齐。执行该命令，系统提示如下。

输入选项 [对齐(A)/调整(F)/中心(C)/中间(M)/右(R)/左上(TL)/中上(TC)/右上(TR)/左中(ML)/正中(MC)/右中(MR)/左下(BL)/中下(BC)/右下(BR)]:

在此提示下选择一个选项作为文本的对齐方式。当文本串水平排列时，AutoCAD 为标注文本串定义了如图 4-5 所示的底线、基线、中线和顶线。各种对齐方式如图 4-6 所示，图中大写字母对应上述提示中的各命令。下面以"对齐"为例进行简要说明。

图 4-5 文本行的底线、基线、中线和顶线

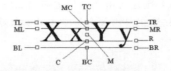

图 4-6 文本的对齐方式

实际绘图时，有时需要标注一些特殊字符，如直径符号、上画线或下画线、温度符号等。由于这些符号不能直接从键盘上输入，AutoCAD 提供了一些控制码，用来实现这些要求。控制码用两个百分号（%%）加一个字符构成，常用的控制码如表 4-1 所示。

表 4-1 AutoCAD 常用控制码

符 号	功 能	符 号	功 能
%%O	上画线	\u+0278	电相位
%%U	下画线	\u+E101	流线
%%D	"度"符号	\u+2261	标识
%%P	正负符号	\u+E102	界碑线
%%C	直径符号	\u+2260	不相等

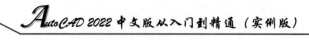

续表

符　　号	功　　能	符　　号	功　　能
%%%	百分号%	\u+2126	欧姆
\u+2248	几乎相等	\u+03A9	欧米伽
\u+2220	角度	\u+214A	低界线
\u+E100	边界线	\u+2082	下标2
\u+2104	中心线	\u+00B2	上标2
\u+0394	差值		

4.1.3　多行文本标注

1．执行方式

☑　命令行：MTEXT（快捷命令为 T 或 MT）。

☑　菜单栏：选择菜单栏中的"绘图"→"文字"→"多行文字"命令。

☑　工具栏：单击"绘图"工具栏中的"多行文字"按钮**A**或"文字"工具栏中的"多行文字"按钮**A**。

☑　功能区：单击"注释"选项卡"文字"面板中的"多行文字"按钮**A**。

2．操作步骤

执行上述命令后，命令行提示与操作如下。

```
命令：MTEXT✓
当前文字样式："Standard"　当前文字高度：1.9122　注释性：否
指定第一角点：（指定矩形框的第一个角点）
指定对角点或 [高度(H)/对正(J)/行距(L)/旋转(R)/样式(S)/宽度(W)/栏(C)]：
```

3．选项说明

（1）指定对角点。指定对角点后，系统打开如图 4-7 所示的"文字编辑器"选项卡，可利用此选项卡与编辑器输入多行文本并对其格式进行设置。该对话框与 Word 软件界面类似，在此不做详述。

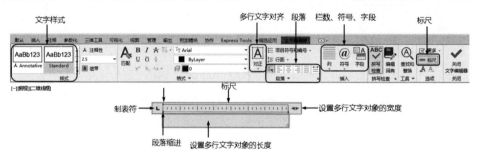

图 4-7　"文字编辑器"选项卡和多行文字编辑器

（2）其他选项介绍如下。

☑　高度(H)：确定所标注文本的高度。

☑　对正(J)：确定所标注文本的对齐方式。

☑　行距(L)：确定多行文本的行间距，这里所说的行间距是指相邻两文本行的基线之间的垂直距离。

☑ 旋转(R)：确定文本行的倾斜角度。

☑ 样式(S)：确定当前的文本样式。

☑ 宽度(W)：指定多行文本的宽度。

☑ 栏(C)：确定多行文本的栏类型。

（3）在多行文字绘制区域右击，系统打开快捷菜单，如图 4-8 所示。该快捷菜单提供标准编辑选项和多行文字特有的选项。在多行文字编辑器中右击，以显示快捷菜单。菜单顶层的选项是基本编辑选项，包括放弃、重做、剪切、复制和粘贴。后面的选项是多行文字编辑器特有的选项，包括如下选项。

☑ 插入字段：显示"字段"对话框，如图 4-9 所示，从中可以选择要插入到文字中的字段。关闭该对话框后，字段的当前值将显示在文字中。

图 4-8 快捷菜单

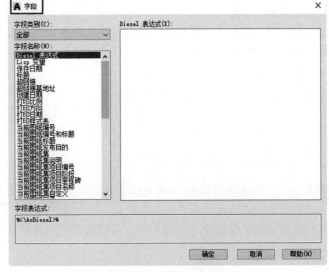

图 4-9 "字段"对话框

☑ 符号：在光标位置插入符号或不间断空格，也可以手动插入符号。

☑ 输入文字：显示"选择文件"对话框（标准文件选择对话框）。选择任意 ASCII 或 RTF 格式的文件。

☑ 段落对齐：设置多行文字对象的对正和对齐方式。"左上"选项是默认设置。在一行的末尾输入的空格也是文字的一部分，并会影响该行文字的对正。文字根据其左右边界进行置中对正、左对正或右对正。文字根据其上下边界进行中央对齐、顶对齐或底对齐。各种对齐方式与前面所述类似，在此不再赘述。

☑ 段落：为段落和段落的第一行设置缩进。指定制表位和缩进，控制段落对齐方式、段落间距和段落行距。

☑ 项目符号和列表：显示用于编号列表的选项。

☑ 分栏：显示栏的选项（此选项不适用于单行文字）。

☑ 改变大小写：改变选定文字的大小写。可以选择"大写"或"小写"。

☑ 全部大写：使输入的字体均为"大写"。

☑ 自动更正大写锁定：将所有新输入的文字转换成大写。自动大写不影响已有的文字。要改变已有文字的大小写，请选择文字并右击，然后在打开的快捷菜单中选择"改变大小写"命令。

☑ 字符集：显示代码页菜单。选择一个代码页并将其应用到选定的文字。

☑ 合并段落：将选定的段落合并为一段并用空格符替换每段的回车符。

☑ 背景遮罩：用设定的背景对标注的文字进行遮罩。选择该命令，系统打开"背景遮罩"对话框，如图4-10所示。

☑ 删除格式：清除选定文字的粗体、斜体或下画线格式。

☑ 编辑器设置：显示"文字格式"工具栏的选项列表。有关详细信息请参见编辑器设置。

图4-10　"背景遮罩"对话框

4.1.4　多行文本编辑

1. 执行方式

☑ 命令行：DDEDIT。

☑ 菜单栏：选择菜单栏中的"修改"→"对象"→"文字"→"编辑"命令。

☑ 工具栏：单击"文字"工具栏中的"编辑"按钮 A·。

2. 操作步骤

执行上述命令后，命令行提示与操作如下。

```
命令：DDEDIT↙
当前设置：编辑模式 = Single
选择注释对象或[放弃(U)/模式(M)]：
```

要求选择想要修改的文本，同时光标变为拾取框。用拾取框单击对象，如果选取的文本是用 TEXT 命令创建的单行文本，可对其直接进行修改。如果选取的文本是用 MTEXT 命令创建的多行文本，选取后则打开多行文字编辑器（见图4-7），可根据前面的介绍对各项设置或内容进行修改。

4.1.5　实例——酒瓶

本实例利用"多段线"命令绘制酒瓶一侧的轮廓，再利用"镜像"命令得到另一侧的轮廓，最后利用"直线""椭圆""多行文字"等命令完善图形。绘制流程如图4-11所示。

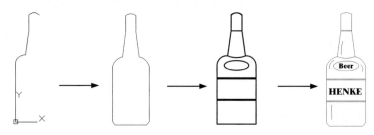

图4-11　酒瓶的绘制流程

操作步骤

（1）单击"默认"选项卡"图层"面板中的"图层特性"按钮 🗐，打开"图层特性管理器"选项板，新建以下3个图层。

❶ 1 图层，颜色为绿色，其余属性设置保持默认。

❷ 2 图层，颜色为黑色，其余属性设置保持默认。

❸ 3 图层，颜色为蓝色，其余属性设置保持默认。

（2）将当前图层设为 3 图层，单击"默认"选项卡"绘图"面板中的"多段线"按钮，绘制酒瓶一侧轮廓。命令行提示与操作如下。

```
命令：pline↙
指定起点：40,0↙
当前线宽为 0.0000
指定下一个点或 [圆弧(A)/半宽(H)/长度(L)/放弃(U)/宽度(W)]：@-40,0↙
指定下一点或 [圆弧(A)/闭合(C)/半宽(H)/长度(L)/放弃(U)/宽度(W)]：@0,119.8↙
指定下一点或 [圆弧(A)/闭合(C)/半宽(H)/长度(L)/放弃(U)/宽度(W)]：A↙
指定圆弧的端点(按住 Ctrl 键以切换方向)或 [角度(A)/圆心(CE)/闭合(CL)/方向(D)/半宽(H)/
直线(L)/半径(R)/第二个点(S)/放弃(U)/宽度(W)]：22,139.6↙
指定圆弧的端点(按住 Ctrl 键以切换方向)或 [角度(A)/圆心(CE)/闭合(CL)/方向(D)/半宽(H)/
直线(L)/半径(R)/第二个点(S)/放弃(U)/宽度(W)]：L↙
指定下一点或 [圆弧(A)/闭合(C)/半宽(H)/长度(L)/放弃(U)/宽度(W)]：29,190.7↙
指定下一点或 [圆弧(A)/闭合(C)/半宽(H)/长度(L)/放弃(U)/宽度(W)]：29,222.5↙
指定下一点或 [圆弧(A)/闭合(C)/半宽(H)/长度(L)/放弃(U)/宽度(W)]：A↙
指定圆弧的端点(按住 Ctrl 键以切换方向)或 [角度(A)/圆心(CE)/闭合(CL)/方向(D)/半宽(H)/
直线(L)/半径(R)/第二个点(S)/放弃(U)/宽度(W)]：S↙
指定圆弧上的第二个点：40,227.6↙
指定圆弧的端点：51.2,223.3↙
指定圆弧的端点(按住 Ctrl 键以切换方向)或 [角度(A)/圆心(CE)/闭合(CL)/方向(D)/半宽(H)/
直线(L)/半径(R)/第二个点(S)/放弃(U)/宽度(W)]：↙
```

绘制结果如图 4-12 所示。

（3）单击"默认"选项卡"修改"面板中的"镜像"按钮，以（40,0）、（40,227.6）为镜像点，镜像绘制的多段线如图 4-13 所示。然后单击"默认"选项卡"修改"面板中的"修剪"按钮，修剪掉多余的曲线。

（4）单击"默认"选项卡"绘图"面板中的"直线"按钮，绘制坐标点为{（0,94.5）（@80,0）}、{（0,48.6）（@80,0）}、{（29,190.7）（@22,0）}、{（0,50.6）（@80,0）}的直线，如图 4-14 所示。

图 4-12 绘制多段线

图 4-13 镜像处理

图 4-14 绘制直线

（5）单击"默认"选项卡"绘图"面板中的"椭圆"按钮，绘制中心点为（40,120）、轴端点为（@25,0）、另一条半轴长度为 10 的椭圆。单击"默认"选项卡"绘图"面板中的"圆弧"按钮，以三点方式绘制坐标为（22,139.6）、（40,136）、（58,139.6）的圆弧，如图 4-15 所示。

（6）将当前图层设为 1 图层，单击"注释"选项卡"文字"面板中的"多行文字"按钮 **A**，指定文字高度为 15，输入文字，如图 4-16 所示。用同样的方法，标注其他文字。

图 4-15　绘制椭圆　　图 4-16　输入文字

4.2　表　　格

在以前的版本中，要绘制表格必须采用绘制图线或者图线结合"偏移"和"复制"等编辑命令来完成，这样的操作过程烦琐，不利于提高绘图效率。从 AutoCAD 2010 开始，新增加了一个"表格"功能，有了该功能，创建表格就变得非常容易了，用户可以直接插入设置好样式的表格，而不用绘制由单独的图线组成的表格。

4.2.1　设置表格样式

和文字样式一样，所有 AutoCAD 图形中的表格都有和其相对应的表格样式。当插入表格对象时，AutoCAD 使用当前设置的表格样式。表格样式是用来控制表格基本形状和间距的一组设置。模板文件 acad.dwt 和 acadiso.dwt 中定义了名为 STANDARD 的默认表格样式。

1．执行方式

☑　命令行：TABLESTYLE。

☑　菜单栏：选择菜单栏中的"格式"→"表格样式"命令。

☑　工具栏：单击"样式"工具栏中的"表格样式"按钮▦。

☑　功能区：单击"默认"选项卡"注释"面板中的"表格样式"按钮▦。

2．操作步骤

执行上述命令，系统打开"表格样式"对话框，如图 4-17 所示。

3．选项说明

（1）"新建"按钮：单击该按钮，系统打开"创建新的表格样式"对话框，如图 4-18 所示。输入新的表格样式名后，单击"继续"按钮，系统打开"新建表格样式"对话框，如图 4-19 所示，从中可以定义新的表格样式，分别控制表格中数据、列标题和总标题的有关参数，如图 4-20 所示。

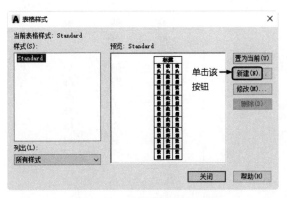

图 4-17 "表格样式"对话框

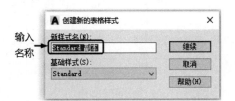

图 4-18 "创建新的表格样式"对话框

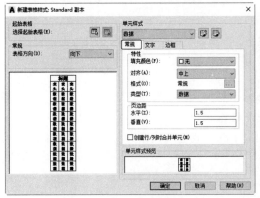

（a）"常规"选项卡

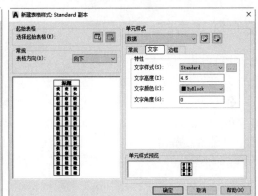

（b）"文字"选项卡

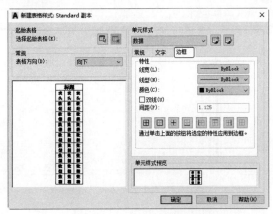

（c）"边框"选项卡

图 4-19 "新建表格样式"对话框

图 4-21 所示的"数据"文字样式为 Standard，文字高度为 4.5，文字颜色为"红色"，填充颜色为"黄色"，对齐方式为"右下"；没有列标题行，标题文字样式为 Standard，文字高度为 6，文字颜色为"蓝色"，填充颜色为"无"，对齐方式为"正中"，表格方向为"上"，水平单元边距和垂直单元边距都为 1.5。

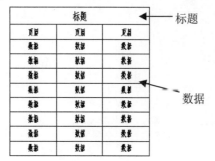

图 4-20　表格样式

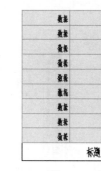

图 4-21　表格示例

（2）"修改"按钮：对当前表格样式进行修改，方式与新建表格样式相同。

4.2.2　创建表格

1. 执行方式

☑　命令行：TABLE。

☑　菜单栏：选择菜单栏中的"绘图"→"表格"命令。

☑　工具栏：单击"绘图"工具栏中的"表格"按钮⊞。

☑　功能区：单击"默认"选项卡"注释"面板中的"表格"按钮⊞。

2. 操作步骤

执行上述命令，系统打开"插入表格"对话框，如图 4-22 所示。

图 4-22　"插入表格"对话框

3. 选项说明

（1）"表格样式"选项组：在要创建表格的当前图形中选择表格样式。通过单击下拉列表框旁边的按钮，用户可以创建新的表格样式。

（2）"插入选项"选项组：指定插入表格的方式。

☑　"从空表格开始"单选按钮：创建可以手动填充数据的空表格。

☑　"自数据链接"单选按钮：从外部电子表格中的数据创建表格。

☑　"自图形中的对象数据（数据提取）"单选按钮：启动"数据提取"向导。

（3）"预览"复选框：显示当前表格样式的样例。

（4）"插入方式"选项组：指定表格位置。

☑　"指定插入点"单选按钮：指定表格左上角的位置。可以使用定点设备，也可以在命令提示下输入坐标值。如果表格样式将表格的方向设置为由下而上读取，则插入点位于表格的左下角。

☑　"指定窗口"单选按钮：指定表格的大小和位置。可以使用定点设备，也可以在命令提示下输入坐标值。选定此选项时，行数、列数、列宽和行高取决于窗口的大小以及列和行设置。

（5）"列和行设置"选项组：设置列和行的数目和大小。

☑　"列数"数值框：选中"指定窗口"单选按钮并指定列宽时，"自动"选项将被选定，且列数由表格的宽度控制。如果已指定包含起始表格的表格样式，则可以选择要添加到此起始表格的其他列的数量。

☑　"列宽"数值框：指定列的宽度。选中"指定窗口"单选按钮并指定列数时，则选定了"自动"选项，且列宽由表格的宽度控制，最小列宽为一个字符。

☑　"数据行数"数值框：指定行数。选中"指定窗口"单选按钮并指定行高时，则选定了"自动"选项，且行数由表格的高度控制。带有标题行和表格头行的表格样式最少应有 3 行。最小行高为一个文字行。如果已指定包含起始表格的表格样式，则可以选择要添加到此起始表格的其他数据行的数量。

☑　"行高"数值框：按照行数指定行高。文字行高基于文字高度和单元边距，这两项均在表格样式中设置。选中"指定窗口"单选按钮并指定行数时，则选定了"自动"选项，且行高由表格的高度控制。

（6）"设置单元样式"选项组：对于那些不包含起始表格的表格样式，请指定新表格中行的单元格式。

☑　"第一行单元样式"下拉列表框：指定表格中第一行的单元样式。默认情况下使用标题单元样式。

☑　"第二行单元样式"下拉列表框：指定表格中第二行的单元样式。默认情况下使用表头单元样式。

☑　"所有其他行单元样式"下拉列表框：指定表格中所有其他行的单元样式。默认情况下使用数据单元样式。

在上面的"插入表格"对话框中进行相应设置后，单击"确定"按钮，系统将在指定的插入点或窗口自动插入一个空表格，并显示"文字编辑器"选项卡，用户可以逐行逐列输入相应的文字或数据，如图 4-23 所示。

图 4-23　"文字编辑器"选项卡

4.2.3 编辑表格文字

1. 执行方式

☑ 命令行：TABLEDIT。
☑ 定点设备：表格内双击。

2. 操作步骤

执行上述命令后，系统打开多行文字编辑器，用户可以对指定表格单元的文字进行编辑。

4.2.4 实例——公园植物明细表

本实例通过对表格样式的设置确定表格样式，再将表格插入图形当中并输入相关文字，最后调整表格宽度。绘制流程如图 4-24 所示。

图 4-24　公园植物明细表的绘制流程

操作步骤

（1）单击"默认"选项卡"注释"面板中的"表格样式"按钮，系统打开"表格样式"对话框。

（2）单击"新建"按钮，系统打开"创建新的表格样式"对话框。输入新的表格名称后，单击"继续"按钮，系统打开"新建表格样式"对话框，在"单元样式"下拉列表框中选择"数据"选项，"页边距"为 1.5，"对齐方式"为"中上"，"类型"选择"数据"；"单元样式"选择"标题"选项，"页边距"为 1.5，"对齐方式"为"正中"，"类型"选择"标签"。用相同的方法，设置"表头"单元样式，创建好表格样式后，确定并退出"新建表格样式"对话框。

（3）单击"默认"选项卡"注释"面板中的"表格"按钮，系统打开"插入表格"对话框，"插入方式"为"指定插入点"，设置"列数"为 9，"列宽"为 63.5，"数据行数"为 6，"行高"为 2，"设置单元样式"列表中均选择"数据"。

（4）单击"确定"按钮，然后在绘图窗口指定插入点插入一个空表格，并显示文字编辑器，用户可以逐行逐列输入相应的文字或数据，如图 4-25 所示。

（5）当编辑完成的表格有需要修改的地方时，可执行 TABLEDIT 命令来完成（也可在要修改的表格上右击，在打开的快捷菜单中选择"编辑文字"命令，同样可以达到修改文本的目的）。

图 4-25　文字编辑器

注意：在插入后的表格中选择某一个单位格，单击后出现钳夹点，通过移动钳夹点可以改变单元格的大小，如图 4-26 所示。

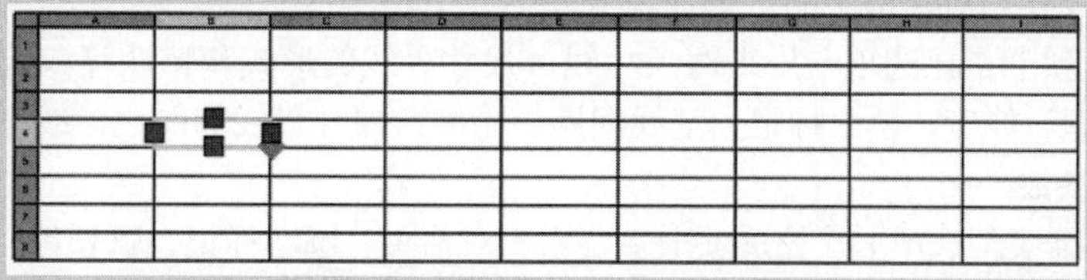

图 4-26　改变单元格大小

最后完成的公园植物明细表如图 4-27 所示。

苗木名称	数量	规格	苗木名称	数量	规格	苗木名称	数量	规格
落叶松	32	10cm	红叶	3	15cm	金叶女贞		20棵/m² 丛植H=500
银杏	44	15cm	法国梧桐	10	20cm	紫叶小檗		20棵/m² 丛植H=500
元宝枫	5	6m(冠径)	油松	4	8cm	草坪		2-3个品种混播
樱花	3	10cm	三角枫	26	10cm			
合欢	8	12cm	睡莲	20				
玉兰	27	15cm						
龙爪槐	30	8cm						

图 4-27　公园植物明细表

4.3　尺　寸　标　注

在本节中，尺寸标注相关命令的菜单方式集中在"标注"菜单中，工具栏方式集中在"标注"工具栏中。

4.3.1　设置尺寸样式

1. 执行方式

☑　命令行：DIMSTYLE（快捷命令为 D）。

☑　菜单栏：选择菜单栏中的"格式"→"标注样式"命令或"标注"→"标注样式"命令。

☑ 工具栏：单击"标注"工具栏中的"标注样式"按钮📐。

☑ 功能区：单击"默认"选项卡"注释"面板中的"标注样式"按钮📐。

2. 操作步骤

执行上述命令，①系统打开"标注样式管理器"对话框，如图 4-28 所示。利用此对话框可方便直观地定制和浏览尺寸标注样式，包括产生新的标注样式、修改已存在的样式、设置当前尺寸标注样式、样式重命名以及删除一个已有样式等。

3. 选项说明

（1）②"置为当前"按钮：单击此按钮，把在"样式"列表框中选中的样式设置为当前样式。

（2）③"新建"按钮：此按钮用于定义一个新的尺寸标注样式。单击该按钮，④AutoCAD 打开"创建新标注样式"对话框，如图 4-29 所示，利用此对话框可以创建一个新的尺寸标注样式。⑤单击"继续"按钮，⑥系统打开"新建标注样式"对话框，如图 4-30 所示，利用此对话框可以对新样式的各项特性进行设置。

"新建标注样式"对话框中的 7 个选项卡介绍如下。

❶ "线"选项卡。该选项卡用来对尺寸线、尺寸界线的形式和特性等参数进行设置。其包括尺寸线的颜色、线型、线宽、超出标记、基线间距、隐藏，尺寸界线的颜色、线宽、超出尺寸线、起点偏移量、隐藏等参数。

❷ "符号和箭头"选项卡。该选项卡主要用于对箭头、圆心标记、弧长符号和半径折弯标注的形式和特性进行设置，如图 4-31 所示。其包括箭头的大小、引线、形状以及圆心标记的类型和大小等参数。

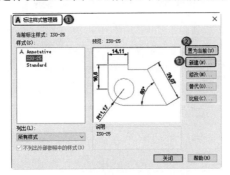

图 4-28　"标注样式管理器"对话框　　　图 4-29　"创建新标注样式"对话框

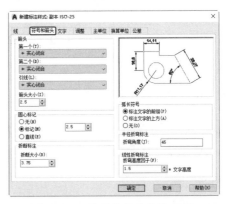

图 4-30　"新建标注样式"对话框　　　图 4-31　"符号和箭头"选项卡

❸ "文字"选项卡。该选项卡用来对文字的外观、位置、对齐方式等参数进行设置，如图 4-32 所示。"文字外观"包括"文字样式""文字颜色""填充颜色""文字高度""分数高度比例""绘制文字边框"参数；"文字位置"包括"垂直""水平""观察方向""从尺寸线偏移"等参数；"文字对齐"方式有"水平""与尺寸线对齐""ISO 标准"3 种。如图 4-33 所示为尺寸在垂直方向放置的 4 种不同情形，如图 4-34 所示为尺寸在水平方向放置的 5 种不同情形。

图 4-32 "文字"选项卡

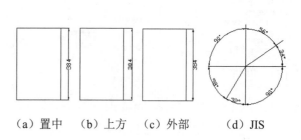

（a）置中　（b）上方　（c）外部　（d）JIS

图 4-33 尺寸文本在垂直方向的放置

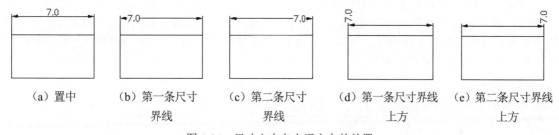

（a）置中　（b）第一条尺寸　（c）第二条尺寸　（d）第一条尺寸界线　（e）第二条尺寸界线
界线　　　　界线　　　　上方　　　　上方

图 4-34 尺寸文本在水平方向的放置

❹ "调整"选项卡。该选项卡用来对"调整选项""文字位置""标注特征比例""优化"等参数进行设置，如图 4-35 所示。其包括调整选项选择、文字不在默认位置时的放置位置、标注特征比例选择以及调整尺寸要素位置等参数。如图 4-36 所示为文字不在默认位置时放置位置的 3 种不同情形。

❺ "主单位"选项卡。该选项卡用来设置尺寸标注的主单位和精度，以及给尺寸文本添加固定的前缀或后缀。本选项卡包括两个选项组，分别对长度型标注和角度型标注进行设置，如图 4-37 所示。

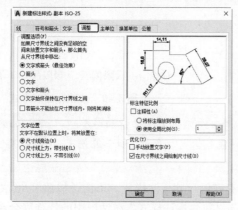

图 4-35 "调整"选项卡

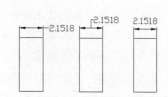

图 4-36 尺寸文本的位置

❻ "换算单位"选项卡。该选项卡用于对换算单位进行设置，如图 4-38 所示。

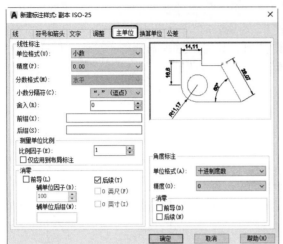

图 4-37 "主单位"选项卡

图 4-38 "换算单位"选项卡

❼ "公差"选项卡。该选项卡用于对尺寸公差进行设置，如图 4-39 所示。其中"方式"下拉列表框中列出了 AutoCAD 提供的 5 种标注公差的形式，用户可以从中选择，这 5 种形式分别是"无""对称""极限偏差""极限尺寸""基本尺寸"，其中"无"表示不标注公差，即上面通常标注的情形。其余 4 种标注情况如图 4-40 所示。可以在"精度""上偏差""下偏差""高度比例""垂直位置"等文本框中输入或选择相应的参数值。

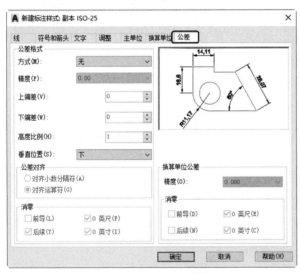

图 4-39 "公差"选项卡

图 4-40 公差标注的形式

🔊 **注意**：系统自动在上偏差数值前加一个"+"号，在下偏差数值前加一个"-"号。如果上偏差是负值或下偏差是正值，都需要在输入的偏差值前加负号。如下偏差是+0.005，则需要在"下偏差"文本框中输入-0.005。

（3）"修改"按钮：此按钮用于修改一个已存在的尺寸标注样式。单击该按钮，AutoCAD 打开"修改标注样式"对话框，该对话框中的各选项与"新建标注样式"对话框中的选项完全相同，可以对已有标注样式进行修改。

（4）"替代"按钮：设置临时覆盖尺寸标注样式。单击该按钮，AutoCAD 打开"替代当前样式"对话框，该对话框中各选项与"新建标注样式"对话框中的选项完全相同，用户可改变选项的设置覆盖原来的设置，但这种修改只对指定的尺寸标注起作用，而不影响当前尺寸变量的设置。

（5）"比较"按钮：比较两个尺寸标注样式在参数上的区别或浏览一个尺寸标注样式的参数设置。单击此按钮，AutoCAD 打开"比较标注样式"对话框，如图 4-41 所示。可以把比较结果复制到剪切板上，然后再粘贴到其他的 Windows 应用软件上。

4.3.2 尺寸标注

1．线性标注

图 4-41 "比较标注样式"对话框

（1）执行方式。

☑ 命令行：DIMLINEAR（缩写名为 DIMLIN，快捷命令为 DLI）。

☑ 菜单栏：选择菜单栏中的"标注"→"线性"命令。

☑ 工具栏：单击"标注"工具栏中的"线性"按钮 $\vdash$。

☑ 功能区：单击"注释"选项卡"标注"面板中的"线性"按钮 $\vdash$。

（2）操作步骤。

执行上述命令后，命令行提示与操作如下。

> 命令：DIMLINEAR✓
> 指定第一个尺寸界线原点或 <选择对象>：
> 指定第二条尺寸界线原点：

在此提示下有两种选择，直接按 Enter 键选择要标注的对象或确定尺寸界线的起始点，按 Enter 键并选择要标注的对象或指定两条尺寸界线的起始点后，系统提示如下。

> DIMLINEAR[多行文字(M)/文字(T)/角度(A)/水平(H)/垂直(V)/旋转(R)]：

（3）选项说明。

❶ 指定尺寸线位置：确定尺寸线的位置。用户可移动鼠标选择合适的尺寸线位置，然后按 Enter 键或单击，AutoCAD 则自动测量所标注线段的长度并标注出相应的尺寸。

❷ 多行文字(M)：用多行文本编辑器确定尺寸文本。

❸ 文字(T)：在命令行提示下输入或编辑尺寸文本。选择此选项后，系统提示如下。

> 输入标注文字 <默认值>：

其中的默认值是 AutoCAD 自动测量得到的被标注线段的长度，直接按 Enter 键即可采用此长度值，也可输入其他数值代替默认值。当尺寸文本中包含默认值时，可使用尖括号"<>"表示默认值。

❹ 角度(A)：确定尺寸文本的倾斜角度。

❺ 水平(H)：水平标注尺寸，不论标注什么方向的线段，尺寸线均水平放置。

❻ 垂直(V)：垂直标注尺寸，不论被标注线段沿什么方向，尺寸线总保持垂直。

❼ 旋转(R)：输入尺寸线旋转的角度值，旋转标注尺寸。

对齐标注的尺寸线与所标注的轮廓线平行；坐标尺寸标注点的纵坐标或横坐标；角度标注用来标注两个对象之间的角度；直径或半径标注则标注圆或圆弧的直径或半径；圆心标记则标注圆或圆弧的中心或中心线，具体由"新建（修改）标注样式"对话框"尺寸与箭头"选项卡中的"圆心标记"选项组决定。上面所述这几种尺寸标注与线性标注类似，此处不做详述。

2. 基线标注

图 4-42　基线标注

基线标注用于产生一系列基于同一条尺寸界线的尺寸标注，适用于长度尺寸标注、角度标注和坐标标注等。在使用基线标注方式之前，应该先标注出一个相关的尺寸，如图 4-42 所示。基线标注两平行尺寸线间距由"新建（修改）标注样式"对话框中"尺寸与箭头"选项卡的"尺寸线"选项组中"基线间距"文本框的值决定。

（1）执行方式。
☑　命令行：DIMBASELINE（快捷命令为 DBA）。
☑　菜单栏：选择菜单栏中的"标注"→"基线"命令。
☑　工具栏：单击"标注"工具栏中的"基线"按钮。
☑　功能区：单击"注释"选项卡"标注"面板中的"基线"按钮。

（2）操作步骤。
执行上述命令后，命令行提示与操作如下。

命令：DIMBASELINE✓
指定第二个尺寸界线原点或 [选择(S)/放弃(U)] <选择>：

直接确定另一个尺寸的第二个尺寸界线的起点，AutoCAD 以上次标注的尺寸为基准标注，标注出相应尺寸。

直接按 Enter 键，系统提示如下。

选择基准标注：（选取作为基准的尺寸标注）

连续标注又叫尺寸链标注，用于产生一系列连续的尺寸标注，后一个尺寸标注均把前一个标注的第二条尺寸界线作为它的第一条尺寸界线。与基线标注一样，在使用连续标注方式之前，应该先标注出一个相关的尺寸。其标注过程与基线标注类似，如图 4-43 所示。

3. 快速标注

快速尺寸标注命令 QDIM 可以让用户交互地、动态地、自动化地进行尺寸标注。在 QDIM 命令中可以同时选择多个圆或圆弧标注直径或半径，也可同时选择多个对象进行基线标注和连续标注，选择一次即可完成多个标注，因此可节省时间，提高工作效率。

（1）执行方式。
☑　命令行：QDIM。
☑　菜单栏：选择菜单栏中的"标注"→"快速标注"命令。
☑　工具栏：单击"标注"工具栏中的"快速标注"按钮。
☑　功能区：单击"注释"选项卡"标注"面板中的"快速标注"按钮。

（2）操作步骤。

命令：QDIM✓

选择要标注的几何图形：（选择要标注尺寸的多个对象后按 Enter 键）

指定尺寸线位置或 [连续 (C) /并列 (S) /基线 (B) /坐标 (O) /半径 (R) /直径 (D) /基准点 (P) /编辑 (E) /设置 (T)] <连续>：

（3）选项说明。

❶ 指定尺寸线位置：直接确定尺寸线的位置，按默认尺寸标注类型标注出相应尺寸。

❷ 连续(C)：产生一系列连续标注的尺寸。

❸ 并列(S)：产生一系列交错的尺寸标注，如图 4-44 所示。

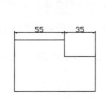

图 4-43　连续标注

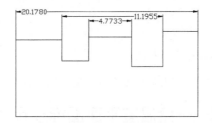

图 4-44　交错的尺寸标注

❹ 基线(B)：产生一系列基线标注的尺寸。后面的"坐标(O)""半径(R)""直径(D)"含义与此类似。

❺ 基准点(P)：为基线标注和连续标注指定一个新的基准点。

❻ 编辑(E)：对多个尺寸标注进行编辑。系统允许对已存在的尺寸标注添加或移去尺寸点。选择此选项，系统提示如下。

指定要删除的标注点或 [添加 (A) /退出 (X)] <退出>：

在此提示下确定要移去的点之后按 Enter 键，AutoCAD 对尺寸标注进行更新。如图 4-45 所示为删除中间 4 个标注点后的尺寸标注。

4．引线标注

（1）执行方式。

☑ 命令行：QLEADER。

（2）操作步骤。

执行上述命令后，命令行提示与操作如下。

命令：QLEADER↙
指定第一个引线点或 [设置 (S)] <设置>：
指定下一点：（输入指引线的第二点）
指定下一点：（输入指引线的第三点）
指定文字宽度 <0.0000>：（输入多行文本的宽度）
输入注释文字的第一行 <多行文字 (M)>：（输入单行文本或按 Enter 键打开多行文字编辑器输入多行文本）
输入注释文字的下一行：（输入另一行文本）
输入注释文字的下一行：（输入另一行文本或按 Enter 键）

也可以在上面操作过程中选择"设置(S)"项打开"引线设置"对话框，在此对话框中进行相关参数设置，如图 4-46 所示。

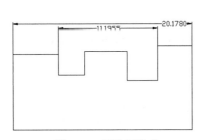

图 4-45　删除标注点

图 4-46　"引线设置"对话框

另外还有一个名为 LEADER 的命令也可以进行引线标注，与 QLEADER 命令类似，此处不做详述。

4.3.3　实例——给居室平面图标注尺寸

本实例利用"直线""矩形""偏移"等命令绘制居室平面图，再利用"线性"命令进行尺寸标注。绘制流程如图 4-47 所示。

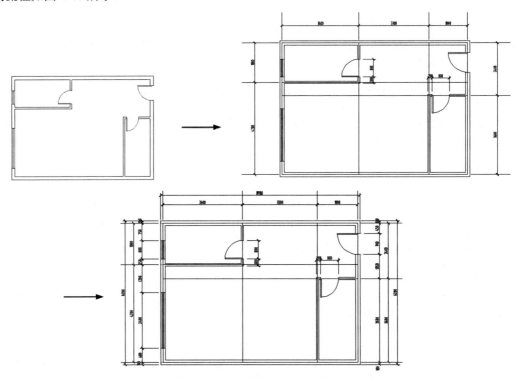

图 4-47　标注居室平面图尺寸的绘制流程

操作步骤

（1）绘制图形。单击"默认"选项卡"绘图"面板中的"直线"按钮／、"矩形"按钮▭ 和"圆弧"按钮╭，选择菜单栏中的"绘图"→"多线"命令，以及单击"默认"选项卡"修改"面板中的"镜像"按钮▲、"复制"按钮❀、"偏移"按钮▬、"倒角"按钮／和"旋转"按钮↻ 等绘制图形，如图 4-48 所示。

（2）设置尺寸标注样式。单击"默认"选项卡"注释"面板中的"标注样式"按钮，打开"标注样式管理器"对话框。单击"新建"按钮，在打开的"创建新标注样式"对话框中设置"新样式"名为"S_50_轴线"。单击"继续"按钮，打开"新建标注样式"对话框，在"符号和箭头"选项卡中设置箭头为"建筑标记"。其他设置保持默认，完成后单击"确定"按钮退出。

（3）标注水平轴线尺寸。首先将"S_50_轴线"样式置为当前状态，并把墙体和轴线的上侧放大显示，如图 4-49 所示。然后单击"注释"选项卡"标注"面板中的"快速标注"按钮，当命令行提示"选择要标注的几何图形"时，依次选中竖向的 4 条轴线，右击确定选择，向外拖动鼠标到适当位置确定，该尺寸就标注好了，如图 4-50 所示。

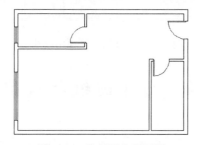

图 4-48　绘制居室平面图

图 4-49　放大显示墙体

（4）标注竖向轴线尺寸。完成竖向轴线尺寸的标注，结果如图 4-51 所示。

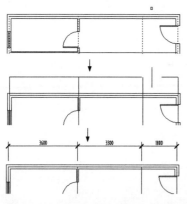

图 4-50　水平标注操作过程示意图

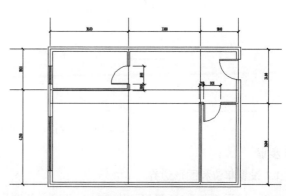

图 4-51　完成轴线标注

（5）标注门窗洞口尺寸。对于门窗洞口尺寸，有的地方用"快速标注"不太方便，现改用"线性标注"。单击"注释"选项卡"标注"面板中的"线性"按钮，依次单击尺寸的两个界线源点，完成每一个需要标注的尺寸，结果如图 4-52 所示。

（6）编辑标注。对于其中自动生成指引线标注的尺寸值，先单击"标注"工具栏中的"编辑标注"按钮，然后选中尺寸值，逐个调整到适当位置，结果如图 4-53 所示。为了便于操作，在调整时可暂时将"对象捕捉"功能关闭。

注意：处理字样重叠的问题，亦可以在标注样式中进行相关设置，这样计算机会自动处理，但处理效果有时不太理想。也可以通过单击"标注"工具栏中的"编辑标注文字"按钮来调整文字位置，读者可以自行尝试。

（7）标注其他细部尺寸和总尺寸。按照步骤（5）～（6）的方法完成其他细部尺寸和总尺寸的标注，结果如图 4-54 所示。这里要注意总尺寸的标注位置。

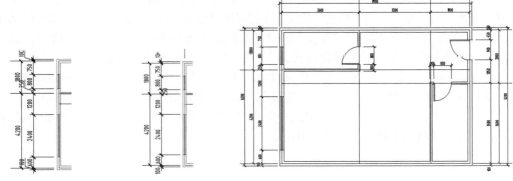

图 4-52　门窗尺寸标注　图 4-53　门窗尺寸调整　　　图 4-54　标注居室平面图尺寸

视频讲解

4.4　综合实例——绘制室内设计 A3 图纸样板图

在创建时应在设置图幅后利用"矩形"命令绘制图框，再利用"表格"命令绘制标题栏和会签栏，最后利用"多行文字"命令输入文字并调整。绘制流程如图 4-55 所示。

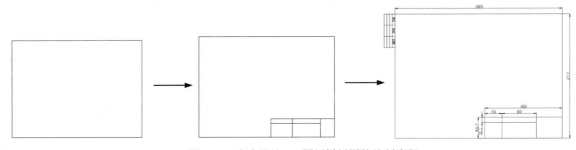

图 4-55　室内设计 A3 图纸样板图的绘制流程

操作步骤

1．设置单位和图形边界

（1）打开 AutoCAD 程序，则系统自动建立新图形文件。

（2）选择菜单栏中的"格式"→"单位"命令，系统打开"图形单位"对话框。将"长度"的"类型"设置为"小数"，"精度"为 0；"角度"的"类型"设置为"十进制度数"，"精度"为 0，系统默认逆时针方向为正，单击"确定"按钮。

（3）设置图形边界。国标对图纸的幅面大小做了严格规定，在这里，按国标 A3 图纸幅面设置图形边界。A3 图纸的幅面为 420 mm×297 mm。选择菜单栏中的"格式"→"图层界限"命令，指定左下角点坐标为（0,0），右上角点坐标为（420,297）。

2．设置图层

（1）单击"默认"选项卡"图层"面板中的"图层特性"按钮 ，系统打开"图层特性管理器"选项板，如图 4-56 所示。在该选项板中单击"新建"按钮 ，建立不同层名的新图层，这些不同的图层分别存放不同的图线或图形的不同部分。

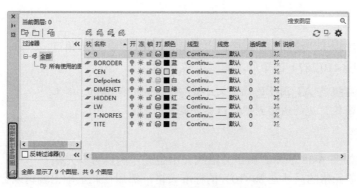

图4-56 "图层特性管理器"选项板

（2）设置图层颜色。为了区分不同图层上的图线，增加图形不同部分的对比性，可以在"图层特性管理器"选项板中单击相应图层"颜色"标签下的颜色色块，打开"选择颜色"对话框，在该对话框中选择需要的颜色。

（3）设置线型。在常用的工程图样中，通常要用到不同的线型，这是因为不同的线型表示不同的含义。在"图层特性管理器"选项板中单击"线型"标签下的线型选项，打开"选择线型"对话框，在该对话框中选择对应的线型，如果在"已加载的线型"列表框中没有需要的线型，可以单击"加载"按钮，打开"加载或重载线型"对话框来加载线型。

（4）设置线宽。在工程图纸中，不同的线宽表示不同的含义，因此也要对不同图层的线宽进行设置。单击"图层特性管理器"选项板中"线宽"标签下的选项，打开"线宽"对话框，在该对话框中选择适当的线宽。需要注意的是，应尽量保持细线与粗线之间的比例大约为1：2。

3. 设置文本格式

下面列出了一些本练习中的格式，用户需按如下约定进行设置：文本高度一般注释为7 mm，零件名称为10 mm，图标栏和会签栏中其他文字为5 mm，尺寸文字为5 mm，线型比例为1，图纸空间线型比例为1，单位为十进制，小数点后0位，角度小数点后0位。

可以生成4种文字样式，分别用于一般注释、标题块中零件名、标题块注释及尺寸标注。

（1）单击"默认"选项卡"注释"面板中的"文字样式"按钮 **A,**，系统打开"文字样式"对话框，单击"新建"按钮，系统打开"新建文字样式"对话框。接受默认的"样式1"文字样式名，单击"确定"按钮退出。

（2）系统回到"文字样式"对话框，在"字体名"下拉列表框中选择"宋体"选项，在"大小"选项组中将"高度"设置为5，将"宽度因子"设置为1。单击"应用"按钮，再单击"关闭"按钮。其他文字样式按照类似方法设置。

4. 设置尺寸标注样式

（1）单击"默认"选项卡"注释"面板中的"标注样式"按钮 **⊢**，系统打开"标注样式管理器"对话框。在"预览"显示框中显示出标注样式的预览图形。

（2）单击"修改"按钮，系统打开"修改标注样式"对话框，在"文字"选项卡中，设置文字高度为5，其他选项保持默认。

（3）在"线"选项卡中，设置"颜色"和"线宽"为ByLayer，"基线间距"为6，其他选项保持默认；在"符号和箭头"选项卡中，设置"箭头大小"为4，其他选项保持默认；在"文字"选项卡中，设置"文字颜色"为ByLayer，"文字高度"为5，其他选项保持默认；在"主单位"选项卡中，设置"精度"为0，其他选项保持默认。其他选项卡也保持默认设置。

5. 绘制图框

单击"默认"选项卡"绘图"面板中的"矩形"按钮 ⬜，绘制角点坐标为（25,10）和（410,287）的矩形，如图 4-57 所示。

Note

> **注意：** 国家标准规定 A3 图纸的幅面大小是 420 mm×297 mm，这里留出了带装订边的图框到图纸边界的距离。

6. 绘制标题栏

标题栏示意图如图 4-58 所示。由于分隔线并不整齐，所以可以先绘制一个 9×4（每个单元格的尺寸是 20×10）的标准表格，然后在此基础上编辑或合并单元格以形成如图 4-58 所示的形式。

图 4-57　绘制矩形

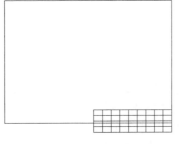

图 4-58　标题栏示意图

（1）单击"默认"选项卡"注释"面板中的"表格样式"按钮 ⊞，系统打开"表格样式"对话框，如图 4-17 所示。

（2）单击"表格样式"对话框中的"修改"按钮，系统打开"修改表格样式"对话框，在"单元样式"下拉列表框中选择"数据"选项，在"文字"选项卡中将"文字高度"设置为 8。再打开"常规"选项卡，将"页边距"选项组中的"水平"和"垂直"文本框都设置为 0.5，按照相同的方法，将"标题"和"表头"单元样式中的内容设置成和"数据"单元样式一样。

（3）系统返回到"表格样式"对话框，单击"关闭"按钮退出。

（4）单击"默认"选项卡"注释"面板中的"表格"按钮 ⊞，系统打开"插入表格"对话框。在"列和行设置"选项组中将"列数"设置为 9，将"列宽"设置为 20，将"数据行数"设置为 2（加上标题行和表头行共 4 行），将"行高"设置为 1（即为 10）；在"设置单元样式"选项组中，将"第一行单元样式""第二行单元样式""所有其他行单元样式"都设置为"数据"。

（5）在图框线右下角附近指定表格位置，系统生成表格，同时打开表格和文字编辑器，直接按 Enter 键，不输入文字，生成表格，如图 4-59 所示。

7. 移动标题栏

因为无法准确确定刚生成的标题栏与图框的相对位置，故需要移动标题栏。单击"默认"选项卡"修改"面板中的"移动"按钮 ✥，将刚绘制的表格准确放置在图框的右下角，如图 4-60 所示。

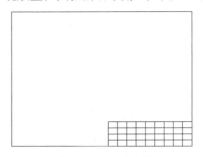

图 4-59　生成表格　　　　　　　图 4-60　移动表格

8．编辑标题栏表格

（1）单击标题栏表格的 A 单元格，按住 Shift 键的同时选择 B 和 C 单元格，在"表格单元"选项卡中单击"合并单元格"下拉按钮▦，在下拉菜单中选择"合并全部"命令。

（2）重复上述方法，对其他单元格进行合并，结果如图 4-61 所示。

9．绘制会签栏

会签栏的具体大小和样式如图 4-62 所示。用户可以采取和标题栏相同的绘制方法来绘制会签栏。

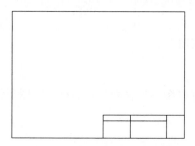

图 4-61　完成标题栏单元格编辑

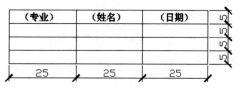

图 4-62　会签栏示意图

（1）单击"默认"选项卡"注释"面板中的"表格样式"按钮▦，系统打开"表格样式"对话框。

（2）单击"表格样式"对话框中的"新建"按钮，打开"新建表格样式"对话框，在"单元样式"下拉列表框中选择"数据"，在"文字"选项卡中，将"文字高度"设置为 4，再把"常规"选项卡中"页边距"选项组中的"水平"和"垂直"都设置为 0.5。按照相同的方法，将"标题"和"表头"单元样式中的内容设置成和"数据"单元样式一样。

（3）单击"默认"选项卡"注释"面板中的"表格"按钮▦，系统打开"插入表格"对话框，在"列和行设置"选项组中，将"列数"设置为 3，"列宽"设置为 25，"数据行数"设置为 2，"行高"设置为 1；在"设置单元样式"选项组中，将"第一行单元样式""第二行单元样式""所有其他行单元样式"都设置为"数据"。

（4）在表格中输入文字，结果如图 4-63 所示。

10．旋转和移动会签栏

（1）单击"默认"选项卡"修改"面板中的"旋转"按钮 ↻，旋转会签栏，结果如图 4-64 所示。

图 4-63　会签栏的绘制

图 4-64　旋转会签栏

（2）单击"默认"选项卡"修改"面板中的"移动"按钮 ✛，将会签栏移动到图框的左上角，结果如图 4-65 所示。

图 4-65　绘制完成的样板图

11．保存样板图

选择菜单栏中的"文件"→"另存为"命令，系统打开"图形另存为"对话框，将图形保存为 DWT 格式的文件即可。

4.5　操作与实践

通过前面的学习，读者对本章知识也有了大体的了解，本节通过两个操作实践使读者进一步掌握本章知识要点。

4.5.1　标注技术要求

1．目的要求

如图 4-66 所示，文字标注在零件图或装配图的技术要求中经常用到，正确进行文字标注是 AutoCAD 绘图中必不可少的一项工作。通过本实践的练习，读者应掌握文字标注的一般方法，尤其是特殊字体的标注方法。

1. 当无标准齿轮时，允许检查下列三项代替检查经向综合公
差和一齿径向综合公差
　　a. 齿圈径向跳动公差F_r为0.056
　　b. 齿形公差f_f为0.016
　　C. 基节极限偏差$\pm f_{Pb}$为0.018
2. 未注倒角$C1$。

图 4-66　技术要求

2．操作提示

（1）设置文字标注的样式。

（2）利用"多行文字"命令进行标注。

（3）利用快捷菜单输入特殊字符。

4.5.2　标注曲柄尺寸

1．目的要求

如图 4-67 所示，尺寸标注是绘图设计过程中相当重要的一个环节。没有正确的尺寸标注，绘制

出的图样对于加工制造就没有什么意义。通过本实践的练习，读者应掌握尺寸标注的方法。

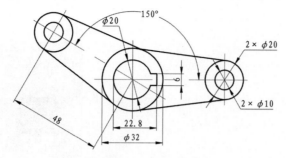

图 4-67　曲柄尺寸标注

2．操作提示

（1）设置文字样式和标注样式。

（2）标注线性尺寸。

（3）标注直径尺寸。

（4）标注角度尺寸。此处需要注意的是，有时要根据需要进行替代标注样式的设置。

第 **5** 章

辅助工具

在绘图过程中，经常会遇到一些重复出现的图形（如室内设计中的桌椅、门窗等），如果每次都重新绘制这些图形，不仅会造成大量的重复工作，而且存储这些图形及其信息也会占据相当大的磁盘空间。本章将介绍解决这些问题的方法。

- ☑ 查询工具
- ☑ 图块及其属性
- ☑ 设计中心与工具选项板
- ☑ 绘制居室室内布置平面图

任务驱动&项目案例

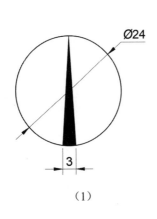

（1）

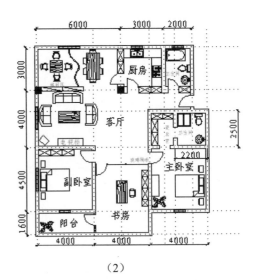

（2）

5.1 查 询 工 具

在绘制图形或阅读图形的过程中，有时需要及时查询图形对象的相关数据，例如，对象之间的距离、建筑平面图室内面积等，为了方便这些查询工作，AutoCAD 提供了相关的查询命令。

5.1.1 距离查询

1. 执行方式

☑ 命令行：MEASUREGEOM。
☑ 菜单栏：选择菜单栏中的"工具"→"查询"→"距离"命令。
☑ 工具栏：单击"查询"工具栏中的"距离"按钮 。
☑ 功能区：单击"默认"选项卡"实用工具"面板中的"距离"按钮 。

2. 操作步骤

执行上述命令后，命令行提示与操作如下。

```
命令：MEASUREGEOM✓
输入选项 [距离(D)/半径(R)/角度(A)/面积(AR)/体积(V)] <距离>：(距离)
指定第一点：指定点
指定第二个点或 [多个点(M)]：(指定第二点或输入M表示多个点)
输入选项 [距离(D)/半径(R)/角度(A)/面积(AR)/体积(V)/退出(X)] <距离>：(退出)
```

3. 选项说明

多个点(M)：如果选择此选项，将基于现有直线段和当前橡皮线即时计算总距离。

5.1.2 面积查询

1. 执行方式

☑ 命令行：MEASUREGEOM。
☑ 菜单栏：选择菜单栏中的"工具"→"查询"→"面积"命令。
☑ 工具栏：单击"查询"工具栏中的"面积"按钮 。
☑ 功能区：单击"默认"选项卡"实用工具"面板中的"面积"按钮 。

2. 操作步骤

执行上述命令后，命令行提示与操作如下。

```
命令：MEASUREGEOM✓
输入选项 [距离(D)/半径(R)/角度(A)/面积(AR)/体积(V)] <距离>：(面积)
指定第一个角点或 [对象(O)/增加面积(A)/减少面积(S)/退出(X)] <对象>：(选择选项或指定第一个角点)
```

3. 选项说明

在工具选项板中，系统设置了一些常用图形的选项卡，这些选项卡可以方便用户绘图。

（1）对象(O)：选定需要计算面积和周长的在绘图区已经绘制好的图形对象。

（2）指定角点：计算由指定点所定义的面积和周长。

（3）增加面积(A)：打开"加"模式，并在定义区域时即时计算总面积。

（4）减少面积(S)：从总面积中减去指定的面积。

5.2 图块及其属性

当图形中需要绘制多个重复的对象时，可以把该图形对象或多个对象创建为图块，需要时可以把该图块作为一个整体以任意比例和旋转角度插入图中任意位置，这样不仅避免了大量的重复工作，提高绘图速度和工作效率，而且还可大大节省磁盘空间。

5.2.1 图块操作

1. 图块定义

（1）执行方式。

☑ 命令行：BLOCK。

☑ 菜单栏：选择菜单栏中的"绘图"→"块"→"创建"命令。

☑ 工具栏：单击"绘图"工具栏中的"创建块"按钮。

☑ 功能区：单击"插入"选项卡"块定义"面板中的"创建"按钮 或单击"插入"选项卡 "块定义"面板中的 "创建块"按钮 。

（2）操作步骤。

执行上述命令，系统打开如图 5-1 所示的"块定义"对话框，利用该对话框指定定义对象和基点以及其他参数，可定义图块并命名。

2. 图块保存

（1）执行方式。

☑ 命令行：WBLOCK。

☑ 功能区：单击"插入"选项卡"块定义"面板中的"写块"按钮。

（2）操作步骤。

执行上述命令，系统打开如图 5-2 所示的"写块"对话框，利用此对话框可把图形对象保存为图块或把图块转换成图形文件。

3. 图块插入

（1）执行方式。

☑ 命令行：INSERT。

☑ 菜单栏：选择菜单栏中的"插入"→"块选项板"命令。

☑ 工具栏：单击"插入"或"绘图"工具栏中的"插入块"按钮。

☑ 功能区：单击"默认"选项卡"块"面板中的"插入下拉菜单栏"命令（或单击"插入"选项卡"块"面板中的"插入下拉菜单"命令）。

（2）操作步骤。

执行上述命令，系统打开"块"选项板，如图 5-3 所示，利用此选项板设置插入点位置、插入比例以及旋转角度可以指定要插入的图块及插入位置。

图 5-1 "块定义"对话框

图 5-2 "写块"对话框

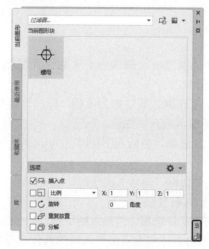

图 5-3 "块"选项板

5.2.2 图块的属性

图块除了包含图形对象以外,还可以具有非图形信息。例如,把一个椅子的图形定义为图块后,还可以把椅子的号码、材料、重量、价格以及说明等文本信息一并加入图块中。图块的这些非图形信息称为图块的属性,是图块的一个组成部分,与图形对象一起构成一个整体。在插入图块时,AutoCAD把图形对象连同属性一起插入图形中。

1. 属性定义

(1)执行方式。

☑ 命令行:ATTDEF。

☑ 菜单栏:选择菜单栏中的"绘图"→"块"→"定义属性"命令。

☑ 功能区:单击"插入"选项卡"块"面板中的"定义属性"按钮(或单击"插入"选项卡"块定义"面板中的"定义属性"按钮)。

(2)操作步骤。

执行上述命令,系统打开"属性定义"对话框,如图 5-4 所示。

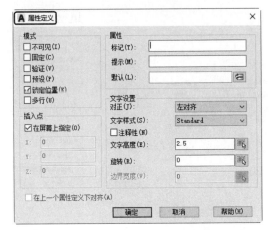

图 5-4 "属性定义"对话框

（3）选项说明。

❶ "模式"选项组。

☑ "不可见"复选框：选中此复选框，属性为不可见显示方式，即插入图块并输入属性值后，属性值在图中并不显示出来。

☑ "固定"复选框：选中此复选框，属性值为常量，即属性值在属性定义时给定，在插入图块时，AutoCAD 2022 不再提示输入属性值。

☑ "验证"复选框：选中此复选框，当插入图块时，AutoCAD 2022 重新显示属性值，让用户验证该值是否正确。

☑ "预设"复选框：选中此复选框，当插入图块时，AutoCAD 2022 自动把事先设置好的默认值赋予属性，而不再提示输入属性值。

☑ "锁定位置"复选框：选中此复选框，当插入图块时，AutoCAD 2022 锁定块参照中属性的位置。解锁后，属性可以相对于使用夹点编辑的块的其他部分移动，并且可以调整多行属性的大小。

☑ "多行"复选框：指定属性值可以包含多行文字。

❷ "属性"选项组。

☑ "标记"文本框：用于输入属性标签。属性标签可由除空格和感叹号以外的所有字符组成。AutoCAD 2022 自动把小写字母改为大写字母。

☑ "提示"文本框：用于输入属性提示。属性提示是在插入图块时，AutoCAD 2022 要求输入属性值的提示。如果不在此文本框内输入文本，则以属性标签作为提示。如果在"模式"选项组中选中"固定"复选框，即设置属性为常量，则不需设置属性提示。

☑ "默认"文本框：设置默认的属性值。可把使用次数较多的属性值作为默认值，也可不设默认值。

其他各选项组比较简单，在此不做详述。

2. 修改属性定义

（1）执行方式。

☑ 命令行：DDEDIT。

☑ 菜单栏：选择菜单栏中的"修改"→"对象"→"文字"→"编辑"命令。

（2）操作步骤。

执行上述命令后，命令行提示与操作如下。

Note

> 命令：DDEDIT↙
> 当前设置：编辑模式 = Single
> 选择注释对象或 [模式(M)]：

在此提示下选择要修改的属性定义，AutoCAD 2022 打开"编辑属性定义"对话框，如图 5-5 所示，可以在该对话框中修改属性定义。

3．图块属性编辑

（1）执行方式。
- ☑ 命令行：EATTEDIT。
- ☑ 菜单栏：选择菜单栏中的"修改"→"对象"→"属性"→"单个"命令。
- ☑ 工具栏：单击"修改 II"工具栏中的"编辑属性"按钮 。
- ☑ 功能区：单击"插入"选项卡"块"面板"编辑属性"中的"单个"按钮 。

（2）操作步骤。

执行上述命令后，命令行提示与操作如下。

> 命令：EATTEDIT↙
> 选择块：

选择块后，系统打开"增强属性编辑器"对话框，如图 5-6 所示，该对话框不仅可以编辑属性值，还可以编辑属性的文字选项和图层、线型、颜色等特性值。

图 5-5　"编辑属性定义"对话框

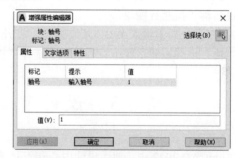

图 5-6　"增强属性编辑器"对话框

5.2.3　实例——绘制指北针图块

本实例应用二维绘图及编辑命令绘制指北针，利用"写块"命令将其定义为图块。绘制流程如图 5-7 所示。

视频讲解

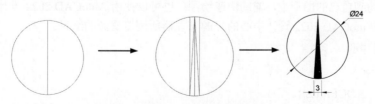

图 5-7　指北针图块的绘制流程

操作步骤

（1）单击"默认"选项卡"绘图"面板中的"圆"按钮⊙，绘制一个直径为 24 的圆。

（2）单击"默认"选项卡"绘图"面板中的"直线"按钮╱，绘制圆的竖直直径，如图 5-8 所示。

（3）单击"默认"选项卡"修改"面板中的"偏移"按钮 ⊆，使直径向左、右两边各偏移 1.5，如图 5-9 所示。

（4）单击"默认"选项卡"修改"面板中的"修剪"按钮 ⅄，选取圆作为修剪边界，修剪偏移后的直线。

（5）单击"默认"选项卡"绘图"面板中的"直线"按钮╱，绘制直线，如图 5-10 所示。

（6）单击"默认"选项卡"修改"面板中的"删除"按钮 ✎，删除多余直线。

（7）单击"默认"选项卡"绘图"面板中的"图案填充"按钮▨，打开"图案填充创建"选项卡，从中选择填充图案为 SOLID，选择指针作为图案填充对象进行填充，如图 5-11 所示。

　图 5-8　绘制竖直直线　　　图 5-9　偏移直线　　　图 5-10　绘制直线　　　图 5-11　指北针图块

（8）单击"插入"选项卡"块定义"面板中的"创建块"按钮 ⚐，打开"块定义"对话框，定义指北针图块。拾取指北针的顶点为基点，单击"选择对象"按钮▥，拾取下面的图形作为对象，输入图块名称"指北针图块"。

（9）在命令行中输入 WBLOCK 命令，打开"写块"对话框，如图 5-2 所示。在"源"选项卡中选中"块"单选按钮，在下拉列表框中选择"指北针图块"，指定路径，确认保存。

5.3　设计中心与工具选项板

在 AutoCAD 2022 中，使用设计中心和工具选项板可以大大方便绘图，提高工作效率。下面将进行详细介绍。

5.3.1　设计中心

AutoCAD 2022 设计中心是一个集成化的快速绘图工具，使用设计中心可以很容易地组织设计内容，并把它们拖动到自己的图形中，辅助快速绘图。也可以使用 AutoCAD 2022 设计中心窗口的内容显示框来观察用 AutoCAD 2022 设计中心的资源管理器所浏览资源的细目。

1．启动设计中心

（1）执行方式。

☑　命令行：ADCENTER。

☑　菜单栏：选择菜单栏中的"工具"→"选项板"→"设计中心"命令。

☑　工具栏：单击"标准"工具栏中的"设计中心"按钮▥。

☑　快捷键：Ctrl+2。

☑　功能区：单击"视图"选项卡"选项板"面板中的"设计中心"按钮 。

（2）操作步骤。

执行上述命令，系统打开设计中心。第一次启动设计中心时，默认打开的选项卡为"文件夹"。内容显示区采用大图标显示，左边的资源管理器采用 Tree View 显示方式显示系统的树形结构，浏览资源的同时，在内容显示区显示所浏览资源的有关细目或内容，如图 5-12 所示。也可以搜索资源，方法与 Windows 资源管理器类似。

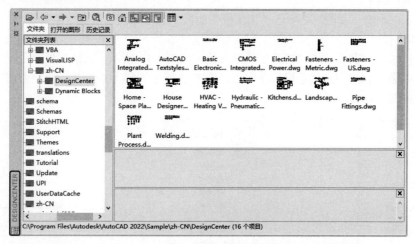

图 5-12　AutoCAD 2022 设计中心的资源管理器和内容显示区

2.　利用设计中心插入图形

设计中心最大的一个优点是可以将系统文件夹中的 DWG 图形当作图块插入当前图形中。

（1）从查找结果列表中选择要插入的对象，双击对象或者右击鼠标，选择"插入为块"命令。

（2）打开"插入"对话框，如图 5-13 所示。

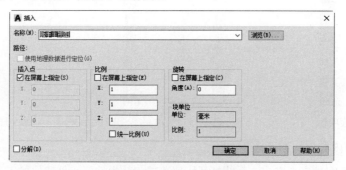

图 5-13　"插入"对话框

（3）在对话框中设置"插入点""比例""旋转"等数值。

被选择的对象根据指定的参数插入图形中。

5.3.2　工具选项板

工具选项板是"工具选项板"窗口中选项卡形式的区域，提供组织、共享和放置块及填充图案的有效方法。工具选项板可以包含由第三方开发人员提供的自定义工具，也可以选取设计中心的内容，并创建为工具选项板。

1．打开工具选项板

（1）执行方式。

☑ 命令行：TOOLPALETTES。

☑ 菜单栏：选择菜单栏中的"工具"→"选项板"→"工具选项板"命令。

☑ 工具栏：单击"标准"工具栏中的"工具选项板"按钮▦。

☑ 快捷键：Ctrl+3。

☑ 功能区：单击"视图"选项卡"选项板"面板中的"工具选项板"按钮▦。

（2）操作步骤。

执行上述操作后，❶系统自动打开工具选项板，如图 5-14 所示。在选项板空白区域右击，在打开的快捷菜单中❷选择"新建选项板"命令，如图 5-15 所示。❸系统新建一个空白选项板，可以命名该选项板，如图 5-16 所示。

图 5-14　工具选项板

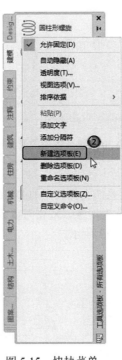

图 5-15　快捷菜单

图 5-16　新建选项板

2．将设计中心内容添加到工具选项板

在 DesignCenter 文件夹上右击，系统打开快捷菜单，从中选择"创建块的工具选项板"命令，如图 5-17 所示。设计中心中储存的图元就出现在工具选项板中新建的 DesignCenter 选项卡上，如图 5-18 所示。这样就可以将设计中心与工具选项板结合起来，建立一个快捷方便的工具选项板。

3．利用工具选项板绘图

只需将工具选项板中的图形单元拖动到当前图形中，该图形单元就以图块的形式插入当前图形中。如图 5-19 所示是将工具选项板"建筑"选项卡中的"车辆–公制"图形单元拖到当前图形中的效果。

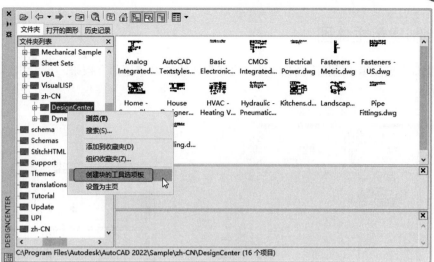

图 5-17 快捷菜单

图 5-18 创建工具选项板

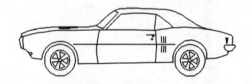

图 5-19 汽车

5.4 综合实例——绘制居室室内布置平面图

利用设计中心和工具选项板辅助绘制如图 5-20 所示的居室室内布置平面图，操作步骤可参考随书资源中的相关视频内容（也可扫码观看）。

视频讲解

5.4.1　绘制建筑主体图

单击"默认"选项卡"绘图"面板中的"直线"按钮／和"圆弧"按钮／，绘制建筑主体图，如图 5-21 所示。

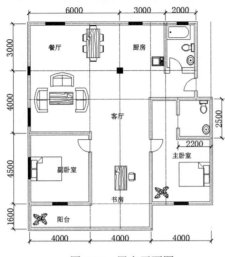

图 5-20　居室平面图

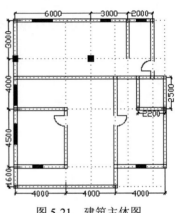

图 5-21　建筑主体图

5.4.2　启动设计中心

（1）单击"视图"选项卡"选项板"面板中的"设计中心"按钮，出现如图 5-22 所示的"设计中心"选项板，其中左侧为资源管理器。

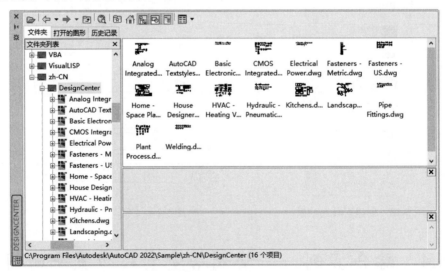

图 5-22　设计中心

（2）❶双击左侧的 Kitchens.dwg 文件图标，打开如图 5-23 所示的界面，❷双击面板右侧的"块"图标，❸出现如图 5-24 所示的厨房设计常用的水龙头、橱柜和微波炉等模块。

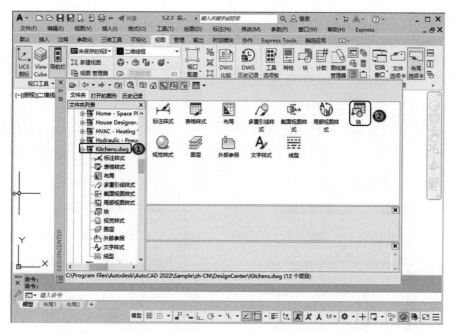

图 5-23 双击 Kitchens.dwg 后打开的界面

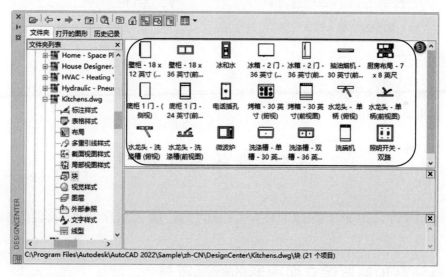

图 5-24 图形模块

5.4.3 插入图块

新建"内部布置"图层，在图 5-24 所示的图形模块中找到"微波炉"图标后双击，❶打开如图 5-25 所示的"插入"对话框，❷设置插入点为（19618,21000），❸缩放比例为 25.4，❹旋转角度为 0，插入的图块如图 5-26 所示。绘制结果如图 5-27 所示。重复上述操作，把 Home-Space Planner 与 House Designer 中的相应模块插入图形中，绘制结果如图 5-28 所示。

Note

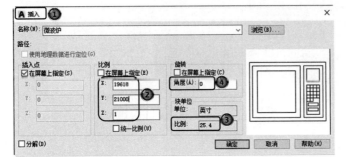

图 5-25 "插入"对话框

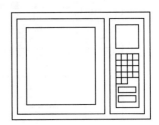

图 5-26 插入的图块

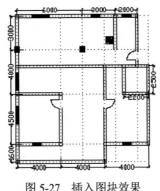

图 5-27 插入图块效果

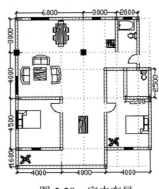

图 5-28 室内布局

5.4.4 标注文字

单击"注释"选项卡"文字"面板中的"多行文字"按钮 **A**，将"客厅""厨房"等名称输入相应的位置，结果如图 5-20 所示。

5.5 操作与实践

通过前面的学习，读者对本章知识已经有了大体的了解，本节通过两个操作实践使读者进一步掌握本章知识要点。

5.5.1 标注穹顶展览馆立面图形的标高符号

1. 目的要求

如图 5-29 所示，在实际绘图过程中，会经常遇到重复性的图形单元。解决这类问题最简单快捷的方法是将重复性的图形单元制作成图块，然后将图块插入图形中。本实践通过标高符号的标注，使读者掌握图块相关的操作。

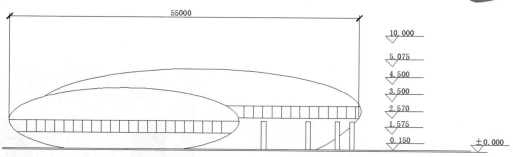

图 5-29　标注标高符号

2．操作提示

（1）利用"直线"命令绘制标高符号。

（2）定义标高符号的属性，将标高值设置为其中需要验证的标记。

（3）将绘制的标高符号及其属性定义成图块。

（4）保存图块。

（5）在建筑图形中插入标高图块，每次插入时输入不同的标高值作为属性值。

5.5.2　利用"设计中心"和工具选项板绘制盘盖组装图

1．目的要求

　　如图 5-30 所示，利用"设计中心"创建一个常用的机械零件工具选项板，并利用该选项板绘制盘盖组装图。"设计中心"与工具选项板的优点是能够建立一个完整的图形库，并且能够快速简洁地绘制图形。通过盘盖组装图的绘制，使读者掌握利用"设计中心"创建工具选项板的方法。

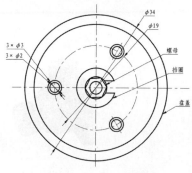

图 5-30　盘盖组装图

2．操作提示

（1）打开"设计中心"与工具选项板。

（2）创建一个新的工具选项板。

（3）在"设计中心"查找已经绘制好的常用机械零件图。

（4）将查找到的常用机械零件图拖入新创建的工具选项板中。

（5）打开一个新图形文件。

（6）将需要的图形文件模块从工具选项板上拖入当前图形中，并进行适当的缩放、移动、旋转等操作。最终完成的图形如图 5-30 所示。

第6章

绘制三维实体

本章主要介绍三维坐标系统、创建三维坐标系、动态观察三维图形、创建基本三维实体以及创建基本特征等知识。

- ☑ 三维坐标系统
- ☑ 观察模式
- ☑ 显示形式
- ☑ 创建基本三维实体
- ☑ 创建基本特征

任务驱动&项目案例

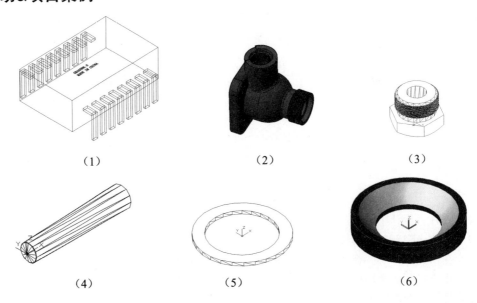

（1）　　　　　　　　　（2）　　　　　　　　　（3）

（4）　　　　　　　　　（5）　　　　　　　　　（6）

6.1 三维坐标系统

AutoCAD 2022 使用的是笛卡儿坐标系，其使用的直角坐标系有两种类型：一种是世界坐标系（WCS）；另一种是用户坐标系（UCS）。绘制二维图形时常用的坐标系是世界坐标系（WCS），由系统默认提供。世界坐标系又称通用坐标系或绝对坐标系，对于二维绘图来说，世界坐标系足以满足要求。为了方便创建三维模型，AutoCAD 2022 允许用户根据自己的需要设定坐标系，即用户坐标系（UCS），合理地创建 UCS 可以方便地创建三维模型。

6.1.1 坐标系设置

1. 执行方式

☑ 命令行：UCSMAN（快捷命令为 UC）。
☑ 菜单栏：选择菜单栏中的"工具"→"命名 UCS"命令。
☑ 工具栏：单击"UCSII"工具栏中的"命名 UCS"按钮 🔄。
☑ 功能区：单击"视图"选项卡"坐标"面板中的"命名 UCS"按钮 🔄。

2. 操作步骤

执行上述操作后，系统打开如图 6-1 所示的 UCS 对话框。

3. 选项说明

（1）"命名 UCS"选项卡：该选项卡用于显示已有的 UCS 和设置当前坐标系，如图 6-1 所示。

在"命名 UCS"选项卡中，用户可以将世界坐标系、上一次使用的 UCS 或某一命名的 UCS 设置为当前坐标，其具体方法是：从列表框中选择某一坐标系，单击"置为当前"按钮。还可以利用选项卡中的"详细信息"按钮，了解指定坐标系相对于某一坐标系的详细信息，其具体步骤是：单击"详细信息"按钮，系统打开如图 6-2 所示的"UCS 详细信息"对话框，该对话框中详细说明了用户所选坐标系的原点及 X 轴、Y 轴和 Z 轴的方向。

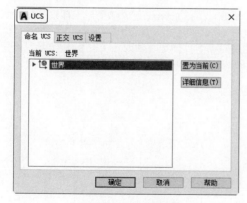

图 6-1 UCS 对话框

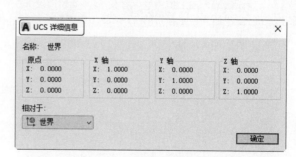

图 6-2 "UCS 详细信息"对话框

（2）"正交 UCS"选项卡：该选项卡用于将 UCS 设置成某一正交模式，如图 6-3 所示。其中，"深度"列用来定义用户坐标系 XY 平面上的正投影与通过用户坐标系原点平行平面之间的距离。

（3）"设置"选项卡：该选项卡用于设置 UCS 图标的显示形式、应用范围等，如图 6-4 所示。

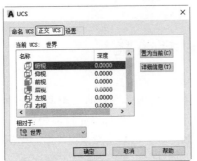

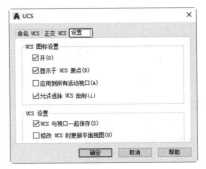

图 6-3　"正交 UCS"选项卡　　　　图 6-4　"设置"选项卡

6.1.2　创建坐标系

1．执行方式

☑　命令行：UCS。

☑　菜单栏：选择菜单栏中的"工具"→"新建 UCS"命令。

☑　工具栏：单击 UCS 工具栏中的任一按钮。

☑　功能区：单击"视图"选项卡"坐标"面板中的"UCS"按钮。

2．操作步骤

执行上述命令后，命令行提示与操作如下。

```
命令：UCS↙
当前 UCS 名称：*左视*
指定 UCS 的原点或 [面(F)/命名(NA)/对象(OB)/上一个(P)/视图(V)/世界(W)/X/Y/Z/Z 轴(ZA)]
<世界>：
```

3．选项说明

（1）指定 UCS 的原点：使用一点、两点或三点定义一个新的 UCS。如果指定单个点 1，当前 UCS 的原点将会移动而不会更改 X、Y 和 Z 轴的方向。选择该选项，命令行提示与操作如下。

```
指定 X 轴上的点或 <接受>：（继续指定 X 轴通过的点 2 或直接按 Enter 键，接受原坐标系 X 轴为新
坐标系的 X 轴）
指定 XY 平面上的点或 <接受>：（继续指定 XY 平面通过的点 3 以确定 Y 轴或直接按 Enter 键，接受
原坐标系 XY 平面为新坐标系的 XY 平面，根据右手法则，相应的 Z 轴也同时确定）
```

示意图如图 6-5 所示。

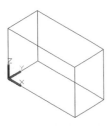

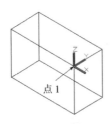

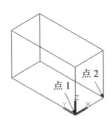

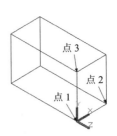

（a）原坐标系　　　　（b）指定一点　　　　（c）指定两点　　　　（d）指定三点

图 6-5　指定原点

（2）面(F)：将 UCS 与三维实体的选定面对齐。要选择一个面，需在此面的边界内或面的边上单击，被选中的面将高亮显示，UCS 的 X 轴将与找到的第一个面上最近的边对齐。选择该选项，命令行提示与操作如下。

> 选择实体面、曲面或网格：（选择面）
> 输入选项 [下一个(N)/X 轴反向(X)/Y 轴反向(Y)] <接受>：（结果如图 6-6 所示）

如果选择"下一个"选项，系统将 UCS 定位于邻接的面或选定边的后向面。

（3）对象(OB)：根据选定三维对象定义新的坐标系，如图 6-7 所示。新建 UCS 的拉伸方向（Z 轴正方向）与选定对象的拉伸方向相同。选择该选项，命令行提示与操作如下。

> 选择对齐 UCS 的对象：选择对象

对于大多数对象，新 UCS 的原点位于离选定对象最近的顶点处，并且 X 轴与一条边对齐或相切。对于平面对象，UCS 的 XY 平面与该对象所在的平面对齐。对于复杂对象，将重新定位原点，但是轴的当前方向保持不变。

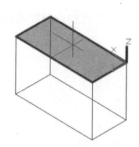
图 6-6　选择面确定坐标系

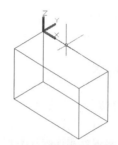
图 6-7　选择对象确定坐标系

（4）视图(V)：以垂直于观察方向（平行于屏幕）的平面为 XY 平面，创建新的坐标系，UCS 原点保持不变。

（5）世界(W)：将当前用户坐标系设置为世界坐标系。WCS 是所有用户坐标系的基准，不能被重新定义。

✍ **技巧**：该选项不能用于三维多段线、三维网格和构造线。

（6）X、Y、Z：绕指定轴旋转当前 UCS。

（7）Z 轴(ZA)：利用指定的 Z 轴正半轴定义 UCS。

6.1.3　动态坐标系

打开动态坐标系的具体操作方法是单击状态栏中的"允许/禁止动态 UCS"按钮。可以使用动态 UCS 在三维实体的平整面上创建对象，而无须手动更改 UCS 方向。在执行命令的过程中，当光标移动到面上方时，动态 UCS 会临时将 UCS 的 XY 平面与三维实体的平整面对齐，如图 6-8 所示。

动态 UCS 激活后，指定的点和绘图工具（如极轴追踪和栅格）都将与动态 UCS 建立的临时 UCS 相关联。

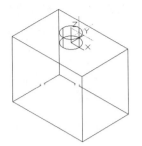

（a）原坐标系　　　　　　　　　（b）绘制圆柱体时的动态坐标系

图 6-8　动态 UCS

6.2　观　察　模　式

AutoCAD 2022 大大增强了图形的观察功能，在增强原有的动态观察功能和相机功能的前提下，又增加了漫游和飞行以及运动路径动画的功能。

6.2.1　动态观察

AutoCAD 2022 提供了具有交互控制功能的三维动态观测器。用户利用三维动态观测器可以实时地控制和改变当前视口中创建的三维视图，以得到期望的效果。动态观察分为 3 类，分别是受约束的动态观察、自由动态观察和连续动态观察，具体介绍如下。

1. 受约束的动态观察

（1）执行方式。

☑　命令行：3DORBIT（快捷命令为 3DO）。

☑　菜单栏：选择菜单栏中的"视图"→"动态观察"→"受约束的动态观察"命令。

☑　快捷菜单：启用交互式三维视图后，在视口中右击，打开快捷菜单，如图 6-9 所示，选择"其他导航模式"→"受约束的动态观察"命令。

☑　工具栏：单击"动态观察"工具栏中的"受约束的动态观察"按钮或"三维导航"工具栏中的"受约束的动态观察"按钮，如图 6-10 所示。

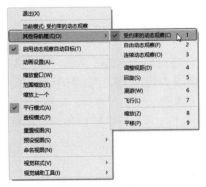

图 6-9　快捷菜单

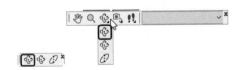

图 6-10　"动态观察"和"三维导航"工具栏

（2）操作步骤。

执行上述操作后，视图的目标将保持静止，而视点将围绕目标移动。但是，从用户的视点看就像三维模型正在随着光标的移动而旋转，用户可以以此方式指定模型的任意视图。

系统显示三维动态观察光标图标。如果水平拖动鼠标，相机将平行于世界坐标系（WCS）的 XY 平面移动。如果垂直拖动鼠标，相机将沿 Z 轴移动，如图 6-11 所示。

（a）原始图形　　　　　　　　（b）拖动鼠标

图 6-11　受约束的三维动态观察

✍ **技巧**：3DORBIT 命令处于活动状态时，无法编辑对象。

2．自由动态观察

（1）执行方式。

☑　命令行：3DFORBIT。

☑　菜单栏：选择菜单栏中的"视图"→"动态观察"→"自由动态观察"命令。

☑　快捷菜单：启用交互式三维视图后，在视口中右击，打开快捷菜单，选择"其他导航模式"→"自由动态观察"命令。

☑　工具栏：单击"动态观察"工具栏中的"自由动态观察"按钮 或"三维导航"工具栏中的"自由动态观察"按钮 。

☑　功能区：单击"视图"选项卡"导航"面板上"动态观察"下拉菜单中的"自由动态观察"按钮 。

（2）操作步骤。

执行上述操作后，在当前视口出现一个绿色的大圆，在大圆上有 4 个绿色的小圆，如图 6-12 所示。此时通过拖动鼠标即可对视图进行旋转观察。

在三维动态观测器中，查看目标的点被固定，用户可以利用鼠标控制相机位置绕观察对象得到动态的观测效果。当光标在绿色大圆的不同位置进行拖动时，光标的表现形式是不同的，视图的旋转方向也不同。视图的旋转由光标的表现形式和其位置决定，光标在不同位置有 、 、 、 几种表现形式，可分别对对象进行不同形式的旋转。

3．连续动态观察

（1）执行方式。

☑　命令行：3DCORBIT。

☑　菜单栏：选择菜单栏中的"视图"→"动态观察"→"连续动态观察"命令。

☑　快捷菜单：启用交互式三维视图后，在视口中右击，打开快捷菜单，选择"其他导航模式"→"连续动态观察"命令。

☑　工具栏：单击"动态观察"工具栏中的"连续动态观察"按钮 或"三维导航"工具栏中的"连续动态观察"按钮 。

☑ 功能区：单击"视图"选项卡"导航"面板上"动态观察"下拉菜单中的"连续动态观察"按钮⚙。

（2）操作步骤。

执行上述操作后，绘图区出现动态观察图标，按住鼠标左键拖动，图形按鼠标拖动的方向旋转，旋转速度为鼠标拖动的速度，如图 6-13 所示。

图 6-12　自由动态观察　　　　　　　图 6-13　连续动态观察

技巧：如果设置了相对于当前 UCS 的平面视图，即可在当前视图用绘制二维图形的方法在三维对象的相应面上绘制图形。

6.2.2　视图控制器

使用视图控制器功能可以方便地转换方向视图。

1．执行方式

☑　命令行：NAVVCUBE。

2．操作步骤

执行上述命令后，命令行提示与操作如下。

```
命令：NAVVCUBE✓
输入选项 [开(ON)/关(OFF)/设置(S)] <ON>：
```

上述命令控制视图控制器的打开与关闭，当打开该功能时，绘图区的右上角自动显示视图控制器，如图 6-14 所示。

单击视图控制器的显示面或指示箭头，界面图形就自动转换到相应的方向视图。如图 6-15 所示为单击视图控制器"上"面后，系统转换到上视图的情形。单击控制器上的🏠按钮，系统回到西南等轴测视图。

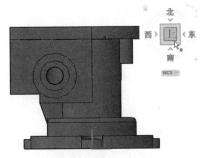

图 6-14　显示视图控制器　　　　　　图 6-15　单击控制器"上"面后的视图

6.2.3　实例——观察阀体三维模型

本实例应用"视点"和"自由动态观察"命令旋转图形并进行观察，流程如图 6-16 所示。

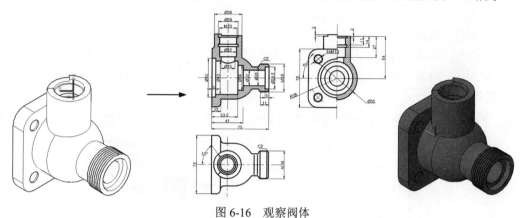

图 6-16　观察阀体

视频讲解

操作步骤

（1）打开图形文件"阀体.dwg"。选择本书配套资源中的"源文件"→"阀体.dwg"文件，单击"打开"按钮，或双击该文件名，即可将该文件打开。

（2）运用"视图样式"命令对图案进行填充。单击"视图"选项卡"视觉样式"面板中的"隐藏"按钮 ，隐藏实体中不可见的图线。

（3）打开 UCS 图标，显示并创建 UCS 坐标系，将 UCS 坐标系原点设置在阀体的上端顶面中心点上。选择菜单栏中的"视图"→"显示"→"UCS 图标"→"开"命令，即屏幕显示图标，否则隐藏图标。使用 UCS 命令将坐标系原点设置到阀体的上端顶面中心点（0,1,0）上，结果如图 6-17 所示。

（4）利用 VPOINT 设置三维视点。选择菜单栏中的"视图"→"三维视图"→"视点"命令，打开坐标轴和三轴架图，如图 6-18 所示。然后在坐标球上选择一点作为视点图（在坐标球上使用鼠标移动十字光标，同时三轴架根据坐标指示的观察方向旋转）。

图 6-17　UCS 移到顶面结果

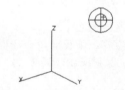

图 6-18　坐标轴和三轴架图

（5）单击"视图"选项卡"导航"面板上的"动态观察"下拉菜单中的"自由动态观察"按钮 ，使用鼠标移动视图，将阀体移动到合适的位置。

6.3　显　示　形　式

在 AutoCAD 中，三维实体有多种显示形式，包括二维线框、三维线框、三维消隐、真实、概念、消隐显示等。

6.3.1　消隐

1.　执行方式

☑　命令行：HIDE（快捷命令为 HI）。

☑　菜单栏：选择菜单栏中的"视图"→"消隐"命令。

☑　工具栏：单击"渲染"工具栏中的"隐藏"按钮 ⬛。

☑　功能区：单击"视图"选项卡"视觉样式"面板中的"隐藏"按钮 ⬛。

2.　操作步骤

执行上述操作后，系统将被其他对象挡住的图线隐藏起来，以增强三维视觉效果，如图 6-19 所示。

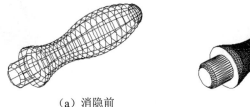

（a）消隐前　　　　　　　　　　　　（b）消隐后

图 6-19　消隐效果

6.3.2　视觉样式

1.　执行方式

☑　命令行：VSCURRENT。

☑　菜单栏：选择菜单栏中的"视图"→"视觉样式"→"二维线框"命令。

☑　工具栏：单击"视觉样式"工具栏中的"二维线框"按钮 ⬛。

☑　功能区：单击"视图"选项卡"视觉样式"面板中的"二维线框"按钮 ⬛。

2.　操作步骤

执行上述命令后，命令行提示与操作如下。

> 命令：VSCURRENT✓
> 输入选项 ［二维线框(2)/线框(W)/隐藏(H)/真实(R)/概念(C)/着色(S)/带边缘着色(E)/灰度(G)/勾画(SK)/X射线(X)/其他(O)]＜二维线框＞:

3.　选项说明

（1）二维线框(2)：用直线和曲线表示对象的边界。光栅和 OLE 对象、线型和线宽都是可见的。即使将 COMPASS 系统变量的值设置为 1，也不会出现在二维线框视图中。如图 6-20 所示为 UCS 坐标和手柄二维线框图。

（2）线框(W)：显示对象时利用直线和曲线表示边界。显示一个已着色的三维 UCS 图标。光栅和 OLE 对象、线型及线宽不可见。可将 COMPASS 系统变量设置为 1 来查看坐标球，将显示应用到对象的材质颜色。如图 6-21 所示为 UCS 坐标和手柄三维线框图。

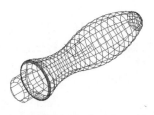

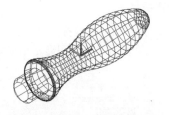

图 6-20 UCS 坐标和手柄的二维线框图　　　　　图 6-21 UCS 坐标和手柄的三维线框图

（3）隐藏(H)：显示用三维线框表示的对象并隐藏表示后向面的直线。如图 6-22 所示为 UCS 坐标和手柄的消隐图。

（4）真实(R)：着色多边形平面间的对象，并使对象的边平滑化。如果已为对象附着材质，将显示已附着到对象的材质。如图 6-23 所示为 UCS 坐标和手柄的真实图。

（5）概念(C)：着色多边形平面间的对象，并使对象的边平滑化。着色使用冷色和暖色之间的过渡，效果缺乏真实感，但是可以更方便地查看模型的细节。如图 6-24 所示为 UCS 坐标和手柄的概念图。

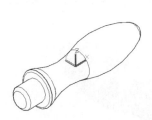

图 6-22 UCS 坐标和手柄的消隐图　　图 6-23 UCS 坐标和手柄的真实图　　图 6-24 UCS 坐标和手柄的概念图

（6）着色(S)：产生平滑的着色模型。

（7）带边缘着色(E)：产生平滑、带有可见边的着色模型。

（8）灰度(G)：使用单色面颜色模式可以产生灰色效果。

（9）勾画(SK)：使用外伸和抖动产生手绘效果。

（10）X 射线(X)：更改面的不透明度使整个场景变成部分透明。

（11）其他(O)：选择该选项，命令行提示与操作如下。

> 输入视觉样式名称 [?]：
> 可以输入当前图形中的视觉样式名称或输入"?"，以显示名称列表并重复该提示

6.3.3 视觉样式管理器

1. 执行方式

☑ 命令行：VISUALSTYLES。

☑ 菜单栏：选择菜单栏中的"视图"→"视觉样式"→"视觉样式管理器"命令或"工具"→"选项板"→"视觉样式"命令。

☑ 工具栏：单击"视觉样式"工具栏中的"管理视觉样式"按钮。

☑ 功能区：单击"视图"选项卡"视觉样式"面板上的"视觉样式管理器"按钮或"视图"选项卡"选项板"面板中的"视觉样式"按钮。

2. 操作步骤

执行上述操作后，系统打开"视觉样式管理器"选项板，可以对视觉样式的各参数进行设置，如图 6-25 所示。设置后的概念图显示结果如图 6-26 所示，读者可以与图 6-24 进行比较，感觉它们之间的差别。

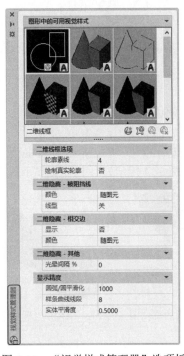

图 6-25　"视觉样式管理器"选项板

图 6-26　概念图显示结果

6.4　创建基本三维实体

复杂的三维实体都是由最基本的实体单元，如长方体、圆柱体等通过各种方式组合而成的。本节将简要讲述这些基本实体单元的绘制方法。

6.4.1　创建长方体

1. 执行方式

☑　命令行：BOX。

☑　菜单栏：选择菜单栏中的"绘图"→"建模"→"长方体"命令。

☑　工具栏：单击"建模"工具栏中的"长方体"按钮▣。

☑　功能区：单击"三维工具"选项卡"建模"面板中的"长方体"按钮▣。

2. 操作步骤

执行上述命令后，命令行提示与操作如下。

命令：BOX✓

指定第一个角点或 [中心(C)] <0,0,0>：（指定第一点或按 Enter 键表示原点是长方体的角点，或输入 C 表示中心点）

指定其他角点或[立方体(C)/长度(L)]：（指定第二个角点或输入选项）

3. 选项说明

（1）指定第一个角点：用于确定长方体的一个顶点位置。选择该选项后，命令行继续提示如下。

指定其他角点或 [立方体(C)/长度(L)]：（指定第二点或输入选项）

☑　指定其他角点：用于指定长方体的其他角点。输入另一角点的数值，即可确定该长方体。如果输入的是正值，则沿着当前 UCS 的 X、Y 和 Z 轴的正向绘制长度。如果输入的是负值，则沿着 X、Y 和 Z 轴的负向绘制长度。如图 6-27 所示为利用角点命令创建的长方体。

☑　立方体(C)：用于创建一个长、宽、高相等的长方体。如图 6-28 所示为利用立方体命令创建的长方体。

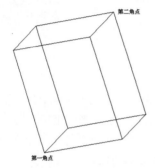

图 6-27　利用角点命令创建的长方体

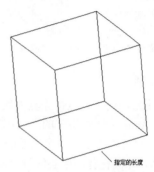

图 6-28　利用立方体命令创建的长方体

☑　长度(L)：按要求输入长、宽、高的值。如图 6-29 所示为利用长、宽和高命令创建的长方体。

（2）中心(C)：利用指定的中心点创建长方体。如图 6-30 所示为利用中心点命令创建的长方体。

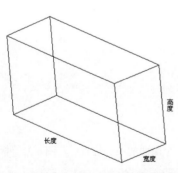

图 6-29　利用长、宽和高命令创建的长方体

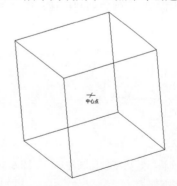

图 6-30　利用中心点命令创建的长方体

✎　技巧：如果在创建长方体时选择"立方体"或"长度"选项，则还可以在单击以指定长度时指定长方体在 XY 平面中的旋转角度；如果选择"中心点"选项，则可以利用指定中心点来创建长方体。

6.4.2 圆柱体

1. 执行方式

- ☑ 命令行：CYLINDER（快捷命令为 CYL）。
- ☑ 菜单栏：选择菜单栏中的"绘图"→"建模"→"圆柱体"命令。
- ☑ 工具栏：单击"建模"工具栏中的"圆柱体"按钮。
- ☑ 功能区：单击"三维工具"选项卡"建模"面板中的"圆柱体"按钮。

2. 操作步骤

执行上述命令后，命令行提示与操作如下。

```
命令：CYLINDER✓
指定底面的中心点或 [三点(3P)/两点(2P)/切点、切点、半径(T)/椭圆(E)] <0,0,0>：（输入底面中心坐标或输入选项）
指定底面半径或 [直径(D)] <20.0000>：（输入半径）
指定高度或 [两点(2P)/轴端点(A)] <20.0000>：
```

3. 选项说明

（1）指定底面的中心点：先输入底面圆心的坐标，然后指定底面的半径和高度。此选项为系统的默认选项。AutoCAD 按指定的高度创建圆柱体，且圆柱体的中心线与当前坐标系的 Z 轴平行，如图 6-31 所示。也可以指定另一个端面的圆心来指定高度，AutoCAD 根据圆柱体两个端面的中心位置来创建圆柱体，该圆柱体的中心线就是两个端面的连线，如图 6-32 所示。

（2）三点(3P)：先利用三点确定一个圆的方法，创建一个圆，然后指定圆柱的高度即可。

（3）两点(2P)：先利用两点确定一条直线的方法创建圆的一条直径，然后根据直径绘制底圆，最后指定圆柱的高度即可。

（4）椭圆(E)：创建椭圆柱体。椭圆端面的绘制方法与平面椭圆一样，创建的椭圆柱体如图 6-33 所示。

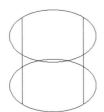　　　　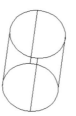　　　　

图 6-31　按指定高度创建圆柱体　　图 6-32　指定圆柱体另一个端面的中心位置　　图 6-33　椭圆柱体

其他的基本实体，如楔体、圆锥体、球体、圆环体等的创建方法与长方体和圆柱体类似，此处不再赘述。

✎ 技巧：实体模型具有边和面，还有在其表面内由计算机确定的质量。实体模型是最容易使用的三维模型，与线框模型和曲面模型相比，其信息最完整、创建方式最直接，所以在 AutoCAD 三维绘图中，实体模型的应用也是最为广泛的。

6.4.3 实例——芯片

本实例的具体实现过程为：首先绘制芯片的本体，然后在芯片上输入文字。通过本例的练习，要求能灵活地运用三维表面模型基本图形的绘制命令和编辑命令。其绘制流程如图 6-34 所示。

视频讲解

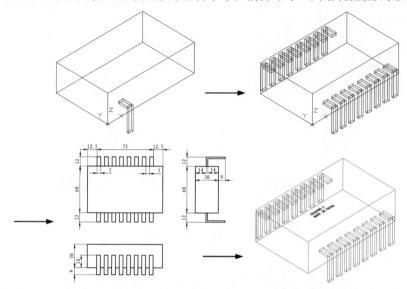

图 6-34 芯片的绘制流程

操作步骤

（1）单击"视图"选项卡"命名视图"面板中的"西南等轴测"按钮，切换为西南等轴测视图。

（2）单击"三维工具"选项卡"建模"面板中的"长方体"按钮，指定第一个角点坐标为（0,0,0），长度为 100，宽度为 60，绘制一个长方体模型。

（3）单击"三维工具"选项卡"建模"面板中的"长方体"按钮，以（12.5,-10,14）为角点，绘制一个长度为 5、宽度为 10、高度为 2 的长方体模型。

（4）单击"三维工具"选项卡"建模"面板中的"长方体"按钮，以（12.5,-12,-9）为角点，绘制一个长度为 5、宽度为 2、高度为 25 的长方体模型，如图 6-35 所示。

（5）选择菜单栏中的"修改"→"三维操作"→"三维阵列"命令，指定阵列类型为"矩形"，行数为 1，列数为 8，列间距为 10，复制步骤（3）、（4）所绘制的长方体表面，结果如图 6-36 所示。

（6）选择菜单栏中的"修改"→"三维操作"→"三维镜像"命令，指定镜像平面三点坐标分别为（0,30,0）、（0,30,30）、（100,30,30），镜像步骤（5）阵列的 8 个长方体，结果如图 6-37 所示。

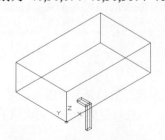

图 6-35 绘制长方体后的图形

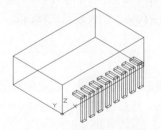

图 6-36 三维阵列后的图形

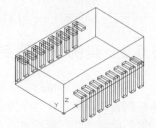

图 6-37 三维镜像后的图形

（7）单击"注释"选项卡"文字"面板中的"多行文字"按钮 **A**，指定两角点坐标为（0,60,30）、（100,30），在芯片的表面上输入文字。

输入后打开"文字编辑器"选项卡，设置"文字高度"为 4，"字体"为宋体，文字内容为"GRAGON6.0 MADE IN CHINA"，然后单击"确定"按钮，结果如图 6-38 所示。

（8）单击"默认"选项卡"修改"面板中的"移动"按钮 **✥**，把步骤（7）输入的文字移动到合适的位置。最终结果如图 6-39 所示。

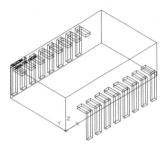
图 6-38　执行"多行文字"命令后的图形

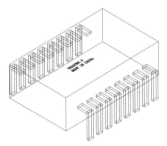
图 6-39　芯片绘制的最终结果

6.5　布　尔　运　算

布尔运算在数学的集合运算中得到了广泛应用，AutoCAD 也将该运算应用到了建模过程中。

6.5.1　布尔运算简介

用户可以在 AutoCAD 中对三维实体对象进行并集、交集、差集的运算，三维实体的布尔运算与平面图形类似。如图 6-40 所示为 3 个圆柱体进行交集运算的过程。

（a）求交集前　　　（b）求交集后　　　（c）交集的立体图

图 6-40　3 个圆柱体进行交集运算的过程

✍ **技巧**：*如果某些命令第一个字母都相同，那么对于比较常用的命令，其快捷命令取第一个字母，其他命令的快捷命令可用前面两个或 3 个字母表示。例如，R 表示 Redraw，RA 表示 Redrawall；L 表示 Line，LT 表示 LineType，LTS 表示 LTScale。*

6.5.2　实例——密封圈

本实例绘制的密封圈主要是对阀芯起密封作用，在实际应用中，其材料一般填充为聚四氟乙烯。本实例首先绘制圆柱体作为外形轮廓，然后绘制一个圆柱体和一个球体，再进行差集处理，完成该密封圈的绘制。绘制流程如图 6-41 所示。

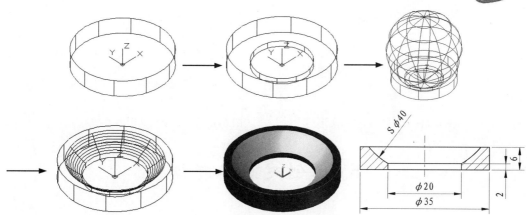

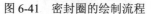

图 6-41 密封圈的绘制流程

操作步骤

（1）启动 AutoCAD 2022，保持绘图环境默认设置。

（2）建立新文件。选择菜单栏中的"文件"→"新建"命令，打开"选择样板"对话框，单击"打开"按钮右侧的下拉按钮▼，以"无样板打开—公制（M）"方式建立新文件，然后将新文件命名为"密封圈立体图.dwg"并保存。

（3）设置线框密度。在命令行输入"ISOLINES"命令，默认设置是 8，有效值的范围为 0～2047，设置新值为 10。设置对象上每个曲面的轮廓线数目。

（4）设置视图方向。单击"视图"选项卡"视图"面板中的"西南等轴测"按钮，将当前视图方向设置为西南等轴测视图。

（5）绘制外形轮廓。单击"三维工具"选项卡"建模"面板中的"圆柱体"按钮，绘制底面中心点在原点、直径为 35、高度为 6 的圆柱体，结果如图 6-42 所示。

（6）绘制内部轮廓。

❶ 单击"三维工具"选项卡"建模"面板中的"圆柱体"按钮，绘制底面中心点在原点、直径为 20、高度为 2 的圆柱体，结果如图 6-43 所示。

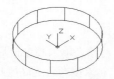　　　　　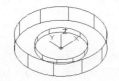

图 6-42 绘制的外形轮廓　　　　　图 6-43 绘制圆柱体后的图形

❷ 单击"三维工具"选项卡"实体编辑"面板中的"差集"按钮，将外形轮廓和内部轮廓进行差集处理。

❸ 单击"三维工具"选项卡"建模"面板中的"球体"按钮，绘制密封圈的内部轮廓，球心为（0,0,19），半径为 20，结果如图 6-44 所示。

❹ 单击"三维工具"选项卡"实体编辑"面板中的"差集"按钮，将上面得到的差集模型与球体进行差集运算，结果如图 6-45 所示。

图 6-44 绘制球体后的图形

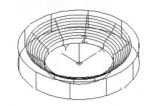

图 6-45 进行差集处理后的图形

6.6 创建基本特征

AutoCAD 可以通过二维图形来生成三维实体，这里提供 5 种方法来实现，下面分别进行讲述。

6.6.1 拉伸

1. 执行方式

☑ 命令行：EXTRUDE（快捷命令为 EXT）。

☑ 菜单栏：选择菜单栏中的"绘图"→"建模"→"拉伸"命令。

☑ 工具栏：单击"建模"工具栏中的"拉伸"按钮 🔳。

☑ 功能区：单击"三维工具"选项卡"建模"面板中的"拉伸"按钮 🔳。

2. 操作步骤

执行上述命令后，命令行提示与操作如下。

```
命令：EXTRUDE✓
当前线框密度：ISOLINES = 4，闭合轮廓创建模式 = 实体
选择要拉伸的对象或 [模式(MO)]：（选择绘制好的二维对象）
选择要拉伸的对象或 [模式(MO)]：（可继续选择对象或按 Enter 键结束选择）
指定拉伸的高度或 [方向(D)/路径(P)/倾斜角(T)/表达式(E)]：
```

3. 选项说明

（1）指定拉伸的高度：按指定的高度拉伸出三维实体对象。输入高度值后，根据实际需要指定拉伸的倾斜角度。如果指定的角度为 0，AutoCAD 则把二维对象按指定的高度拉伸成柱体；如果输入角度值，拉伸后实体截面沿拉伸方向按此角度变化，成为一个棱台或圆台体。如图 6-46 所示为不同角度拉伸圆的结果。

（a）拉伸前

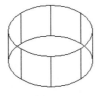

（b）拉伸锥角为 0°

（c）拉伸锥角为 10°

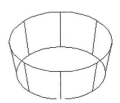

（d）拉伸锥角为 -10°

图 6-46 拉伸圆

（2）路径(P)：对现有的图形对象进行拉伸，创建三维实体对象。如图 6-47 所示为沿圆弧曲线路径拉伸圆的结果。

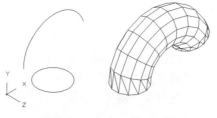

（a）拉伸前　　　　（b）拉伸后

图 6-47　沿圆弧曲线路径拉伸圆

✎ **技巧：** 可以使用创建圆柱体的"轴端点"命令确定圆柱体的高度和方向。轴端点是圆柱体顶面的中心点，可以位于三维空间的任意位置。

6.6.2　实例——胶垫

本实例主要利用拉伸命令绘制胶垫。绘制流程如图 6-48 所示。

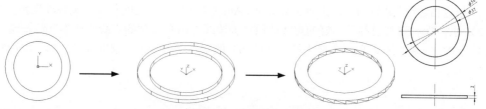

图 6-48　胶垫的绘制流程

操作步骤

（1）单击菜单栏中的"文件"→"新建"命令，弹出"选择样板"对话框，单击"打开"按钮右侧的▼下拉按钮，以"无样板打开－公制（M）"方式建立新文件；将新文件命名为"胶垫.dwg"并保存。

（2）设置线框密度，默认值是 4，更改设定值为 10。

（3）绘制图形。

❶ 单击"默认"选项卡"绘图"面板中的"圆"按钮⊙，在坐标原点分别绘制半径为 25 和 18.5 的两个圆，如图 6-49 所示。

❷ 将视图切换到西南轴测，单击"三维工具"选项卡"建模"面板中的"拉伸"按钮▊，将两个圆拉伸为 2，如图 6-50 所示。

❸ 单击"三维工具"选项卡"实体编辑"面板中的"差集"按钮▢，将拉伸后的大圆减去小圆。结果如图 6-51 所示。

图 6-49　绘制轮廓线

图 6-50　拉伸实体

图 6-51　差集结果

视 频 讲 解

6.6.3 旋转

1．执行方式

☑ 命令行：REVOLVE（快捷命令为 REV）。

☑ 菜单栏：选择菜单栏中的"绘图"→"建模"→"旋转"命令。

☑ 工具栏：单击"建模"工具栏中的"旋转"按钮 🐾 。

☑ 功能区：单击"三维工具"选项卡"建模"面板中的"旋转"按钮 🐾 。

2．操作步骤

执行上述命令后，命令行提示与操作如下。

```
命令：REVOLVE✓
当前线框密度：ISOLINES = 4，闭合轮廓创建模式 = 实体
选择要旋转的对象或 [模式(MO)]：（选择绘制好的二维对象）
选择要旋转的对象或 [模式(MO)]：（继续选择对象或按 Enter 键结束选择）
指定轴起点或根据以下选项之一定义轴 [对象(O)/X/Y/Z] <对象>：
```

3．选项说明

（1）指定轴起点：通过两个点来定义旋转轴。AutoCAD 将按指定的角度和旋转轴旋转二维对象。

（2）对象(O)：选择已经绘制好的直线或用"多段线"命令绘制的直线段作为旋转轴线。

（3）X/Y/Z：将二维对象绕当前坐标系（UCS）的 X/Y/Z 轴旋转。如图 6-52 所示为矩形平面绕 X 轴旋转的结果。

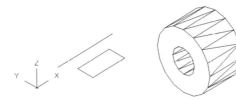

（a）旋转界面　　　（b）旋转后的实体

图 6-52　旋转实体

6.6.4　实例——销

本实例将利用"圆弧""直线""修剪"等命令绘制二维图形，再利用 PEDIT 命令将多条线段合并，最后利用"旋转"命令创建三维图形。绘制流程如图 6-53 所示。

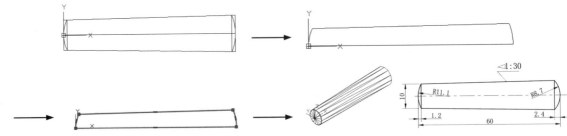

图 6-53　销的绘制流程

Note

💡 **提示：**销为标准件，在此以销 A10×60 为例介绍其绘制过程。

操作步骤

（1）建立新文件。启动 AutoCAD，保持绘图环境默认设置。单击快速访问工具栏中的"新建"按钮□，打开"选择样板"对话框，单击"打开"按钮右侧的下拉按钮▼，以"无样板打开－公制（M）"方式建立新文件，然后将新文件命名为"销.dwg"并保存。

（2）设置线框密度。线框密度默认值为 8，将其更改为 10。

（3）绘制直线。单击"默认"选项卡"绘图"面板中的"直线"按钮╱，以坐标原点为起点，绘制一条长度为 60 的水平直线。重复"直线"命令，以坐标原点为起点，绘制一条长度为 5 的竖直直线，如图 6-54 所示。

（4）偏移直线。单击"默认"选项卡"修改"面板中的"偏移"按钮〔，将竖直直线向右偏移，偏移距离分别为 1.2、57.6、60，如图 6-55 所示。

图 6-54　绘制直线　　　　　　　　　　　图 6-55　偏移直线

（5）绘制直线。以最左端的直线端点为起点，绘制坐标点为（@62<1）的直线。单击"默认"选项卡"修改"面板中的"延伸"按钮→，将竖直直线延伸至斜直线。单击"默认"选项卡"修改"面板中的"修剪"按钮 ，将多余的线段修剪掉，结果如图 6-56 所示。

（6）镜像图形。单击"默认"选项卡"修改"面板中的"镜像"按钮 ，将步骤（5）创建的图形以水平直线为镜像线进行镜像，结果如图 6-57 所示。

图 6-56　修剪后的图形　　　　　　　　　　图 6-57　镜像图形

（7）绘制圆弧。单击"默认"选项卡"绘图"面板中的"圆弧"按钮╱，采用三点圆弧的绘制方式绘制圆弧，如图 6-58 所示。

（8）整理图形。单击"默认"选项卡"修改"面板中的"修剪"按钮 和"删除"按钮 ，修剪并删除多余的线段，如图 6-59 所示。

图 6-58　绘制圆弧　　　　　　　　　　　图 6-59　整理图形

💡 **提示：**读者如果已经绘制好了销的平面图，可以直接打开销平面图，将其整理为如图 6-59 所示的图形，这样可以节省很多时间。

（9）单击"默认"选项卡"绘图"面板中的"面域"按钮 ，将绘制的平面图创建为面域，如图 6-60 所示。

（10）旋转图形。单击"三维工具"选项卡"建模"面板中的"旋转"按钮 ，将步骤（9）创建的多段线绕 X 轴旋转 360°，旋转后的结果如图 6-61 所示。

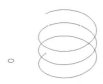

图 6-60　创建面域 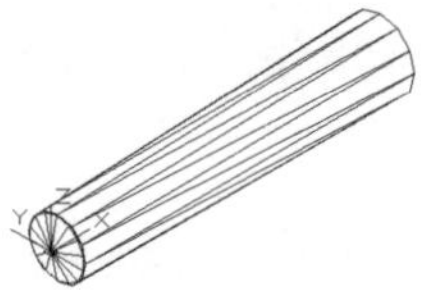　　　　　　　　　图 6-61　旋转图形

6.6.5　扫掠

1．执行方式

☑　命令行：SWEEP。

☑　菜单栏：选择菜单栏中的"绘图"→"建模"→"扫掠"命令。

☑　工具栏：单击"建模"工具栏中的"扫掠"按钮 。

☑　功能区：单击"三维工具"选项卡"建模"面板中的"扫掠"按钮 。

2．操作步骤

执行上述命令后，命令行提示与操作如下。

> 命令：SWEEP↙
> 当前线框密度：ISOLINES = 4，闭合轮廓创建模式 = 模式
> 选择要扫掠的对象或 [模式(MO)]：（选择对象，如图 6-62（a）中的圆）
> 选择要扫掠的对象或 [模式(MO)]：↙
> 选择扫掠路径或 [对齐(A)/基点(B)/比例(S)/扭曲(T)]：（选择对象，如图 6-62（a）中的螺旋线）

扫掠结果如图 6-62（b）所示。

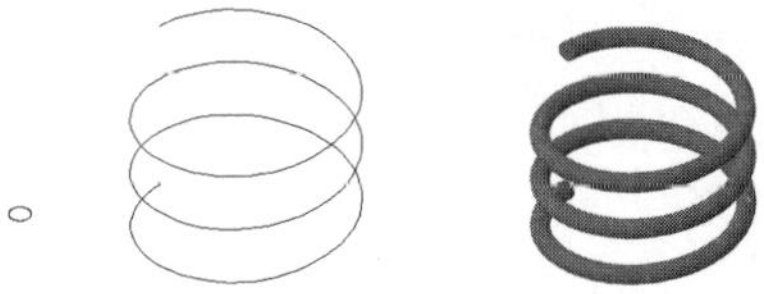

（a）对象和路径　　　（b）结果

图 6-62　扫掠

3．选项说明

（1）对齐(A)：指定是否对齐轮廓以使其作为扫掠路径切向的法向。默认情况下，轮廓是对齐的。选择该选项，命令行提示与操作如下。

> 扫掠前对齐垂直于路径的扫掠对象 [是(Y)/否(N)] <是>：（输入 N，指定轮廓无须对齐；按 Enter 键，指定轮廓将对齐）

✍ **技巧**：使用"扫掠"命令，可以通过沿开放或闭合的二维或三维路径扫掠开放或闭合的平面曲线（轮廓）来创建新实体或曲面。该命令主要用于沿指定路径以指定轮廓的形状（扫掠对象）创建实体或曲面。可以扫掠多个对象，但是这些对象必须在同一平面内。如果沿一条路径扫掠闭合的曲线，则生成实体。

（2）基点(B)：指定要扫掠对象的基点。如果指定的点不在选定对象所在的平面上，则该点将被投影到该平面上。选择该选项，命令行提示与操作如下。

指定基点：（指定选择集的基点）

（3）比例(S)：指定比例因子以进行扫掠操作。从扫掠路径的开始到结束，比例因子将统一应用到扫掠的对象上。选择该选项，命令行提示与操作如下。

输入比例因子或 [参照(R)/表达式(E)] <1.0000>：（指定比例因子，输入 R，调用"参照(R)"选项；按 Enter 键，则选择默认值）

其中，"参照(R)"选项表示通过拾取点或输入值来根据参照的长度缩放选定的对象。

（4）扭曲(T)：设置正被扫掠对象的扭曲角度。扭曲角度指定沿扫掠路径全部长度的旋转量。选择该选项，命令行提示与操作如下。

输入扭曲角度或允许非平面扫掠路径倾斜 [倾斜(B)/表达式(E)] <0.0000>：指定小于 360°的角度值，输入 B，打开倾斜；按 Enter 键，选择默认角度值）

其中，"倾斜(B)"选项指定被扫掠的曲线是否沿三维扫掠路径（三维多段线、三维样条曲线或螺旋线）自然倾斜（旋转）。

如图 6-63 所示为扭曲扫掠示意图。

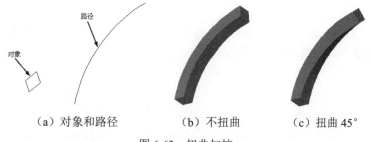

（a）对象和路径　　　　（b）不扭曲　　　　（c）扭曲 45°

图 6-63　扭曲扫掠

6.6.6　实例——压紧螺母

本实例主要利用扫掠命令绘制压紧螺母，绘制流程如图 6-64 所示。

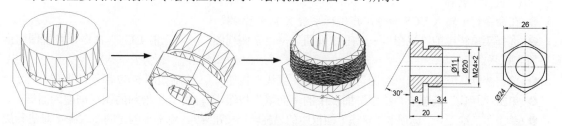

图 6-64　压紧螺母的绘制流程

操作步骤

（1）单击菜单栏中的"文件"→"新建"命令，弹出"选择样板"对话框，单击"打开"按钮右侧的 ▼ 下拉按钮，以"无样板打开－公制（M）"方式建立新文件，将新文件命名为"压紧螺母.dwg"并保存。

（2）设置线框密度，默认值是 4，更改设定值为 10。

（3）拉伸六边形。

❶ 单击"默认"选项卡"绘图"面板中的"多边形"按钮⬠，在坐标原点处绘制外切于圆，半径为 13 的六边形，结果如图 6-65 所示。

❷ 单击"三维工具"选项卡"建模"面板中的"拉伸"按钮，将上步绘制的六边形进行拉伸，拉伸距离为 8，结果如图 6-66 所示。

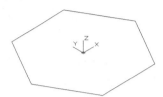

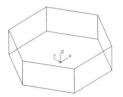

图 6-65　绘制六边形　　　　　　　　图 6-66　拉伸六边形

（4）创建圆柱体。

单击"三维工具"选项卡"建模"面板中的"圆柱体"按钮，绘制半径为 10、12 和 5.5 的圆柱体。结果如图 6-67 所示。

（5）布尔运算应用。

❶ 单击"三维工具"选项卡"实体编辑"面板中的"并集"按钮，将六棱柱和两个大圆柱体进行并集处理。

❷ 单击"三维工具"选项卡"实体编辑"面板中的"差集"按钮，将并集处理后的图形和小圆柱体进行差集处理。结果如图 6-68 所示。

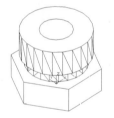

图 6-67　创建圆柱体　　　　　　　　图 6-68　并集及差集处理

（6）创建旋转体。

❶ 在命令行中输入 UCS 命令，将坐标系绕 X 轴旋转 90°。

❷ 选择菜单栏中的"视图"→"三维视图"→"平面视图"→"当前 UCS"命令，将视图切换到当前坐标系。

❸ 单击"默认"选项卡"绘图"面板中的"直线"按钮，绘制如图 6-69 所示的图形。

❹ 单击"默认"选项卡"绘图"面板中的"面域"按钮，将上步绘制的图形创建为面域。

❺ 单击"三维工具"选项卡"建模"面板中的"旋转"按钮，将上步创建的面域绕 Y 轴进行旋转，结果如图 6-70 所示。

（7）布尔运算应用。

单击"三维工具"选项卡"实体编辑"面板中的"差集"按钮，将并集处理后的图形和小圆柱体进行差集处理，结果如图 6-71 所示。

（8）创建螺纹。

❶ 在命令行输入 UCS 命令，将坐标系恢复。

❷ 单击"默认"选项卡"绘图"面板中的"螺旋"按钮，指定底面中心点坐标为（0,0,22），底面和顶面半径均为 12，圈间距为 0.58，螺旋高度为-11，创建螺旋线，结果如图 6-72 所示。

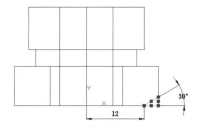

图6-69 创建圆柱体

图6-70 创建旋转实体

图6-71 差集处理

图6-72 创建螺旋线

❸ 在命令行输入 UCS 命令，将坐标系恢复。

❹ 选择菜单栏中的"视图"→"三维视图"→"前视"命令，将视图切换到前视图。

❺ 绘制牙型截面轮廓。单击"默认"选项卡"绘图"面板中的"直线"按钮 ，捕捉螺旋线的上端点绘制牙型截面轮廓，尺寸参照如图6-73所示；单击"默认"选项卡"绘图"面板中的"面域"按钮 ，将其创建成面域。

❻ 扫掠形成实体。单击"可视化"选项卡"视图"面板中的"西南等轴测"按钮 ，将视图切换到西南等轴测视图。单击"三维工具"选项卡"建模"面板中的"扫掠"按钮 ，指定扫掠对象为三角牙型轮廓，扫掠路径为螺纹线，结果如图6-74所示。

❼ 布尔运算处理。单击"三维工具"选项卡"实体编辑"面板中的"差集"按钮 ，从主体中减去上步绘制的扫掠体，结果如图6-75所示。

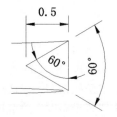

图6-73 创建截面轮廓

图6-74 扫掠实体

图6-75 差集处理

（9）在命令行输入 UCS 命令，将坐标系恢复。

（10）选择菜单栏中的"视图"→"三维视图"→"左视"命令，将视图切换到左视图。

（11）单击"默认"选项卡"绘图"面板中的"直线"按钮 ，绘制如图6-76所示的图形。

（12）单击"默认"选项卡"绘图"面板中的"面域"按钮 ，将上步绘制的图形创建为面域。

（13）单击"三维工具"选项卡"建模"面板中的"旋转"按钮 ，将上步创建的面域绕 Y 轴进行旋转，结果如图6-77所示。

（14）单击"三维工具"选项卡"实体编辑"面板中的"差集"按钮 ，将旋转体与主体进行差集处理。结果如图6-78所示。

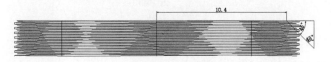

图6-76 绘制截面轮廓

图6-77 创建旋转实体

图6-78 差集处理

6.6.7 放样

1. 执行方式

☑ 命令行：LOFT。

☑ 菜单栏：选择菜单栏中的"绘图"→"建模"→"放样"命令。

☑ 工具栏：单击"建模"工具栏中的"放样"按钮。

☑ 功能区：单击"三维工具"选项卡"建模"面板中的"放样"按钮。

2. 操作步骤

执行上述命令后，命令行提示与操作如下。

```
命令：LOFT↙
当前线框密度：ISOLINES = 4，闭合轮廓创建模式 = 实体
按放样次序选择横截面或 [点(PO)/合并多条边(J)/模式(MO)]：（依次选择如图 6-79 所示的 3 个
截面）
按放样次序选择横截面或 [点(PO)/合并多条边(J)/模式(MO)]：
按放样次序选择横截面或 [点(PO)/合并多条边(J)/模式(MO)]：
按放样次序选择横截面或 [点(PO)/合并多条边(J)/模式(MO)]：
输入选项 [导向(G)/路径(P)/仅横截面(C)/设置(S)] <仅横截面>：
```

3. 选项说明

（1）设置(S)：选择该选项，将打开"放样设置"对话框，如图 6-80 所示。其中有 4 个单选按钮，如图 6-81（a）所示为选中"直纹"单选按钮后的放样结果示意图，如图 6-81（b）所示为选中"平滑拟合"单选按钮后的放样结果示意图，如图 6-81（c）所示为选中"法线指向"单选按钮并选择"所有横截面"选项后的放样结果示意图，如图 6-81（d）所示为选中"拔模斜度"单选按钮并设置"起点角度"为 45°、"起点幅值"为 10、"端点角度"为 60°、"端点幅值"为 10 后的放样结果示意图。

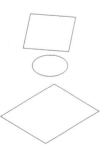

图 6-79　选择截面

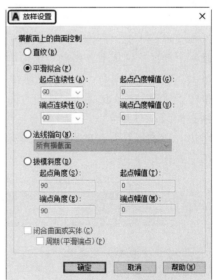

图 6-80　"放样设置"对话框

164

（a）直纹　　　　（b）平滑拟合　　　　（c）法线指向　　　　（d）拔模斜度

图 6-81　放样示意图

（2）导向(G)：指定控制放样实体或曲面形状的导向曲线。导向曲线是直线或曲线，可通过将其他线框信息添加至对象来进一步定义实体或曲面的形状，如图 6-82 所示。选择该选项，命令行提示与操作如下。

选择导向曲线：（选择放样实体或曲面的导向曲线，然后按 Enter 键）

✍ 技巧：每条导向曲线必须满足以下 3 个条件才能正常工作。
　　☑　与每个横截面相交。
　　☑　从第一个横截面开始。
　　☑　到最后一个横截面结束。
可以为放样曲面或实体选择任意数量的导向曲线。

（3）路径(P)：指定放样实体或曲面的单一路径，如图 6-83 所示。选择该选项，命令行提示与操作如下。

选择路径：（指定放样实体或曲面的单一路径）

  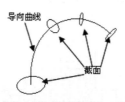 

图 6-82　导向放样　　　　　　　图 6-83　路径放样

✍ 技巧：路径曲线必须与横截面的所有平面相交。

6.6.8　拖曳

1. 执行方式

☑　命令行：PRESSPULL。
☑　工具栏：单击"建模"工具栏中的"按住并拖动"按钮。
☑　功能区：单击"三维工具"选项卡"实体编辑"面板中的"按住并拖动"按钮。

2. 操作步骤

执行上述命令后，命令行提示与操作如下。

命令：PRESSPULL↙
选择对象或边界区域：

选择对象后，按住鼠标左键并拖动，相应的区域就会进行拉伸变形。如图 6-84 所示演示了选择圆台上表面，按住并拖动鼠标的操作过程。

（a）圆台　　　　（b）向下拖动　　　（c）向上拖动

图 6-84　按住并拖动鼠标

6.7　操作与实践

通过前面的学习，读者对本章知识已经有了大体的了解，本节通过几个操作实践使读者进一步掌握本章的知识要点。

6.7.1　利用三维动态观察器观察泵盖图形

1．目的要求

如图 6-85 所示，为了更清楚地观察三维图形，了解三维图形各部分、各方位的结构特征，需要从不同视角观察三维图形，利用三维动态观察器能够方便地对三维图形进行多方位观察。通过本实践，要求读者掌握从不同视角观察物体的方法。

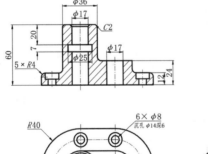

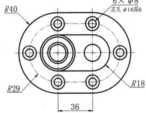

图 6-85　泵盖

2．操作提示

（1）打开三维动态观察器。

（2）灵活利用三维动态观察器的各种工具进行动态观察。

6.7.2　绘制阀杆

1．目的要求

如图 6-86 所示，三维表面是构成三维图形的基本单元，灵活利用各种基本三维表面构建三维图形是三维绘图的关键技术与能力要求。通过本实践，要求读者熟练掌握各种三维表面的绘制方法，体会构建三维图形的技巧。

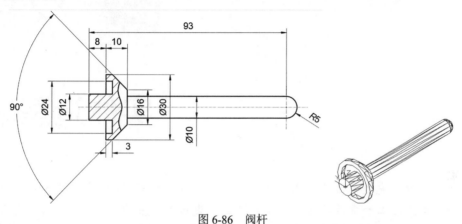

图 6-86　阀杆

2．操作提示

（1）利用二维绘图相关命令绘制旋转界面。

（2）利用"旋转"命令完成绘制。

6.7.3　绘制棘轮

1．目的要求

如图 6-87 所示，利用"平移""旋转"等命令可以在二维图形的基础上生成三维图形。本实践的目的是使读者掌握怎样通过二维图形，并结合一些三维命令绘制三维图形。

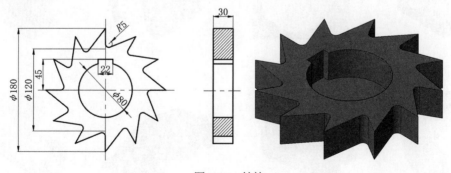

图 6-87　棘轮

2．操作提示

（1）利用"圆""等分点"等命令绘制棘轮平面图形。

（2）利用"平移曲面"命令生成棘轮立体图。

第7章

实体造型编辑

实体模型能够完整地描述对象的三维模型，实体建模是 AutoCAD 三维建模中比较重要的一部分。本章在上一章学习的基础上，讲述一些相对复杂的三维编辑命令，帮助读者掌握绘制一些复杂的三维造型的基本技巧。

☑ 三维编辑命令   ☑ 三维实体操作

☑ 特殊视图   ☑ 编辑实体

任务驱动&项目案例

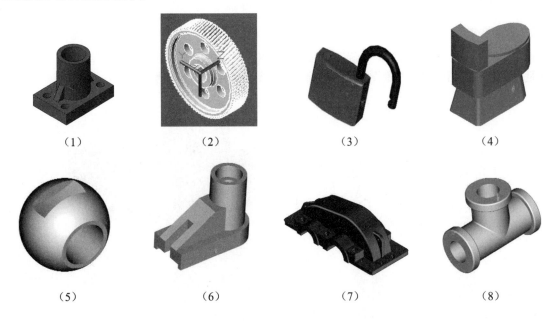

（1）   （2）   （3）   （4）

（5）   （6）   （7）   （8）

7.1 三维编辑命令

三维编辑主要是对三维物体进行编辑，包括三维镜像、三维阵列、三维移动以及三维旋转等。

7.1.1 三维镜像

1. 执行方式

☑ 命令行：MIRROR3D。

☑ 菜单栏：选择菜单栏中的"修改"→"三维操作"→"三维镜像"命令。

2. 操作步骤

执行上述命令后，命令行提示与操作如下。

> 命令：MIRROR3D↙
> 选择对象：（选择要镜像的对象）
> 选择对象：（选择下一个对象或按 Enter 键）
> 指定镜像平面（三点）的第一个点或 [对象(O)/最近的(L)/Z 轴(Z)/视图(V)/XY 平面(XY)/YZ 平面(YZ)/ZX 平面(ZX)/三点(3)] <三点>：

3. 选项说明

（1）三点：输入镜像平面上点的坐标。该选项通过 3 个点确定镜像平面，是系统的默认选项。

（2）最近的(L)：相对于最后定义的镜像平面对选定的对象进行镜像处理。

（3）Z 轴(Z)：利用指定的平面作为镜像平面。选择该选项后，命令行提示与操作如下。

> 在镜像平面上指定点：（输入镜像平面上一点的坐标）
> 在镜像平面的 z 轴（法向）上指定点：（输入与镜像平面垂直的任意一条直线上任意一点的坐标）
> 是否删除源对象？ [是(Y)/否(N)] <否>：（根据需要确定是否删除源对象）

（4）视图(V)：指定一个平行于当前视图的平面作为镜像平面。

（5）XY（YZ、ZX）平面：指定一个平行于当前坐标系的 XY（YZ、ZX）平面作为镜像平面。

7.1.2 实例——支座

本实例绘制支座。绘制流程如图 7-1 所示。

视频讲解

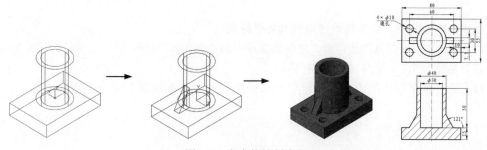

图 7-1 支座的绘制流程

操作步骤

（1）绘制圆柱体。

❶ 单击"可视化"选项卡"视图"面板中的"西南等轴测"按钮，设置视图方向。

❷ 单击"三维工具"选项卡"建模"面板中的"圆柱体"按钮，绘制底面中心点坐标为（0,0,0），底面半径分别为 20 和 15、高度为 50 的两个圆柱体，如图 7-2 所示。

（2）单击"三维工具"选项卡"建模"面板中的"长方体"按钮，绘制角点坐标为（-40,27.5,0）和（40，-27.5，-15）的长方体，如图 7-3 所示。

（3）单击"可视化"选项卡"视图"面板中的"前视"按钮，将视图切换到前视图方向，单击"默认"选项卡"绘图"面板中的"直线"按钮，绘制直线，水平直线的长度为 15，竖直直线的长度为 25，连接水平和竖直直线的端点绘制斜直线，形成一个封闭的三角形，结果如图 7-4 所示。

图 7-2　绘制圆柱体

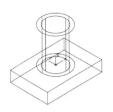

图 7-3　绘制长方体

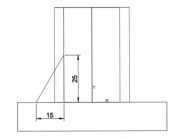

图 7-4　绘制直线

（4）单击"默认"选项卡"绘图"面板中的"面域"按钮，将三角形创建为面域。

（5）单击"默认"选项卡"修改"面板中的"拉伸"按钮，将上步绘制的三角形进行拉伸，拉伸的高度为 7.5。

（6）单击"可视化"选项卡"视图"面板中的"西南等轴测"按钮，设置视图方向。

（7）单击"默认"选项卡"修改"面板中的"移动"按钮，以短边中点为基点，向 Z 轴方向移动 7.5，如图 7-5 所示。

选择菜单栏中的"修改"→"三维操作"→"三维镜像"命令，指定上步创建的实体为镜像对象，镜像平面为 YZ，平面上的点为（0,0,0），镜像图形，绘制结果如图 7-6 所示。

（8）单击"三维工具"选项卡"实体编辑"面板中的"差集"按钮，在大圆柱中减去小圆柱体，进行差集操作。

（9）单击"三维工具"选项卡"实体编辑"面板中的"并集"按钮，将所有实体进行并集操作。

（10）单击"视图"选项卡"视觉样式"面板中的"隐藏"按钮，消隐之后结果如图 7-7 所示。

在命令行输入 UCS，将坐标系转换到世界坐标系。

（11）单击"三维工具"选项卡"建模"面板中的"圆环体"按钮，绘制以（-30,0,15）为底面中心点、半径为 5、高度为-15 的圆柱体。

（12）选择菜单栏中的"修改"→"三维操作"→"三维镜像"命令，镜像圆柱体，结果如图 7-8 所示。

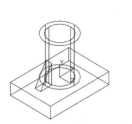 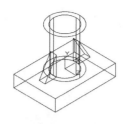 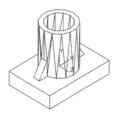 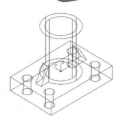

图 7-5 绘制拉伸实体并移动　　图 7-6 三维镜像处理　　图 7-7 消隐处理　　图 7-8 三维镜像圆柱体

（13）单击"三维工具"选项卡"实体编辑"面板中的"差集"按钮 ，在大实体中减去 4 个小圆柱体，进行差集操作。

（14）单击"视图"选项卡"视觉样式"面板中的"概念"按钮 ，结果如图 7-1 所示。

7.1.3　三维阵列

1. 执行方式

☑　命令行：3DARRAY。

☑　菜单栏：选择菜单栏中的"修改"→"三维操作"→"三维阵列"命令。

☑　工具栏：单击"建模"工具栏中的"三维阵列"按钮 。

2. 操作步骤

执行上述命令后，命令行提示与操作如下。

```
命令：3DARRAY↙
选择对象：（选择要阵列的对象）
选择对象：（选择下一个对象或按 Enter 键）
输入阵列类型 [矩形(R)/环形(P)] <矩形>:
```

3. 选项说明

（1）矩形(R)：对图形进行矩形阵列复制，是系统的默认选项。选择该选项后，命令行提示与操作如下。

```
输入行数（－－－）<1>:（输入行数）
输入列数（|||）<1>:（输入列数）
输入层数（…）<1>:（输入层数）
指定行间距（－－－）:（输入行间距）
指定列间距（|||）:（输入列间距）
指定层间距（…）:（输入层间距）
```

（2）环形(P)：对图形进行环形阵列复制。选择该选项后，命令行提示与操作如下。

```
输入阵列中的项目数目：（输入阵列的数目）
指定要填充的角度（+ = 逆时针，- = 顺时针）<360>:（输入环形阵列的圆心角）
旋转阵列对象？[是(Y)/否(N)] <Y>:（确定阵列上的每一个图形是否根据旋转轴线的位置进行旋转）
指定阵列的中心点：（输入旋转轴线上一点的坐标）
指定旋转轴上的第二点：（输入旋转轴线上另一点的坐标）
```

如图 7-9 所示为 3 层 3 行 3 列间距分别为 300 的圆柱的矩形阵列，如图 7-10 所示为圆柱的环形阵列。

图 7-9　三维图形的矩形阵列

图 7-10　三维图形的环形阵列

7.1.4　实例——齿轮

　　首先绘制齿轮二维剖切面轮廓线，再使用从二维曲面通过旋转操作生成三维实体的方法绘制齿轮基体；然后绘制渐开线轮齿的二维轮廓线，使用从二维曲面通过拉伸操作生成三维实体的方法绘制齿轮轮齿；接着调用"圆柱体"和"长方体"命令，利用布尔运算求差命令绘制齿轮的键槽、轴孔以及减轻孔；最后利用渲染操作对齿轮进行渲染。绘制流程如图 7-11 所示。

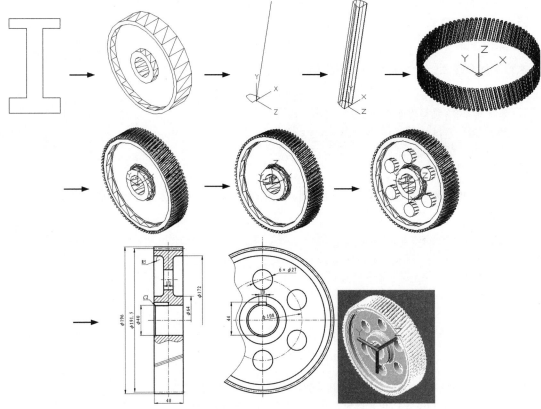

图 7-11　齿轮的绘制流程

操作步骤

　　1．绘制齿轮基体

　　（1）单击"默认"选项卡"绘图"面板中的"直线"按钮，以坐标（0,0）、（40,0）为端点，

172

Note

绘制一条水平直线，如图 7-12 所示。

（2）单击"默认"选项卡"修改"面板中的"偏移"按钮 ⊆，将水平直线依次向上偏移20、32、86、93.5，结果如图 7-13 所示。

（3）单击"默认"选项卡"绘图"面板中的"直线"按钮 ∕，打开"对象捕捉"功能，捕捉第一条直线的中点和最上方直线的中点，结果如图 7-14 所示。

图 7-12　绘制水平直线　　　图 7-13　偏移后的图形　　　图 7-14　绘制竖直直线

（4）单击"默认"选项卡"修改"面板中的"偏移"按钮 ⊆，将步骤（3）绘制的竖直直线分别向左、右两侧偏移，偏移距离分别为 6.5、20，结果如图 7-15 所示。

（5）单击"默认"选项卡"修改"面板中的"修剪"按钮 ✂，对图形进行修剪，然后将多余的线段删除，结果如图 7-16 所示。

（6）选择菜单栏中的"修改"→"对象"→"多段线"命令，选择"多条[M]"模式，选择旋转体轮廓线为编辑对象，并选择"合并（J）"，将旋转体轮廓线合并为一条多段线，以满足旋转实体命令的要求，如图 7-17 所示。

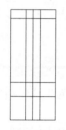

图 7-15　偏移直线后的图形　　　图 7-16　修剪后的图形　　　图 7-17　合并齿轮基体轮廓线

（7）单击"三维工具"选项卡"建模"面板中的"旋转"按钮 🔘，将齿轮基体轮廓线绕 X 轴旋转一周。切换视图为西南等轴测视图，旋转后的结果如图 7-18 所示。

（8）单击"默认"选项卡"修改"面板中的"圆角"按钮 ⌒，在齿轮内凹槽的轮廓线处绘制齿轮的铸造圆角，圆角半径为5，如图 7-19 所示。

（9）单击"默认"选项卡"修改"面板中的"倒角"按钮 ⌒，对轴孔边缘进行倒直角操作，倒角距离为2，结果如图 7-20 所示。

图 7-18　旋转实体　　　图 7-19　实体圆角　　　图 7-20　实体倒直角

Note

2. 绘制齿轮轮齿

（1）将当前视角切换为俯视。

（2）单击"默认"选项卡"图层"面板中的"图层特性"按钮🗐，打开"图层特性管理器"选项板，单击"新建图层"按钮，新建一个新图层"图层 1"，将齿轮基体图形对象的图层属性更改为"图层 1"。

（3）在"图层特性管理器"选项板中单击"图层 1"的"打开/关闭"按钮，使之变为黯淡色，关闭并隐藏"图层 1"。

（4）单击"默认"选项卡"绘图"面板中的"圆弧"按钮╱，在点（-1,4.5）和（-2,0）之间绘制半径为 10 的圆弧，如图 7-21 所示。

（5）单击"默认"选项卡"修改"面板中的"镜像"按钮⚐，将绘制的圆弧以 Y 轴为镜像轴进行镜像处理，如图 7-22 所示。

（6）单击"默认"选项卡"绘图"面板中的"直线"按钮╱，利用"对象捕捉"功能绘制两段圆弧的端点连接直线，如图 7-23 所示。

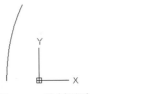

图 7-21　绘制圆弧　　　图 7-22　镜像圆弧　　　图 7-23　连接圆弧

（7）选择菜单栏中的"修改"→"对象"→"多段线"命令，将两段圆弧和两段直线合并为一条多段线，以满足拉伸实体命令的要求。

（8）将当前视图切换为西南等轴测视图。

（9）在命令行中输入 UCS 命令，将坐标系绕 X 轴旋转 90°。单击"默认"选项卡"绘图"面板中的"直线"按钮╱，以坐标（0,0）、（8,40）为端点，绘制一条直线，作为生成轮齿的拉伸路径，结果如图 7-24（a）所示。

（10）单击"三维工具"选项卡"建模"面板中的"拉伸"按钮◨，以刚才绘制的直线为路径，将合并的多段线进行拉伸，结果如图 7-24（b）所示。

（a）拉伸实体路径　　　（b）拉伸后的图形

图 7-24　拉伸实体路径及拉伸后的图形

（11）在命令行中输入 UCS 命令，将坐标系返回到世界坐标系。单击"默认"选项卡"修改"面板中的"移动"按钮✥，选择轮齿实体作为"移动对象"，在轮齿实体上任意选择一点作为"移动基点"，"移动第二点"相对坐标为（@0,93.5,0）。

（12）选择菜单栏中的"修改"→"三维操作"→"三维阵列"命令，指定阵列类型为"环形（P）"，填充角度为 360°，阵列中心点为（0,0,0），旋转轴的第二点为（0,0,100），将绘制的一个轮齿绕 Z 轴环形阵列 86 个，结果如图 7-25 所示。

（13）选择菜单栏中的"修改"→"三维操作"→"三维旋转"命令，将所有轮齿绕 Y 轴旋转 -90°，结果如图 7-26 所示。

（14）单击"默认"选项卡"图层"面板中的"图层特性"按钮，打开"图层特性管理器"选项板，单击"图层 1"的"打开/关闭"按钮，使之变为鲜亮色，打开并显示"图层 1"。

（15）单击"三维工具"选项卡"实体编辑"面板中的"并集"按钮，选择图 7-27 中的所有实体，执行并集操作，使之成为一个三维实体。

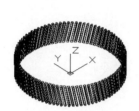

图 7-25　环形阵列实体　　　图 7-26　旋转三维实体　　　图 7-27　打开并显示图层

3. 绘制键槽和减轻孔

（1）单击"三维工具"选项卡"建模"面板中的"长方体"按钮，采用两个角点模式绘制长方体，第一个角点为（-20,12,-5），第二个角点为（@40,12,10），结果如图 7-28 所示。

（2）单击"三维工具"选项卡"实体编辑"面板中的"差集"按钮，从齿轮基体中减去长方体，在齿轮轴孔中形成键槽，如图 7-29 所示。

（3）在命令行中输入 UCS 命令，将坐标系绕 Y 轴旋转 90°。单击"三维工具"选项卡"建模"面板中的"圆柱体"按钮，采用指定底面圆心点和底面半径的模式，以（54,0,0）为圆心，半径为 13.5，高度为 40，绘制圆柱体，如图 7-30 所示。

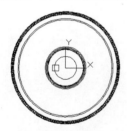

图 7-28　绘制长方体　　　　图 7-29　绘制键槽　　　　图 7-30　绘制圆柱体

（4）选择菜单栏中的"修改"→"三维操作"→"三维阵列"命令，环形阵列圆柱体，绕 Z 轴阵列 6 个，结果如图 7-31 所示。

（5）单击"三维工具"选项卡"实体编辑"面板中的"差集"按钮，从齿轮基体中减去 6 个圆柱体，在齿轮凹槽内形成 6 个减轻孔，如图 7-32 所示。

4. 渲染

利用"视觉样式"工具栏中的命令设置显示样式，效果如图 7-33 所示。

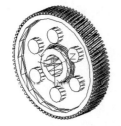
图 7-31　环形阵列圆柱体

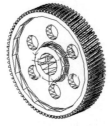
图 7-32　绘制减轻孔

图 7-33　渲染后的图形

7.1.5　对齐对象

1. 执行方式

☑　命令行：3DALIGN。

☑　菜单栏：选择菜单栏中的"修改"→"三维操作"→"对齐"命令。

☑　工具栏：单击"建模"工具栏中的"三维对齐"按钮 ![]。

2. 操作步骤

执行上述命令后，命令行提示与操作如下。

```
命令：3DALIGN✓
选择对象：（选择要对齐的对象）
选择对象：（选择下一个对象或按 Enter 键）
指定源平面和方向...
指定基点或 [复制(C)]：选择点 1
指定第二个点或 [继续(C)] <C>：✓
指定目标平面和方向...
指定第一个目标点：选择点 2
指定第二个目标点或 [退出(X)] <X>：✓
```

对齐结果如图 7-34 所示。两对点和三对点与一对点的情形类似。

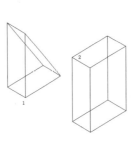
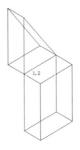

（a）对齐前　　　　　（b）对齐后

图 7-34　一点对齐

7.1.6　三维移动

1. 执行方式

☑　命令行：3DMOVE。

☑　菜单栏：选择菜单栏中的"修改"→"三维操作"→"三维移动"命令。

☑　工具栏：单击"建模"工具栏中的"三维移动"按钮 。

2. 操作步骤

执行上述命令后，命令行提示与操作如下。

```
命令：3DMOVE✓
选择对象：（选取要移动的对象）
选择对象：✓
指定基点或 [位移(D)] <位移>：（指定基点）
指定第二个点或 <使用第一个点作为位移>：（指定第二点）
```

其操作方法与二维移动命令类似。如图 7-35 所示为将滚珠从轴承中移出的情形。

7.1.7　实例——角架

本实例绘制角架。绘制流程如图 7-36 所示。

操作步骤

（1）建立新文件。启动 AutoCAD 2022，使用默认绘图环境。单击"快速访问"工具栏中的"新建"按钮 ，打开"选择样板"对话框，以"无样板打开—公制（M）"方式建立新文件；将新文件命名为"皮带轮立体图.dwg"并保存。

（2）设置线框密度。在命令行中输入"ISOLINES"命令，默认值为 8，设置系统变量值为 10。

（3）设置视图方向。单击"可视化"选项卡"视图"面板中的"西南等轴测"按钮 ，切换到西南等轴测视图。

（4）绘制长方体。单击"三维工具"选项卡"建模"面板中的"长方体"按钮 ，指定坐标为（0,0,0）、（100,−50,5），绘制长方体，结果如图 7-37 所示。

（5）绘制长方体。单击"三维工具"选项卡"建模"面板中的"长方体"按钮 ，指定坐标为（0,0,5）、（5,−50,30），绘制长方体，结果如图 7-38 所示。

图 7-35　三维移动

视频讲解

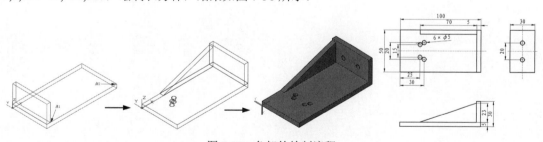

图 7-36　角架的绘制流程

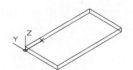

图 7-37　绘制长方体 1

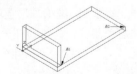

图 7-38　绘制长方体 2

（6）移动实体。选择菜单栏中的"修改"→"三维操作"→"三维移动"命令，将长方体沿 X

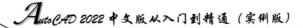

轴方向移动 68。

（7）设置视图方向。单击"可视化"选项卡"视图"面板中的"前视"按钮，对视图进行切换。

（8）单击"默认"选项卡"绘图"面板中的"直线"按钮，绘制直线，起点为长方休最上侧的左角点向下偏移 2，下面边长为 70，形成封闭的三角形，如图 7-39 所示。

（9）单击"默认"选项卡"绘图"面板中的"面域"按钮，将三角形创建为面域。

（10）单击"默认"选项卡"修改"面板中的"拉伸"按钮，将上步绘制的三角形进行拉伸，拉伸的高度为 5。

（11）设置视图方向。单击"可视化"选项卡"视图"面板中的"西南等轴测"按钮，切换到西南等轴测视图。

（12）绘制圆柱体。单击"三维工具"选项卡"建模"面板中的"圆柱体"按钮，绘制以（30,-15,0）为圆心，创建半径为 2.5，高为 5 的圆柱体 1。继续以（25，-17.5,0）为圆心，创建半径为 2.5，高为 5 的圆柱体 2，结果如图 7-40 所示。

（13）选择菜单栏中的"修改"→"三维操作"→"三维镜像"命令，镜像圆柱体，如图 7-41 所示。命令行提示与操作如下。

命令：_mirror3d
选择对象：（选择圆柱体 1 和圆柱体 2）
指定镜像平面（三点）的第一个点或 [对象(O)/最近的(L)/Z 轴(Z)/视图(V)/XY 平面(XY)/YZ 平面(YZ)/ZX 平面(ZX)/三点(3)] <三点>：（选择长方体左侧短边上的上侧的中点）
在镜像平面上指定第二点：（选择长方体左侧短边上的下侧的中点）
在镜像平面上指定第三点：（选择长方体右侧短边上的下侧的中点）
是否删除源对象？[是(Y)/否(N)] <否>：↙

（14）设置坐标系。在命令行中输入"UCS"命令，将坐标系绕 Y 轴旋转 90°。

（15）绘制圆柱体。单击"二维工具"选项卡"建模"面板中的"圆柱体"按钮，绘制以（-15,-15, 95）为圆心，创建半径为 2.5，高为 5 的圆柱体 3。继续以（-15，-35，95）为圆心，创建半径为 2.5，高为 5 的圆柱体 4，结果如图 7-41 所示。

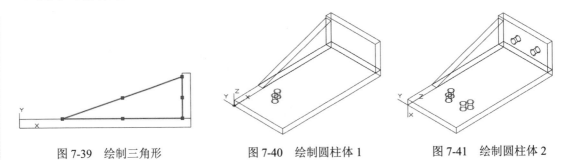

图 7-39　绘制三角形　　　　图 7-40　绘制圆柱体 1　　　　图 7-41　绘制圆柱体 2

（16）差集运算 1。单击"三维工具"选项卡"实体编辑"面板中的"差集"按钮，对圆柱 1和圆柱 2 与大长方体进行差集操作，将圆柱 3 和圆柱 4 与小长方体进行差集运算。

（17）单击"三维工具"选项卡"实体编辑"面板中的"并集"按钮，将所有实体进行并集操作。

（18）改变视觉样式。单击"视图"选项卡"视觉样式"面板中的"概念"按钮，最终结果如图 7-36 所示。

7.1.8　三维旋转

1. 执行方式

☑　命令行：3DROTATE。

☑　菜单栏：选择菜单栏中的"修改"→"三维操作"→"三维旋转"命令。

☑　工具栏：单击"建模"工具栏中的"三维旋转"按钮 。

2. 操作步骤

执行上述命令后，命令行提示与操作如下。

```
命令：3DROTATE✓
UCS 当前的正角方向：ANGDIR = 逆时针　ANGBASE = 0
选择对象：（选择一个滚珠）
选择对象：✓
指定基点：（指定圆心位置）
拾取旋转轴：（选择如图 7-42 所示的轴）
指定角的起点：（选择如图 7-42 所示的中心点）
指定角的端点：（指定另一点）
```

旋转结果如图 7-43 所示。

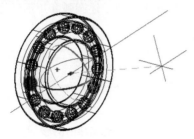
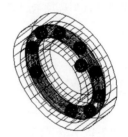

图 7-42　指定参数　　　　　　　　　　　图 7-43　旋转结果

7.1.9　实例——锁

视 频 讲 解

本实例首先利用"矩形""圆弧""拉伸"等命令创建锁体，再利用"圆""扫掠"等命令创建锁环，最后利用"差集""三维旋转""圆角"等命令完善图形。绘制流程如图 7-44 所示。

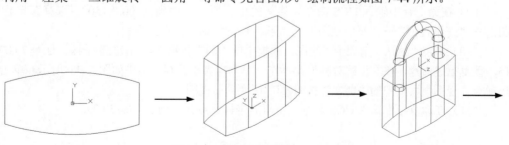

图 7-44　锁的绘制流程

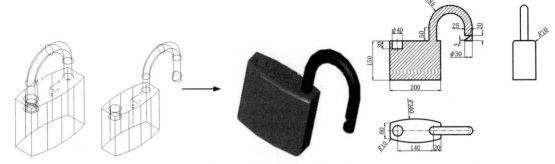

图 7-44　锁的绘制流程（续）

操作步骤

（1）单击"视图"选项卡"视图"面板中的"西南等轴测"按钮，切换到西南等轴测视图。

（2）单击"默认"选项卡"绘图"面板中的"矩形"按钮，绘制角点坐标为（-100,30）和（100,-30）的矩形。

（3）单击"默认"选项卡"绘图"面板中的"圆弧"按钮，绘制起点坐标为（100,30），端点坐标为（-100,30），半径为 340 的圆弧。

（4）单击"默认"选项卡"绘图"面板中的"圆弧"按钮，绘制起点坐标为（-100,-30），端点坐标为（100,-30），半径为 340 的圆弧，利用"镜像"命令得到另一侧圆弧，如图 7-45 所示。

（5）单击"默认"选项卡"修改"面板中的"修剪"按钮，对上述圆弧和矩形进行修剪，结果如图 7-46 所示。

图 7-45　绘制圆弧后的图形　　　　　　　图 7-46　修剪后的图形

（6）单击"默认"选项卡"修改"面板中的"编辑多段线"按钮，将上述多段线合并为一个整体。

（7）单击"默认"选项卡"绘图"面板中的"面域"按钮，将上述图形生成为一个面域。

（8）单击"三维工具"选项卡"建模"面板中的"拉伸"按钮，选择步骤（7）创建的面域，拉伸高度为 150，结果如图 7-47 所示。

（9）在命令行中输入 UCS 命令。将新的坐标原点移动到点（0,0,150）。选择菜单栏中的"视图"→"三维视图"→"平面视图"→"当前 UCS"命令，切换视图。

（10）单击"默认"选项卡"绘图"面板中的"圆"按钮，指定圆心坐标为（-70,0），半径为15。重复上述命令，在右边的对称位置再作一个同样大小的圆，结果如图 7-48 所示。单击"视图"选项卡"视图"面板中的"前视"按钮，切换到前视图。

（11）在命令行中输入 UCS 命令，将新的坐标原点移动到点（0,150,0）。

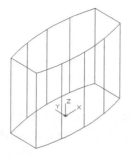

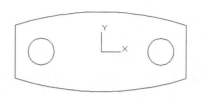

图7-47　拉伸后的图形　　　　　图7-48　绘制圆后的图形

（12）单击"默认"选项卡"绘图"面板中的"多段线"按钮，绘制多段线。命令行提示与操作如下。

```
命令pline✓
指定起点：-70,-30✓
当前线宽为 0.0000
指定下一点或 [圆弧(A)/半宽(H)/长度(L)/放弃(U)/宽度(W)]：@80<90✓
指定下一点或 [圆弧(A)/闭合(C)/半宽(H)/长度(L)/放弃(U)/宽度(W)]：A✓
指定圆弧的端点(按住 Ctrl 键以切换方向)或[角度(A)/圆心(CE)/闭合(CL)/方向(D)/半宽(H)/
直线(L)/半径(R)/第二个点(S)/放弃(U)/宽度(W)]：A✓
指定夹角：-180✓
指定圆弧的端点(按住 Ctrl 键以切换方向)或 [圆心(CE)/半径(R)]：R✓
指定圆弧的半径：70✓
指定圆弧的弦方向(按住 Ctrl 键以切换方向) <90>：0✓
指定圆弧的端点(按住 Ctrl 键以切换方向)或 [角度(A)/圆心(CE)/闭合(CL)/方向(D)/半宽(H)/
直线(L)/半径(R)/第二个点(S)/放弃(U)/宽度(W)]：L✓
指定下一点或 [圆弧(A)/闭合(C)/半宽(H)/长度(L)/放弃(U)/宽度(W)]：70,0✓
指定下一点或 [圆弧(A)/闭合(C)/半宽(H)/长度(L)/放弃(U)/宽度(W)]：✓
```

结果如图7-49所示。

（13）单击"视图"选项卡"视图"面板中的"西南等轴测"按钮，切换到西南等轴测视图。

（14）单击"三维工具"选项卡"建模"面板中的"扫掠"按钮，选择扫掠对象为两个圆，扫掠路径为绘制的多段线，将绘制的圆与多段线进行扫掠处理，结果如图7-50所示。

（15）单击"默认"选项卡"建模"面板中的"圆柱体"按钮，绘制底面中心点为（-70,0,0），底面半径为20，轴端点为（-70,-30,0）的圆柱体，结果如图7-51所示。

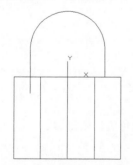

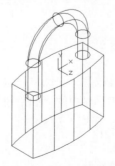

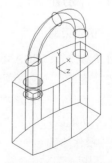

图7-49　绘制多段线后的图形　　　　图7-50　扫掠后的图形　　　　图7-51　绘制圆柱体

Note

（16）在命令行中输入 UCS 命令。将新的坐标原点绕 X 轴旋转 90°。

（17）单击"三维工具"选项卡"建模"面板中的"楔体"按钮，指定第一个角点坐标为（-50，-50，-20），其他角点坐标为（-80,50,10），高度为 20，绘制楔体。

（18）单击"三维工具"选项卡"实体编辑"面板中的"差集"按钮，将扫掠体与楔体进行差集运算，结果如图 7-52 所示。

（19）选择菜单栏中的"修改"→"三维操作"→"三维旋转"命令，指定旋转对象为锁柄，旋转基点为右侧圆的圆心，旋转轴为右侧圆的中心垂线，旋转角度为 180°，将上述锁柄绕着右侧圆的中心垂线旋转 180°，旋转结果如图 7-53 所示。

（20）单击"三维工具"选项卡"实体编辑"面板中的"差集"按钮，将左边小圆柱体与锁体进行差集处理，在锁体上打孔。

（21）单击"默认"选项卡"修改"面板中的"圆角"按钮，设置圆角半径为 10，对锁体四周的边进行圆角处理。

（22）单击"视图"选项卡"视觉样式"面板中的"隐藏"按钮，或者直接在命令行中输入 HIDE 后按 Enter 键，结果如图 7-54 所示。

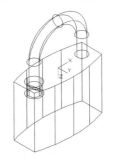　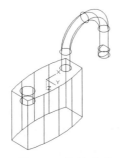　

图 7-52　差集运算后的图形　　　　图 7-53　旋转处理　　　　图 7-54　消隐处理

7.2　实体三维操作

本节将介绍一些基本的实体三维操作命令。这些命令有的是二维和三维绘图共有的，但在具体应用中有所不同，如"倒角""圆角"命令；有的命令是关于二维与三维或曲面与实体相互转换的，读者应注意体会。

7.2.1　倒角

1．执行方式

☑　命令行：CHAMFEREDGE。

☑　菜单栏：选择菜单栏中的"修改"→"倒角"命令。

☑　工具栏：单击"实体编辑"工具栏中的"倒角边"按钮。

☑　功能区：单击"三维工具"选项卡"实体编辑"面板中的"倒角边"按钮。

2．操作步骤

执行上述命令后，命令行提示与操作如下。

```
命令：CHAMFER↙
距离 1 = 0.0000，距离 2 = 0.0000
选择一条边或 [环(L)/距离(D)]：
```

3. 选项说明

（1）选择一条边：选择建模的一条边，此选项为系统的默认选项。选择某一条边以后，边就变成高亮显示的线。

（2）环(L)：如果选择"环(L)"选项，对一个面上的所有边建立倒角，系统提示如下。

```
选择环边或 [边(E)/距离(D)]：(选择环边)
输入选项 [接受(A)/下一个(N)] <接受>：↙
选择环边或 [边(E)/距离(D)]：↙
按 Enter 键接受倒角或 [距离(D)]：↙
```

（3）距离(D)：如果选择"距离(D)"选项，则是输入倒角距离。

如图 7-55 所示为对长方体倒角的结果。

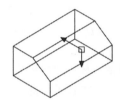
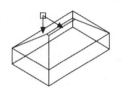

（a）选择倒角边 1　　（b）选择边倒角结果　　（c）选择环倒角结果

图 7-55　对长方体倒角

7.2.2　实例——轴

本实例的设计思路是：先创建轴的实体以及孔和螺纹，然后利用布尔运算减去孔，并与螺纹进行并集运算。绘制流程如图 7-56 所示。

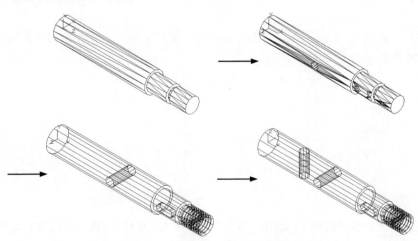

图 7-56　轴的绘制流程

视频讲解

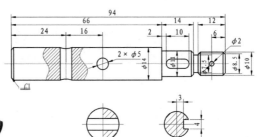

图 7-56　轴的绘制流程（续）

操作步骤

（1）设置线框密度。在命令行中输入 ISOLINES 命令，设置线框密度为 10。

（2）设置用户坐标系。在命令行中输入 UCS 命令，将坐标系绕 X 轴旋转 90°。

（3）创建外形圆柱体。单击"三维工具"选项卡"建模"面板中的"圆柱体"按钮⊟，以坐标原点为圆心，创建直径为 14、高为 66 的圆柱体；然后依次创建直径为 11、高为-14，直径为 7.5、高为 2，直径为 10、高为 12 的圆柱体。

（4）并集运算。单击"三维工具"选项卡"实体编辑"面板中的"并集"按钮，将创建的圆柱进行并集运算。单击"视图"选项卡"视觉样式"面板中的"隐藏"按钮，进行隐藏处理后的图形如图 7-57 所示。

（5）创建内形圆柱体。切换到左视图，单击"视图"选项卡"视觉样式"面板中的"隐藏"按钮，进行隐藏。单击"三维工具"选项卡"建模"面板中的"圆柱体"按钮⊟，以（40,0）为圆心，创建直径为 5、高为 7 的圆柱体；以（88,0）为圆心，创建直径为 2、高为 5 的圆柱体。

（6）绘制二维图形，并创建为面域。

❶ 单击"默认"选项卡"绘图"面板中的"直线"按钮，从（70,0）到（@6,0）绘制一条直线。

❷ 单击"默认"选项卡"修改"面板中的"偏移"按钮，将步骤❶绘制的直线分别向上、下偏移 2。

❸ 单击"默认"选项卡"修改"面板中的"圆角"按钮，对两条直线进行倒圆角操作，圆角半径为 2。

❹ 单击"默认"选项卡"绘图"面板中的"面域"按钮，将二维图形创建为面域。

结果如图 7-58 所示。

图 7-57　创建外形圆柱

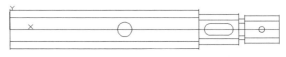

图 7-58　创建内形圆柱

（7）切换视图到西南等轴测视图，利用"镜像"命令将 Ø5 及 Ø2 圆柱以当前 XY 面为镜像面进行镜像操作。

（8）拉伸面域。单击"三维工具"选项卡"建模"面板中的"拉伸"按钮，将创建的面域拉伸 2.5。

（9）移动拉伸实体。单击"默认"选项卡"修改"面板中的"移动"按钮✛，将拉伸实体移动（@0,0,3）。

（10）差集运算。单击"三维工具"选项卡"实体编辑"面板中的"差集"按钮，将外形圆柱与内形圆柱及拉伸实体进行差集运算，结果如图 7-59 所示。

（11）创建螺纹截面。

❶ 单击"默认"选项卡"绘图"面板中的"多边形"按钮⬠，在实体旁边绘制一个正三角形，其边长为 1.5。

❷ 单击"默认"选项卡"绘图"面板中的"构造线"按钮⤢，在正三角形底边绘制水平辅助线。

❸ 单击"默认"选项卡"修改"面板中的"偏移"按钮⊂，将水平辅助线向上偏移 5。

结果如图 7-60 所示。

（12）旋转螺纹截面。单击"三维工具"选项卡"建模"面板中的"旋转"按钮，以偏移后的水平辅助线为旋转轴，选取正三角形，将其旋转 360°。

（13）删除辅助线。

（14）阵列旋转实体，创建螺纹。选择菜单栏中的"修改"→"三维操作"→"三维镜像"命令，将旋转形成的实体进行 1 行、8 列的矩形阵列，列间距为 1.5，结果如图 7-61 所示。

图 7-59　差集运算后的实体　　图 7-60　螺纹截面及辅助线　　图 7-61　螺纹

（15）并集运算。单击"三维工具"选项卡"实体编辑"面板中的"并集"按钮，将螺纹进行并集运算。单击"默认"选项卡"修改"面板中的"移动"按钮✛，以螺纹右端面圆心为基点，将其移动到轴右端圆心处，结果如图 7-62 所示。

（16）差集运算。切换视图到西南等轴测视图。单击"三维工具"选项卡"实体编辑"面板中的"差集"按钮，将轴与螺纹进行差集运算，结果如图 7-63 所示。

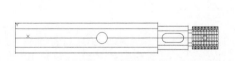　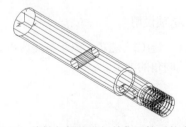

图 7-62　移动螺纹　　　图 7-63　将轴与螺纹进行差集运算后的实体

（17）利用 UCS 命令，将坐标系绕 X 轴旋转-90°。

（18）创建圆柱体。切换到俯视图，单击"三维工具"选项卡"建模"面板中的"圆柱体"按钮，以（24,0,0）为圆心，创建直径为 5、高为 7 的圆柱体。

（19）镜像圆柱体。选择菜单栏中的"修改"→"三维操作"→"三维镜像"命令，将步骤（18）绘制的圆柱体以当前 XY 面为镜像面进行镜像操作，结果如图 7-64 所示。

（20）倒角操作。单击"三维工具"选项卡"实体编辑"面板中的"差集"按钮 ⬚，将轴与镜像的圆柱体进行差集运算。单击"默认"选项卡"修改"面板中的"倒角"按钮 ╱，对左轴端及 Ø11、Ø10 轴径进行倒角操作，倒角距离为 1。

（21）单击"视图"选项卡"视觉样式"面板中的"隐藏"按钮 ⬡，对图形进行隐藏处理，结果如图 7-65 所示。

（22）渲染处理。对图形进行渲染，选择适当的材质，结果如图 7-66 所示。

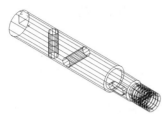

图 7-64　镜像圆柱体

图 7-65　消隐后的实体

图 7-66　轴

7.2.3　圆角

1．执行方式

☑　命令行：FILLETEDGE。
☑　菜单栏：选择菜单栏中的"修改"→"圆角"命令。
☑　工具栏：单击"实体编辑"工具栏中的"圆角边"按钮 ⬚。
☑　功能区：单击"三维工具"选项卡"实体编辑"面板中的"圆角边"按钮 ⬚。

2．操作步骤

执行上述命令后，命令行提示与操作如下。

```
命令：FILLETEDGE↙
半径 = 1.0000
选择边或 [链(C)/环(L)/半径(R)]：（选择建模上的一条边）
已选定 1 个边用于圆角。
按 Enter 键接受圆角或 [半径(R)]：↙
```

3．选项说明

选择"链(C)"选项，表示与此边相邻的边都被选中，并进行倒圆角操作。如图 7-67 所示为对实体棱边倒圆角的结果。

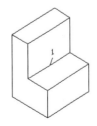
（a）选择倒圆角边 1

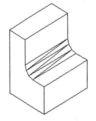
（b）边倒圆角结果

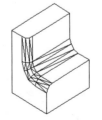
（c）链倒圆角结果

图 7-67　对实体棱边倒圆角

7.2.4 干涉检查

干涉检查主要是通过对比两组对象或一对一地检查所有实体来检查实体模型中的干涉（三维实体相交或重叠的区域），系统将在实体相交处创建和亮显临时实体。

干涉检查常用于检查装配体立体图中是否存在干涉，从而判断设计是否正确。

1. 执行方式

☑ 命令行：INTERFERE（快捷命令为 INF）。

☑ 菜单栏：选择菜单栏中的"修改"→"三维操作"→"干涉检查"命令。

☑ 功能区：单击"三维工具"选项卡"实体编辑"面板中的"干涉检查"按钮 。

2. 操作步骤

在此对图 7-68 所示的零件图进行干涉检查，命令行提示与操作如下。

命令：INTERFERE✓
选择第一组对象或 [嵌套选择(N)/设置(S)]：（选择图 7-68（a）中的手柄）
选择第一组对象或 [嵌套选择(N)/设置(S)]：
选择第二组对象或 [嵌套选择(N)/检查第一组(K)] <检查>：（选择图 7-68（a）中的套环）
选择第二组对象或 [嵌套选择(N)/检查第一组(K)] <检查>：

（a）零件图 （b）装配图

图 7-68 干涉检查

系统打开"干涉检查"对话框，如图 7-69 所示。在该对话框中列出了找到的干涉点对数量，并可以通过"上一个"和"下一个"按钮来亮显干涉对象，如图 7-70 所示。

3. 选项说明

（1）嵌套选择(N)：选择该选项，用户可以选择嵌套在块和外部参照中的单个实体对象。

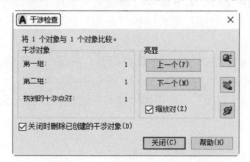

图 7-69 "干涉检查"对话框

（2）设置(S)：选择该选项，打开"干涉设置"对话框，从中可以设置干涉的相关参数，如图 7-71 所示。

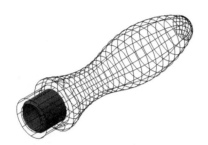

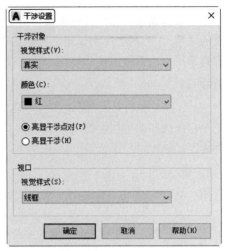

图 7-70　亮显干涉对象　　　　　　　　图 7-71　"干涉设置"对话框

7.2.5　实例——马桶

本实例首先利用"矩形""圆弧""面域""拉伸"命令绘制马桶的主体，然后利用"圆柱体""差集""交集"命令绘制水箱，最后利用"椭圆"和"拉伸"命令绘制马桶盖。绘制流程如图 7-72 所示。

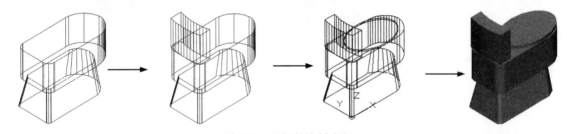

图 7-72　马桶的绘制流程

操作步骤

　　1．绘制马桶底座和主体

（1）设置绘图环境。利用 ISOLINES 命令，设置对象上每个曲面的轮廓线数目为 10。

（2）单击"默认"选项卡"绘图"面板中的"矩形"按钮 □ ，绘制角点为（0,0）、（560,260）的矩形，结果如图 7-73 所示。

（3）单击"默认"选项卡"绘图"面板中的"圆弧"按钮 ，指定圆弧的起点坐标为（400,0），第二点坐标为（500,130），端点坐标为（400,260），绘制圆弧。

（4）单击"默认"选项卡"修改"面板中的"修剪"按钮 ，将多余的线段剪去，结果如图 7-74 所示。

图 7-73 绘制矩形 图 7-74 绘制圆弧并修剪

（5）单击"默认"选项卡"绘图"面板中的"面域"按钮 ，将绘制的矩形和圆弧进行面域处理。

（6）单击"三维工具"选项卡"建模"面板中的"拉伸"按钮 ，指定倾斜角度为 10°，拉伸高度为 200，将步骤（5）创建的面域进行拉伸处理。

（7）将视图切换到西南等轴测视图，结果如图 7-75 所示。

（8）单击"默认"选项卡"修改"面板中的"圆角"按钮 ，设置圆角半径为 20，将马桶底座的直角边改为圆角边，结果如图 7-76 所示。

（9）单击"三维工具"选项卡"建模"面板中的"长方体"按钮 ，指定第一角点坐标为（0,0,200），其他角点坐标为（550,260,400），绘制马桶主体，绘制结果如图 7-77 所示。

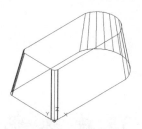

图 7-75 拉伸处理 图 7-76 圆角处理 图 7-77 绘制长方体

（10）单击"三维工具"选项卡"实体编辑"面板中的"圆角边"按钮 ，将圆角半径设置为 150，将长方体右侧的两条棱边进行圆角处理；设置左侧两条棱边的圆角半径为 50，同样进行圆角处理，结果如图 7-78 所示。

2．绘制马桶水箱

（1）单击"三维工具"选项卡"建模"面板中的"长方体"按钮 ，指定长方体中心点坐标为（50,130,500），长、宽、高分别为 240、100、200，绘制水箱主体。

（2）单击"三维工具"选项卡"建模"面板中的"圆柱体"按钮 ，指定两个圆柱体中心点坐标分别为（500,130,400）、（500,130,400），地面半径分别为 500、420，高度均为 200，绘制马桶水箱，绘制结果如图 7-79 所示。

（3）单击"三维工具"选项卡"实体编辑"面板中的"差集"按钮 ，将步骤（2）绘制的大圆柱体与小圆柱体进行差集处理。单击"视图"选项卡"视觉样式"面板中的"隐藏"按钮 ，对实体进行消隐处理，结果如图 7-80 所示。

（4）单击"三维工具"选项卡"实体编辑"面板中的"交集"按钮 ，选择长方体和圆柱环，将其进行交集处理，结果如图 7-81 所示。

3．绘制马桶盖

（1）单击"默认"选项卡"绘图"面板中的"椭圆"按钮 ，指定椭圆的中心点坐标为（300,130,400），椭圆轴的端点坐标为（500,130），另一条半轴长度为130，绘制椭圆。

（2）单击"三维工具"选项卡"建模"面板中的"拉伸"按钮，设置拉伸高度为 10，将椭圆拉伸成马桶，结果如图 7-82 所示。

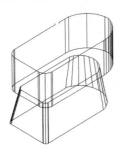
图 7-78　圆角处理

图 7-79　绘制圆柱体

图 7-80　差集处理并消隐

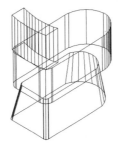
图 7-81　交集处理

图 7-82　绘制椭圆并拉伸

7.3　特殊视图

利用假想的平面对实体进行剖切是实体编辑的一种基本方法，应注意体会并掌握其具体操作方法。

7.3.1　剖切

1. 执行方式

☑　命令行：SLICE（快捷命令为 SL）。

☑　菜单栏：选择菜单栏中的"修改"→"三维操作"→"剖切"命令。

☑　功能区：单击"三维工具"选项卡"实体编辑"面板中的"剖切"按钮。

2. 操作步骤

执行上述命令后，命令行提示与操作如下。

```
命令：SLICE↙
选择要剖切的对象：（选择要剖切的实体）
选择要剖切的对象：（继续选择或按 Enter 键结束选择）
指定切面的起点或 [平面对象(O)/曲面(S)/Z 轴(Z)/视图(V)/XY(XY)/YZ(YZ)/ZX(ZX)/三点(3)] <三点>：
指定平面上的第二个点：
```

在所需的侧面上指定点或　[保留两个侧面(B)]<保留两个侧面>:

3. 选项说明

（1）平面对象(O)：将所选对象的所在平面作为剖切面。

（2）曲面(S)：将剪切平面与曲面对齐。

（3）Z 轴(Z)：通过平面指定一点与在平面的 Z 轴（法线）上指定另一点来定义剖切平面。

（4）视图(V)：以平行于当前视图的平面作为剖切面。

（5）XY(XY)/YZ(YZ)/ZX(ZX)：将剖切平面与当前用户坐标系（UCS）的 XY 平面/YZ 平面/ZX 平面对齐。

（6）三点(3)：根据空间的 3 个点确定的平面作为剖切面。确定剖切面后，系统会提示保留一侧或两侧。

如图 7-83 所示为剖切三维实体图。

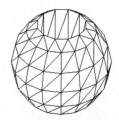 

（a）剖切前的三维实体　　　　（b）剖切后的实体

图 7-83　剖切三维实体

7.3.2　实例——阀芯

本实例首先绘制球体作为外形轮廓，然后再绘制圆柱体，对圆柱体进行镜像处理，最后进行差集处理，得出该阀芯立体图。绘制流程如图 7-84 所示。

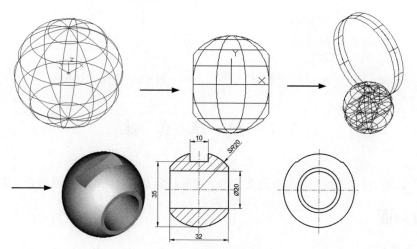

图 7-84　阀芯的绘制流程

操作步骤

（1）绘制球体。单击“三维工具”选项卡“建模”面板中的“球体”按钮，绘制球心在原点、半径为 20 的球，结果如图 7-85 所示。

（2）剖切球体。单击"三维工具"选项卡"实体编辑"面板中的"剖切"按钮，将步骤（1）绘制的球体分别沿过点（16,0,0）和（-16,0,0）的 YZ 轴方向进行剖切处理。使用同样方法剖切另一边，消隐后的结果如图 7-86 所示。

（3）绘制圆柱体。将视图切换到左视图。单击"三维工具"选项卡"建模"面板中的"圆柱体"按钮，分别绘制两个圆柱体：一个是底面中心为原点、半径为 10、轴端点是（16,0,0）的圆柱体；另一个是底面中心点为（0,48,0）、半径为 34、轴端点是（-5,0,48）的圆柱体，结果如图 7-87 所示。

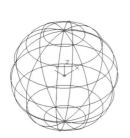  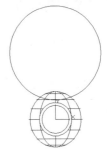

图 7-85　绘制的球体　　　　图 7-86　剖切后的图形　　　　图 7-87　绘制圆柱体后的图形

（4）三维镜像。选择菜单栏中的"修改"→"三维操作"→"三维镜像"命令，将步骤（3）绘制的两个圆柱体沿过原点的 YZ 轴进行镜像操作，结果如图 7-88 所示。

（5）差集处理。单击"三维工具"选项卡"实体编辑"面板中的"差集"按钮，对球体和 4 个圆柱体进行差集处理。单击"视图"选项卡"视觉样式"面板中的"隐藏"按钮，进行消隐处理后的图形如图 7-89 所示。

图 7-88　三维镜像后的图形　　　　图 7-89　差集后的图形

7.4　编　辑　实　体

编辑实体是指对单个三维实体本身的某些部分或某些要素进行编辑，从而改变三维实体造型。

7.4.1　拉伸面

1. 执行方式

☑　命令行：SOLIDEDIT。

☑　菜单栏：选择菜单栏中的"修改"→"实体编辑"→"拉伸面"命令。

☑　工具栏：单击"实体编辑"工具栏中的"拉伸面"按钮。

☑　功能区：单击"三维工具"选项卡"实体编辑"面板中的"拉伸面"按钮 。

2. 操作步骤

执行上述命令后，命令行提示与操作如下。

```
命令：solidedit↙
实体编辑自动检查：SOLIDCHECK = 1
输入实体编辑选项 [面(F)/边(E)/体(B)/放弃(U)/退出(X)] <退出>：_face↙
输入面编辑选项 [拉伸(E)/移动(M)/旋转(R)/偏移(O)/倾斜(T)/删除(D)/复制(C)/颜色(L)/材
质(A)/放弃(U)/退出(X)] <退出>：_extrude↙
选择面或 [放弃(U)/删除(R)]：（选择要进行拉伸的面）
选择面或 [放弃(U)/删除(R)/全部(ALL)]：
指定拉伸高度或[路径(P)]：
```

3. 选项说明

（1）指定拉伸高度：按指定的高度值来拉伸面。指定拉伸的倾斜角度后，完成拉伸操作。

（2）路径(P)：沿指定的路径曲线拉伸面。如图 7-90 所示为拉伸长方体顶面和侧面的结果。

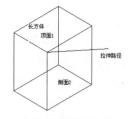
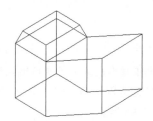

（a）拉伸前的长方体　　　　（b）拉伸后的三维实体

图 7-90　拉伸长方体

7.4.2　实例——六角螺母

本实例首先建立六角螺母的主体外形部分和螺纹部分的实体，通过布尔运算中的差集运算，从主体外形部分中间去掉螺纹实体。绘制流程如图 7-91 所示。

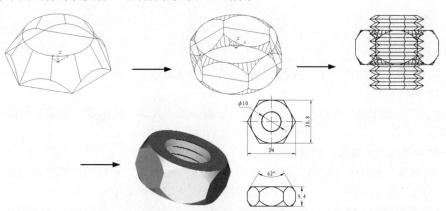

图 7-91　六角螺母的绘制流程

视频讲解

操作步骤

（1）在命令行中输入 ISOLINES 命令，设置线框密度为 10。

（2）单击"三维工具"选项卡"建模"面板中的"圆锥体"按钮 △，指定圆锥体中心点坐标为（0,0,0），底面半径为 12，高度为 20，创建圆锥体，切换视图到西南等轴测视图，结果如图 7-92 所示。

（3）单击"默认"选项卡"绘图"面板中的"多边形"按钮 ⬠，指定内接圆半径为 12，绘制正六边形。

（4）单击"三维工具"选项卡"建模"面板中的"拉伸"按钮 🗇，将步骤（3）绘制的六边形拉伸，指定拉伸高度为 7，结果如图 7-93 所示。

（5）单击"三维工具"选项卡"实体编辑"面板中的"交集"按钮 🗗，将圆锥体和拉伸体进行交集运算，结果如图 7-94 所示。

图 7-92　创建圆锥体　　　　图 7-93　拉伸正六边形　　　　图 7-94　交集运算后的实体

（6）单击"三维工具"选项卡"实体编辑"面板中的"剖切"按钮 🗐，选择交集运算形成的实体作为剖切对象，XY 面为剖切面，指定切面起点为曲线的中点，如图 7-95 所示；在 1 点下取一点，保留下部，结果如图 7-96 所示。

（7）单击"三维工具"选项卡"实体编辑"面板中的"拉伸面"按钮 🗗，对实体底面进行拉伸，拉伸高度为-2，结果如图 7-97 所示。

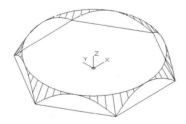
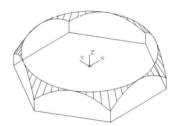

图 7-95　捕捉曲线中点　　　　图 7-96　剖切后的实体　　　　图 7-97　拉伸实体底面

（8）选择菜单栏中的"修改"→"三维操作"→"三维镜像"命令，将实体沿 XY 平面镜像，结果如图 7-98 所示。

（9）单击"三维工具"选项卡"实体编辑"面板中的"并集"按钮 🗗，将镜像后的两个实体进行并集运算。

（10）切换视图到前视图，创建螺纹。

❶ 单击"默认"选项卡"绘图"面板中的"多段线"按钮 ⟼，在适当位置指定起点，第二点坐标为（@2<-30），第三点坐标为（@2<-150），绘制螺纹牙型，结果如图 7-99 所示。

❷ 选择菜单栏中的"修改"→"三维操作"→"三维阵列"命令，将绘制的螺纹牙型进行 25 行、1 列的矩形阵列，行间距为 2，绘制螺纹截面。

单击"默认"选项卡"绘图"面板中的"直线"按钮 ，捕捉螺纹的上端点为起点，第二点坐标为（@8<180），第三点坐标为（@50<-90），捕捉螺纹的下端点为终点，绘制直线，结果如图 7-100 所示。

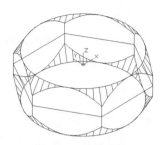

图 7-98 镜像实体 　　　　图 7-99 螺纹牙型 　　　　图 7-100 螺纹截面

❸ 单击"默认"选项卡"绘图"面板中的"面域"按钮 ，将绘制的螺纹截面形成面域。然后单击"三维工具"选项卡"建模"面板中的"旋转"按钮 ，选取螺纹截面为旋转对象，螺纹截面左边线为旋转轴，旋转角度为 360°，旋转螺纹截面，结果如图 7-101 所示。

（11）差集运算。单击"三维工具"选项卡"实体编辑"面板中的"差集"按钮 ，将螺母与螺纹进行差集运算，如图 7-102 所示。

（12）隐藏处理。切换视图到西南等轴测视图，单击"视图"选项卡"视觉样式"面板中的"隐藏"按钮 ，对实体进行隐藏处理，如图 7-103 所示。

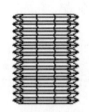 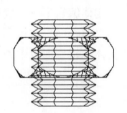 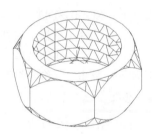

图 7-101 螺纹截面 　　　　图 7-102 差集运算 　　　　图 7-103 消隐后的螺母

7.4.3 移动面

1. 执行方式

☑ 命令行：SOLIDEDIT。

☑ 菜单栏：选择菜单栏中的"修改"→"实体编辑"→"移动面"命令。

☑ 工具栏：单击"实体编辑"工具栏中的"移动面"按钮。

☑ 功能区：单击"三维工具"选项卡"实体编辑"面板中的"移动面"按钮。

2. 操作步骤

执行上述命令后，命令行提示与操作如下。

```
命令:solidedit✓
实体编辑自动检查: SOLIDCHECK = 1
输入实体编辑选项 [面(F)/边(E)/体(B)/放弃(U)/退出(X)] <退出>: _face✓
输入面编辑选项 [拉伸(E)/移动(M)/旋转(R)/偏移(O)/倾斜(T)/删除(D)/复制(C)/颜色(L)/材
质(A)/放弃(U)] <退出>: _move✓
选择面或 [放弃(U)/删除(R)]:（选择要进行移动的面）
```

> 选择面或 [放弃(U)/删除(R)/全部(ALL)]：（继续选择移动面或按 Enter 键结束选择）
> 指定基点或位移：（输入具体的坐标值或选择关键点）
> 指定位移的第二点：（输入具体的坐标值或选择关键点）

各选项的含义在前面介绍的命令中都有涉及，如有问题，请查询相关命令（拉伸面、移动等）。如图 7-104 所示为移动三维实体的结果。

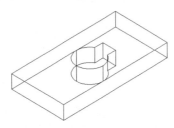

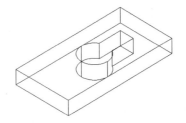

（a）移动前的图形   （b）移动后的图形

图 7-104　移动三维实体

7.4.4　偏移面

1．执行方式

- ☑　命令行：SOLIDEDIT。
- ☑　菜单栏：选择菜单栏中的"修改"→"实体编辑"→"偏移面"命令。
- ☑　工具栏：单击"实体编辑"工具栏中的"偏移面"按钮 ⬚。
- ☑　功能区：单击"三维工具"选项卡"实体编辑"面板中的"偏移面"按钮 ⬚。

2．操作步骤

执行上述命令后，命令行提示与操作如下。

> 命令：solidedit✓
> 实体编辑自动检查：SOLIDCHECK = 1
> 输入实体编辑选项 [面(F)/边(E)/体(B)/放弃(U)/退出(X)] <退出>：_face✓
> 输入面编辑选项 [拉伸(E)/移动(M)/旋转(R)/偏移(O)/倾斜(T)/删除(D)/复制(C)/颜色(L)/材质(A)/放弃(U)] <退出>：_offset✓
> 选择面或 [放弃(U)/删除(R)]：（选择要进行偏移的面）
> 指定偏移距离：（输入要偏移的距离值）

如图 7-105 所示为通过"偏移面"命令改变哑铃手柄大小的结果。

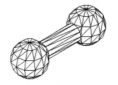

（a）偏移前   （b）偏移后

图 7-105　偏移对象

7.4.5　删除面

1. 执行方式

☑　命令行：SOLIDEDIT。

☑　菜单栏：选择菜单栏中的"修改"→"实体编辑"→"删除面"命令。

☑　工具栏：单击"实体编辑"工具栏中的"删除面"按钮 🔲。

☑　功能区：单击"三维工具"选项卡"实体编辑"面板中的"删除面"按钮 🔲。

2. 操作步骤

执行上述命令后，命令行提示与操作如下。

```
命令: solidedit✓
实体编辑自动检查: SOLIDCHECK = 1
输入实体编辑选项 [面(F)/边(E)/体(B)/放弃(U)/退出(X)] <退出>: _face✓
输入面编辑选项 [拉伸(E)/移动(M)/旋转(R)/偏移(O)/倾斜(T)/删除(D)/复制(C)/颜色(L)/材
质(A)/放弃(U)/退出(X)] <退出>: _delete✓
选择面或 [放弃(U)/删除(R)]: (选择要删除的面)
```

如图 7-106 所示为删除长方体的一个圆角面的结果。

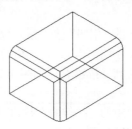 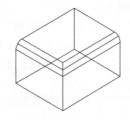

（a）倒圆角后的长方体　　　（b）删除一个圆角面后的图形

图 7-106　删除圆角面

7.4.6　实例——镶块

本实例主要利用"长方体""圆柱体""拉伸"等命令绘制主体，再利用"圆柱体""差集"操作进行局部切除，以完成图形的绘制。绘制流程如图 7-107 所示。

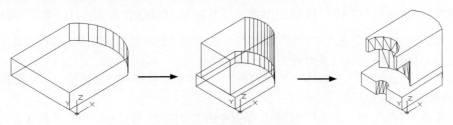

图 7-107　镶块的绘制流程

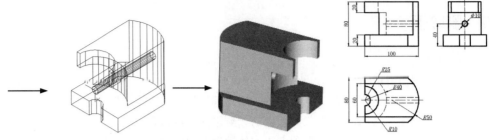

图 7-107　镶块的绘制流程（续）

操作步骤

（1）启动 AutoCAD 2022，使用默认设置画图。

（2）在命令行中输入 ISOLINES 命令，设置线框密度为 10。单击"视图"选项卡"视图"面板中的"西南等轴测"按钮，切换到西南等轴测视图。

（3）单击"三维工具"选项卡"建模"面板中的"长方体"按钮，以坐标原点为角点，创建长为 100、宽为 50、高为 20 的长方体。

（4）单击"三维工具"选项卡"建模"面板中的"圆柱体"按钮，以长方体右侧面底边中点为圆心，创建半径为 50、高为 20 的圆柱体。

（5）单击"三维工具"选项卡"实体编辑"面板中的"并集"按钮，将长方体与圆柱体进行并集运算，结果如图 7-108 所示。

（6）单击"三维工具"选项卡"实体编辑"面板中的"剖切"按钮，以 ZX 为剖切面，分别指定剖切面上的点为（0,10,0）及（0,90,0），对实体两侧进行对称剖切，保留实体中部，结果如图 7-109 所示。

（7）单击"默认"选项卡"修改"面板中的"复制"按钮，如图 7-110 所示，然后将剖切后的实体向上复制一个。

（8）单击"三维工具"选项卡"实体编辑"面板中的"拉伸面"按钮。选取实体前端面，拉伸高度为-10，继续将实体后侧面拉伸-10，结果如图 7-111 所示。

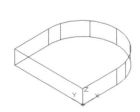　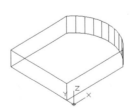　　

图 7-108　并集后的实体　　图 7-109　剖切后的实体　　图 7-110　复制实体　　图 7-111　拉伸面操作后的实体

（9）单击"三维工具"选项卡"实体编辑"面板中的"删除面"按钮，删除实体上的面。然后将实体后部对称侧面删除，结果如图 7-112 所示。

（10）单击"三维工具"选项卡"实体编辑"面板中的"拉伸面"按钮，将实体顶面向上拉伸 40，结果如图 7-113 所示。

（11）单击"三维工具"选项卡"建模"面板中的"圆柱体"按钮，以实体底面左边中点为圆心，创建半径为 10、高为 20 的圆柱体。同理，以 R10 圆柱体顶面圆心为中心点继续创建半径为 40、高为 40 及半径为 25、高为 60 的圆柱体。

（12）单击"三维工具"选项卡"实体编辑"面板中的"差集"按钮，将实体与 3 个圆柱体进行差集运算，结果如图 7-114 所示。

（13）在命令行中输入 UCS 命令，将坐标原点移动到（0,50,40），并将其绕 Y 轴旋转 90°。

（14）单击"三维工具"选项卡"建模"面板中的"圆柱体"按钮 ，以坐标原点为圆心，创建半径为 5、高为 100 的圆柱体，结果如图 7-115 所示。

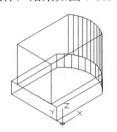

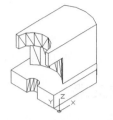

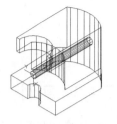

图 7-112 删除面操作　　　图 7-113 拉伸顶面操作　　　图 7-114 差集后的实体　　　图 7-115 创建圆柱体
　　　　后的实体　　　　　　　　　后的实体

（15）单击"三维工具"选项卡"实体编辑"面板中的"差集"按钮 ，将实体与圆柱体进行差集运算。

（16）单击"可视化"选项卡"渲染"面板中的"渲染到尺寸"按钮 ，进行渲染，渲染后的结果如图 7-107 所示。

7.4.7 旋转面

1. 执行方式

☑　命令行：SOLIDEDIT。

☑　菜单栏：选择菜单栏中的"修改"→"实体编辑"→"旋转面"命令。

☑　工具栏：单击"实体编辑"工具栏中的"旋转面"按钮 。

☑　功能区：单击"三维工具"选项卡"实体编辑"面板中的"旋转面"按钮 。

2. 操作步骤

执行上述命令后，命令行提示与操作如下。

```
命令：solidedit✓
实体编辑自动检查：SOLIDCHECK = 1
输入实体编辑选项 [面(F)/边(E)/体(B)/放弃(U)/退出(X)] <退出>：_face✓
输入面编辑选项 [拉伸(E)/移动(M)/旋转(R)/偏移(O)/倾斜(T)/删除(D)/复制(C)/颜色(L)/材
质(A)/放弃(U)/退出(X)] <退出>：_rotate✓
选择面或 [放弃(U)/删除(R)]：（选择要旋转的面）
选择面或 [放弃(U)/删除(R)/全部(ALL)]：（继续选择或按 Enter 键结束选择）
指定轴点或 [经过对象的轴(A)/视图(V)/X 轴(X)/Y 轴(Y)/Z 轴(Z)] <两点>：（选择一种确定轴
线的方式）
指定旋转角度或 [参照(R)]：（输入旋转角度）
```

如图 7-116 所示为开口槽旋转 90° 前后的图形。如图 7-116（b）所示为将图 7-116（a）中开口槽的方向旋转 90° 后的结果。

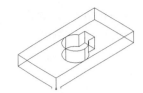
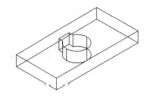

（a）旋转前 　　　　　　 （b）旋转后

图 7-116　开口槽旋转 90°前后的图形

7.4.8　实例——轴支架

本实例利用"长方体""圆角""差集"等命令创建底座部分，再利用"长方体""并集"命令创建支撑板，最后利用"圆柱体""差集"等命令创建承托并利用"旋转面""三维旋转"等命令调整图形。绘制流程如图 7-117 所示。

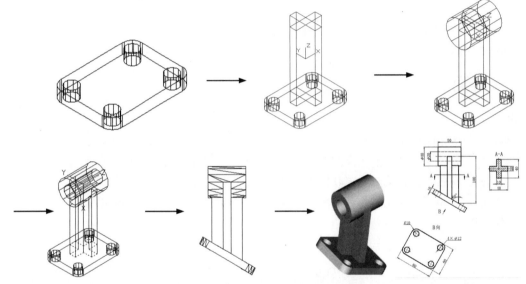

图 7-117　轴支架的绘制流程

操作步骤

（1）启动 AutoCAD 2022，使用默认设置绘图环境。

（2）在命令行中输入 ISOLINES 命令，设置线框密度为 10。单击"视图"选项卡"视图"面板中的"西南等轴测"按钮，将当前视图方向设置为西南等轴测视图。

（3）单击"三维工具"选项卡"建模"面板中的"长方体"按钮，以角点坐标为（0,0,0），长、宽、高分别为 80、60、10，绘制长方体。

（4）单击"三维工具"选项卡"实体编辑"面板中的"圆角边"按钮，圆角半径为 10，选择要圆角的长方体进行圆角处理。

（5）单击"三维工具"选项卡"建模"面板中的"圆柱体"按钮，绘制底面中心点为（10,10,0）、半径为 6、高度为 10 的圆柱体，结果如图 7-118 所示。

（6）单击"默认"选项卡"修改"面板中的"复制"按钮，选择步骤（5）绘制的圆柱体进行复制，结果如图 7-119 所示。

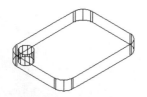

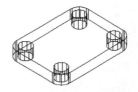

图 7-118　创建圆柱体　　　　　图 7-119　复制圆柱体

（7）单击"三维工具"选项卡"实体编辑"面板中的"差集"按钮，将长方体和圆柱体进行差集运算。

（8）在命令行中输入 UCS 命令，指定坐标原点为（40,30,55），设置用户坐标系。

（9）单击"三维工具"选项卡"建模"面板中的"长方体"按钮，以坐标原点为长方体的中心点，分别创建长为 40、宽为 10、高为 100 及长为 10、宽为 40、高为 100 的长方体，结果如图 7-120 所示。

（10）在命令行中输入 UCS 命令，移动坐标原点到（0,0,50），并将其绕 Y 轴旋转 90°。

（11）单击"三维工具"选项卡"建模"面板中的"圆柱体"按钮，以坐标原点为圆心，创建半径为 20、高为 25 的圆柱体。

（12）选择菜单栏中的"修改"→"三维操作"→"三维镜像"命令，选取 XY 平面进行镜像，结果如图 7-121 所示。

（13）单击"三维工具"选项卡"实体编辑"面板中的"并集"按钮，选择两个圆柱体与两个长方体进行并集运算。

（14）单击"三维工具"选项卡"建模"面板中的"圆柱体"按钮，捕捉 R20 圆柱的圆心为圆心，创建半径为 10、高为 50 的圆柱体。

（15）单击"三维工具"选项卡"实体编辑"面板中的"差集"按钮，将并集后的实体与圆柱体进行差集运算。消隐处理后的图形如图 7-122 所示。

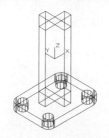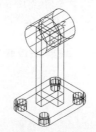

图 7-120　创建长方体　　　图 7-121　镜像圆柱体　　　图 7-122　消隐后的实体

（16）单击"三维工具"选项卡"实体编辑"面板中的"旋转面"按钮，选择支架上部十字形底面为旋转面，旋转轴为 Y 轴，捕捉十字形底面的右端点为旋转原点，旋转角度为 30°，旋转支架上部十字形底面，结果如图 7-123 所示。

（17）选择菜单栏中的"修改"→"三维操作"→"三维旋转"命令，选取底板为旋转对象，Y 轴为旋转轴，捕捉十字形底面的右端点为旋转基点，旋转角度为 30°，旋转底板。

（18）单击"视图"选项卡"视图"面板中的"前视"按钮，将当前视图方向设置为主视图。消隐处理后的图形如图 7-124 所示。

（19）单击"可视化"选项卡"渲染"面板中的"渲染到尺寸"按钮，对图形进行渲染，渲染后的结果如图 7-125 所示。

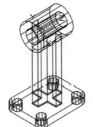

图 7-123　选择旋转面　　　　图 7-124　消隐处理后的图形　　　　图 7-125　轴支架

7.4.9　倾斜面

1. 执行方式

☑　命令行：SOLIDEDIT。

☑　菜单栏：选择菜单栏中的"修改"→"实体编辑"→"倾斜面"命令。

☑　工具栏：单击"实体编辑"工具栏中的"倾斜面"按钮 。

☑　功能区：单击"三维工具"选项卡"实体编辑"面板中的"倾斜面"按钮 。

2. 操作步骤

执行上述命令后，命令行提示与操作如下。

```
命令：solidedit↙
实体编辑自动检查：SOLIDCHECK = 1
输入实体编辑选项 [面(F)/边(E)/体(B)/放弃(U)/退出(X)] <退出>：_face↙
输入面编辑选项 [拉伸(E)/移动(M)/旋转(R)/偏移(O)/倾斜(T)/删除(D)/复制(C)/颜色(L)/材
质(A)/放弃(U)/退出(X)] <退出>：_taper↙
选择面或 [放弃(U)/删除(R)]：（选择要倾斜的面）
选择面或 [放弃(U)/删除(R)/全部(ALL)]：（继续选择或按Enter键结束选择）
指定基点：[选择倾斜的基点（倾斜后不动的点）]
指定沿倾斜轴的另一个点：[选择另一点（倾斜后改变方向的点）]
指定倾斜角度：（输入倾斜角度）
```

视频讲解

7.4.10　实例——机座

本实例利用"长方体""圆柱体""并集"等命令创建主体部分，再利用"长方体""倾斜面"等命令创建支撑板，最后利用"圆柱体""差集"等命令创建孔。绘制流程如图 7-126 所示。

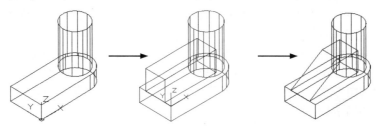

图 7-126　机座的绘制流程

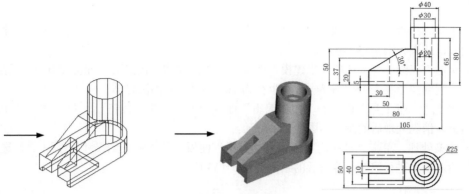

图 7-126　机座的绘制流程（续）

操作步骤

（1）启动 AutoCAD 2022，使用默认设置绘图环境。

（2）在命令行中输入 ISOLINES 命令，设置线框密度为 10。单击"视图"选项卡"视图"面板中的"西南等轴测"按钮 ，将当前视图方向设置为西南等轴测视图。

（3）单击"三维工具"选项卡"建模"面板中的"长方体"按钮 ，指定角点为（0,0,0），长、宽、高分别为 80、50、20，绘制长方体。

（4）单击"三维工具"选项卡"建模"面板中的"圆柱体"按钮 ，以长方体底面右边中点为圆心、半径为 25，指定高度为 20，绘制圆柱。使用同样的方法，指定底面中心点的坐标为（80,25,0）、底面半径为 20、高度为 80，绘制圆柱体。

（5）单击"三维工具"选项卡"实体编辑"面板中的"并集"按钮 ，选取长方体与两个圆柱体进行并集运算，结果如图 7-127 所示。

（6）在命令行中输入 UCS 命令，单击实体顶面的左下顶点作为原点，设置用户坐标系。

（7）单击"三维工具"选项卡"建模"面板中的"长方体"按钮 ，以（0,10）为角点，创建长为 80、宽为 30、高为 30 的长方体，结果如图 7-128 所示。

（8）单击"三维工具"选项卡"实体编辑"面板中的"倾斜面"按钮 ，选取长方体左侧面为倾斜面，捕捉图 7-129 所示的长方体端点 1、2 为倾斜轴，倾斜角度为 60°，对长方体的左侧面进行倾斜操作，结果如图 7-130 所示。

　　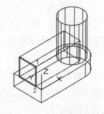　

图 7-127　并集后的实体　　图 7-128　创建长方体　　图 7-129　选取倾斜面　　图 7-130　倾斜面后的实体

（9）单击"三维工具"选项卡"实体编辑"面板中的"并集"按钮 ，将创建的长方体与实体进行并集运算。

（10）方法同前，在命令行中输入 UCS 命令，将坐标原点移回到实体底面的左下顶点。

（11）单击"三维工具"选项卡"建模"面板中的"长方体"按钮 ，以（0,5）为角点，创建长为 50、宽为 40、高为 5 的长方体；继续以（0,20）为角点，创建长为 30、宽为 10、高为 50 的长方体。

（12）单击"三维工具"选项卡"实体编辑"面板中的"差集"按钮 □，将实体与两个长方体进行差集运算，结果如图 7-131 所示。

（13）单击"三维工具"选项卡"建模"面板中的"圆柱体"按钮 □，捕捉 R20 圆柱顶面圆心为中心点，分别创建半径为 15、高为-15 及半径为 10、高为-80 的圆柱体。

（14）单击"三维工具"选项卡"实体编辑"面板中的"差集"按钮 □，将实体与两个圆柱体进行差集运算。消隐处理后的图形如图 7-132 所示。

（15）渲染处理。单击"可视化"选项卡"渲染"面板中的"渲染到尺寸"按钮 □，选择适当的材质，然后对图形进行渲染，渲染后的结果如图 7-133 所示。

图 7-131　差集后的实体

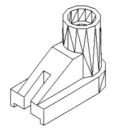
图 7-132　消隐后的实体

图 7-133　机座

7.4.11　复制面

1. 执行方式

☑　命令行：SOLIDEDIT。

☑　菜单栏：选择菜单栏中的"修改"→"实体编辑"→"复制面"命令。

☑　工具栏：单击"实体编辑"工具栏中的"复制面"按钮 □。

☑　功能区：单击"三维工具"选项卡"实体编辑"面板中的"复制面"按钮 □。

2. 操作步骤

执行上述命令后，命令行提示与操作如下。

```
命令: solidedit✓
实体编辑自动检查: SOLIDCHECK = 1
输入实体编辑选项 [面(F)/边(E)/体(B)/放弃(U)/退出(X)] <退出>: _face✓
输入面编辑选项 [拉伸(E)/移动(M)/旋转(R)/偏移(O)/倾斜(T)/删除(D)/复制(C)/颜色(L)/材质(A)/放弃(U)/退出(X)] <退出>: _copy✓
选择面或 [放弃(U)/删除(R)]: (选择要复制的面)
选择面或 [放弃(U)/删除(R)/全部(ALL)]: (继续选择或按Enter键结束选择)
指定基点或位移: (输入基点的坐标)
指定位移的第二点: (输入第二点的坐标)
```

7.4.12　着色面

1. 执行方式

☑　命令行：SOLIDEDIT。

☑　菜单栏：选择菜单栏中的"修改"→"实体编辑"→"着色面"命令。

☑ 工具栏：单击"实体编辑"工具栏中的"着色面"按钮。

☑ 功能区：单击"三维工具"选项卡"实体编辑"面板中的"着色面"按钮。

2. 操作步骤

执行上述命令后，命令行提示与操作如下。

```
命令: solidedit↙
实体编辑自动检查: SOLIDCHECK = 1
输入实体编辑选项 [面(F)/边(E)/体(B)/放弃(U)/退出(X)] <退出>: _face↙
输入面编辑选项 [拉伸(E)/移动(M)/旋转(R)/偏移(O)/倾斜(T)/删除(D)/复制(C)/颜色(L)/材
质(A)/放弃(U)/退出(X)] <退出>: _color↙
选择面或 [放弃(U)/删除(R)]: (选择要着色的面)
选择面或 [放弃(U)/删除(R)/全部(ALL)]: (继续选择或按 Enter 键结束选择)
```

选择好要着色的面后，打开"选择颜色"对话框，根据需要选择合适的颜色作为要着色面的颜色。操作完成后，该表面将被相应的颜色覆盖。

7.4.13 实例——轴套

本实例绘制的轴套是机械工程中常用的零件。本实例首先绘制两个圆柱体，然后再进行差集处理，再在需要的部位进行倒角处理。绘制流程如图 7-134 所示。

视频讲解

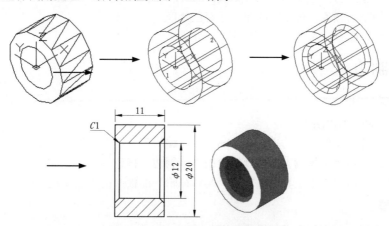

图 7-134 轴套的绘制流程

操作步骤

（1）在命令行中输入 ISOLINES 命令，设置线框密度为 10。单击"视图"选项卡"视图"面板中的"西南等轴测"按钮，将当前视图方向设置为西南等轴测视图。

（2）单击"三维工具"选项卡"建模"面板中的"圆柱体"按钮，以坐标原点(0,0,0)为底面中心点，创建半径分别为 6 和 10、轴端点为(@11,0,0)的两个圆柱体，消隐后的结果如图 7-135 所示。

（3）单击"三维工具"选项卡"实体编辑"面板中的"差集"按钮，将创建的两个圆柱体进行差集处理，结果如图 7-136 所示。

图 7-135 创建圆柱体

（4）单击"默认"选项卡"修改"面板中的"倒角"按钮，对孔两端进行倒角处理，倒角距离为 1，分别选择图 7-137 和图 7-138 中两显面为倒角基面，结果如图 7-139

所示。

（5）单击"视图"选项卡"导航"面板中的"自由动态观察"按钮 ，将当前视图调整到能够看到轴孔的位置，结果如图 7-140 所示。

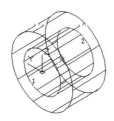 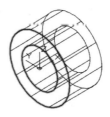 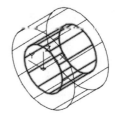

图 7-136　差集处理　　　图 7-137　选择基面　　　图 7-138　选择另一基面

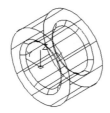 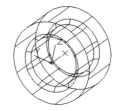

图 7-139　倒角处理　　　图 7-140　设置视图方向

（6）单击"三维工具"选项卡"实体编辑"面板中的"着色面"按钮 ，拾取倒角面作为着色面，选择红色为倒角面颜色，对相应的面进行着色处理。

重复"着色面"命令，对其他面进行着色处理。

7.4.14　复制边

1. 执行方式

☑　命令行：SOLIDEDIT。

☑　菜单栏：选择菜单栏中的"修改"→"实体编辑"→"复制边"命令。

☑　工具栏：单击"实体编辑"工具栏中的"复制边"按钮 。

☑　功能区：单击"三维工具"选项卡"实体编辑"面板中的"复制边"按钮 。

2. 操作步骤

执行上述命令后，命令行提示与操作如下。

```
命令: solidedit↙
实体编辑自动检查: SOLIDCHECK = 1
输入实体编辑选项 [面(F)/边(E)/体(B)/放弃(U)/退出(X)] <退出>: _edge↙
输入边编辑选项 [复制(C)/着色(L)/放弃(U)/退出(X)] <退出>: _copy↙
选择边或 [放弃(U)/删除(R)]: (选择曲线边)
选择边或 [放弃(U)/删除(R)]: (按 Enter 键)
指定基点或位移: (单击确定复制基准点)
指定位移的第二点: (单击确定复制目标点)
```

如图 7-141 所示为复制边后的图形结果。

（a）选择边　　　　　　　　（b）复制边

图 7-141　复制边

7.4.15　实例——摇杆

本实例利用"圆柱体""拉伸""三维镜像""差集"等命令创建摇杆。绘制流程如图 7-142 所示。

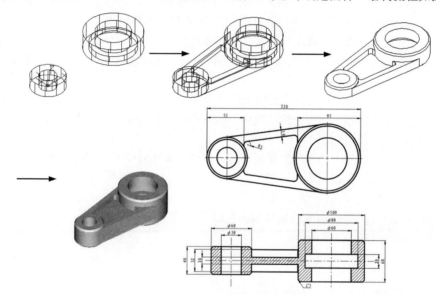

图 7-142　摇杆的绘制流程

视频讲解

操作步骤

（1）在命令行中输入 ISOLINES 命令，设置线框密度为 10。单击"视图"选项卡"视图"面板中的"西南等轴测"按钮 <svg></svg>，切换到西南等轴测视图。

（2）单击"三维工具"选项卡"建模"面板中的"圆柱体"按钮 <svg></svg>，以坐标原点为圆心，分别创建半径为 30、15，高为 20 的圆柱体。

（3）单击"三维工具"选项卡"实体编辑"面板中的"差集"按钮 <svg></svg>，将半径为 30 的圆柱体与半径为 15 的圆柱体进行差集运算。

（4）单击"三维工具"选项卡"建模"面板中的"圆柱体"按钮 <svg></svg>，以（150,0,0）为圆心，分别创建半径为 50、30，高为 30 的圆柱体及半径为 40，高为 10 的圆柱体。

（5）单击"三维工具"选项卡"实体编辑"面板中的"差集"按钮 <svg></svg>，将半径为 50 的圆柱体与半径分别为 30、40 的圆柱体进行差集运算，结果如图 7-143 所示。

（6）单击"三维工具"选项卡"实体编辑"面板中的"复制边"按钮 <svg></svg>，指定基点和第二点坐标点均为（0,0），分别复制半径为 30 和 50 的圆柱体的底边。

（7）单击"视图"选项卡"视图"面板中的"仰视"按钮，切换到仰视图。单击"视图"选项卡"视觉样式"面板中的"隐藏"按钮，进行隐藏处理。

（8）单击"默认"选项卡"绘图"面板中的"构造线"按钮，分别绘制所复制的半径为 30 及 50 的圆的外公切线，并绘制通过圆心的竖直线，绘制结果如图 7-144 所示。

图 7-143　创建圆柱体并进行差集运算

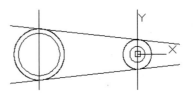

图 7-144　绘制辅助构造线

（9）单击"默认"选项卡"修改"面板中的"偏移"按钮，将绘制的外公切线分别向内偏移 10，并将左边竖直线向右偏移 45，将右边竖直线向左偏移 25。偏移结果如图 7-145 所示。

（10）单击"默认"选项卡"修改"面板中的"修剪"按钮，对辅助线及复制的边进行修剪。然后单击"默认"选项卡"修改"面板中的"删除"按钮，删除多余的辅助线，结果如图 7-146 所示。

（11）单击"视图"选项卡"视图"面板中的"西南等轴测"按钮，切换到西南等轴测视图。再单击"默认"选项卡"绘图"面板中的"面域"按钮，分别将辅助线与圆及辅助线之间围成的两个区域创建为面域。

（12）单击"默认"选项卡"修改"面板中的"移动"按钮，将内环面域向上移动 5。

（13）单击"三维工具"选项卡"建模"面板中的"拉伸"按钮，分别将外环及内环面域向上拉伸 16 和 11。

（14）单击"三维工具"选项卡"实体编辑"面板中的"差集"按钮，将拉伸生成的两个实体进行差集运算，结果如图 7-147 所示。

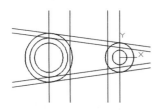

图 7-145　偏移辅助线

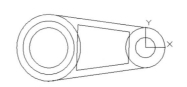

图 7-146　修剪后的辅助线及圆

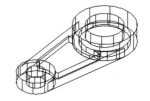

图 7-147　差集拉伸实体

（15）单击"三维工具"选项卡"实体编辑"面板中的"并集"按钮，将所有实体进行并集运算。

（16）单击"默认"选项卡"修改"面板中的"圆角"按钮，对实体中间内凹处进行倒圆角处理，设置圆角半径为 5。

（17）单击"默认"选项卡"修改"面板中的"倒角"按钮，对实体左右两部分顶面进行倒角处理，倒角距离为 3。单击"视图"选项卡"视觉样式"面板中的"隐藏"按钮，进行隐藏处理后的图形如图 7-148 所示。

（18）选择菜单栏中的"修改"→"三维操作"→"三维镜像"命令，将图中实体以 XY 平面为镜像面进行镜像，镜像结果如图 7-149 所示。

（19）单击"三维工具"选项卡"实体编辑"面板中的"并集"按钮 ，将所有实体进行并集运算。

（20）单击"视图"选项卡"视觉样式"面板中的"概念"按钮 ，最终显示结果如图 7-150 所示。

图 7-148 倒圆角及倒角后的实体   图 7-149 镜像后的实体   图 7-150 摇杆

7.4.16 抽壳

1. 执行方式

☑ 命令行：SOLIDEDIT。
☑ 菜单栏：选择菜单栏中的"修改"→"实体编辑"→"抽壳"命令。
☑ 工具栏：单击"实体编辑"工具栏中的"抽壳"按钮 。
☑ 功能区：单击"三维工具"选项卡"实体编辑"面板中的"抽壳"按钮 。

2. 操作步骤

执行上述命令后，命令行提示与操作如下。

```
命令: solidedit✓
实体编辑自动检查: SOLIDCHECK = 1
输入实体编辑选项 [面(F)/边(E)/体(B)/放弃(U)/退出(X)] <退出>: _body✓
输入实体编辑选项 [压印(I)/分割实体(P)/抽壳(S)/清除(L)/检查(C)/放弃(U)/退出(X)] <退出>: _shell✓
选择三维实体: (选择要抽壳的对象)
删除面或 [放弃(U)/添加(A)/全部(ALL)]: (选择开口面)
输入抽壳偏移距离: (指定壳体的厚度值)
```

如图 7-151 所示为利用"抽壳"命令创建的花盆。

（a）创建初步轮廓   （b）完成创建   （c）消隐结果

图 7-151 花盆

注意：抽壳是用指定的厚度创建一个空的薄层。可以为所有面指定一个固定的薄层厚度，通过选择面可以将这些面排除在壳外。一个三维实体只能有一个壳，通过将现有面偏移出其原位置来创建新的面。

7.4.17　夹点编辑

利用夹点编辑功能可以很方便地编辑三维实体，与二维对象夹点编辑功能相似。

其方法很简单，单击要编辑的对象，系统显示编辑夹点，选择某个夹点，按住鼠标拖动，则三维对象随之改变。选择不同的夹点，可以编辑对象的不同参数，红色夹点为当前编辑夹点，如图 7-152所示。

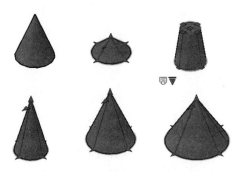

图 7-152　圆锥体及其夹点编辑

7.4.18　实例——固定板

视频讲解

本实例应用"长方体"命令、实体编辑命令中的抽壳操作以及"剖切"命令创建固定板的外形；利用"圆柱体"命令、"三维阵列"命令以及布尔运算的"差集"命令创建固定板上的孔。绘制流程如图 7-153 所示。

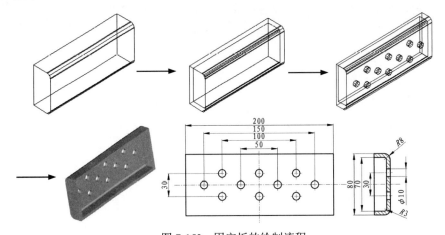

图 7-153　固定板的绘制流程

操作步骤

（1）启动 AutoCAD 2022，使用默认设置画图。

（2）在命令行中输入 ISOLINES 命令，设置线框密度为 10。单击"视图"选项卡"视图"面板中的"西南等轴测"按钮 ，切换到西南等轴测视图。

（3）单击"三维工具"选项卡"建模"面板中的"长方体"按钮 ，创建长为 200、宽为 40、高为 80 的长方体。

（4）单击"三维工具"选项卡"实体编辑"面板中的"圆角边"按钮 ，对长方体前端面进行倒圆角操作，圆角半径为 8，结果如图 7-154 所示。

（5）单击"三维工具"选项卡"实体编辑"面板中的"抽壳"按钮 ，指定抽壳偏移距离为 5，对创建的长方体进行抽壳操作，结果如图 7-155 所示。

（6）单击"三维工具"选项卡"实体编辑"面板中的"剖切"按钮 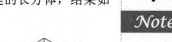，指定 ZX 面为剖切面，并捕捉长方体顶面左边的中点为剖切点，长方体的前侧为保留部分，剖切创建的长方体，结果如图 7-156 所示。

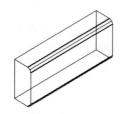

图 7-154 倒圆角后的长方体　　图 7-155 抽壳后的长方体　　图 7-156 剖切长方体

（7）单击"视图"选项卡"视图"面板中的"前视"按钮，切换到前视图。然后单击"三维工具"选项卡"建模"面板中的"圆柱体"按钮，分别以（25,40）、（50,25）为圆心，创建半径为 5，高为-5 的圆柱体，结果如图 7-157 所示。

图 7-157 创建圆柱

（8）选择菜单栏中的"修改"→"三维操作"→"三维阵列"命令，将创建的圆柱体分别进行 2 行 3 列及 1 行 4 列的矩形阵列，行间距为 30，列间距为 50。再单击"视图"选项卡"视图"面板中的"西南等轴测"按钮，切换到西南等轴测视图，结果如图 7-158 所示。

（9）单击"三维工具"选项卡"实体编辑"面板中的"差集"按钮，将创建的长方体与圆柱进行差集运算。

（10）单击"视图"选项卡"视觉样式"面板中的"隐藏"按钮，进行隐藏处理，如图 7-159 所示。

（11）单击"可视化"选项卡"材质"面板中的"材质浏览器"按钮，选择适当的材质，渲染后的效果如图 7-160 所示。

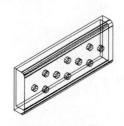
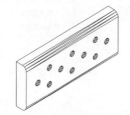

图 7-158 阵列圆柱　　　图 7-159 隐藏处理后的实体　　　图 7-160 固定板

7.5 渲染实体

渲染是对三维图形对象加上颜色、材质、灯光、背景、场景等因素的操作，这样能够更真实地表达图形的外观和纹理。渲染是输出图形前的关键步骤，尤其是在效果图的设计中。

7.5.1 贴图

贴图功能是在实体附着带纹理的材质后，调整实体或面上纹理贴图的方向。当材质被映射后，调整材质以适应对象的形状，将合适的材质贴图类型应用到对象中，使之更加适合于对象。

1. 执行方式

☑ 命令行：MATERIALMAP。

☑ 菜单栏：选择菜单栏中的❶ "视图" →❷ "渲染" →❸ "贴图" 命令，如图 7-161 所示。

☑ 工具栏：单击 "渲染" 工具栏中的 "平面贴图" 按钮，如图 7-162 所示，或在 "贴图" 工具栏中单击 "平面贴图" 按钮，如图 7-163 所示。

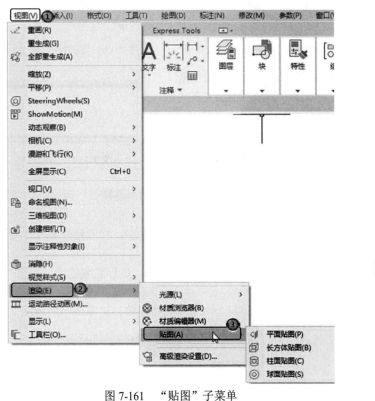

图 7-161 "贴图" 子菜单

图 7-162 渲染工具栏

图 7-163 贴图工具栏

☑ 功能区：单击 "可视化" 选项卡 "材质" 面板中的 "平面" 按钮。

2. 操作步骤

执行上述命令后，命令行提示与操作如下。

```
命令：MATERIALMAP✓
选择选项 [长方体(B)/平面(P)/球面(S)/柱面(C)/复制贴图至(Y)/重置贴图(R)] <长方体>：
```

3. 选项说明

（1）长方体(B)：将图像映射到类似长方体的实体上。该图像将在对象的每个面上重复使用。

（2）平面(P)：将图像映射到对象上，就像将其从幻灯片投影器投影到二维曲面上一样，图像不会失真，但是会被缩放以适应对象。该贴图最常用于面。

（3）球面(S)：在水平和垂直两个方向上同时使图像弯曲。纹理贴图的顶边在球体的"北极"压缩为一个点；同样，底边在"南极"压缩为一个点。

（4）柱面(C)：将图像映射到圆柱形对象上，水平边将一起弯曲，但顶边和底边不会弯曲。图像的高度将沿圆柱体的轴进行缩放。

（5）复制贴图至(Y)：将贴图从原始对象或面应用到选定对象。

（6）重置贴图(R)：将 UV 坐标重置为贴图的默认坐标。

如图 7-164 所示为球面贴图实例。

（a）贴图前　　（b）贴图后

图 7-164　球面贴图

7.5.2　材质

1．附着材质

AutoCAD 2022 附着材质的方式与以前版本有很大的不同，AutoCAD 2022 将常用的材质都集成到工具选项板中。具体附着材质的步骤如下。

（1）单击"可视化"选项卡"材质"面板中的"材质浏览器"按钮 ⊗，打开"材质浏览器"选项板，如图 7-165 所示。

（2）选择需要的材质类型，直接拖动到对象上，如图 7-166 所示，即可为对象附着材质。当将视觉样式转换成"真实"时，显示出附着材质后的图形，如图 7-167 所示。

图 7-165　"材质浏览器"选项板

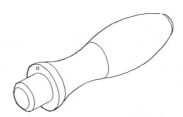

图 7-166　指定对象

图 7-167　附着材质后

2．设置材质

（1）执行方式。

☑　命令行：RMAT。

☑　命令行：MATBROWSEROPEN。

☑　菜单栏：选择菜单栏中的"视图"→"渲染"→"材质编辑器"命令。

☑　工具栏：单击"渲染"工具栏中的"材质编辑器"按钮 ⊗。

☑ 功能区：单击"可视化"选项卡"材质"面板中的"材质编辑器"按钮 。

（2）操作步骤。

执行上述操作后，系统打开如图 7-168 所示的"材质编辑器"选项板。通过该选项板，可以设置材质的有关参数。

7.5.3 渲染

1. 高级渲染设置

（1）执行方式。

☑ 命令行：RPREF（快捷命令为 RPR）。

☑ 菜单栏：选择菜单栏中的"视图"→"渲染"→"高级渲染设置"命令。

☑ 工具栏：单击"渲染"工具栏中的"高级渲染设置"按钮 。

☑ 功能区：单击"可视化"选项卡"渲染"面板中的"渲染预设管理器"按钮 。

（2）操作步骤。

执行上述操作后，系统打开如图 7-169 所示的"渲染预设管理器"选项板。通过该选项板可以设置渲染的有关参数。

图 7-168 "材质编辑器"选项板

图 7-169 "渲染预设管理器"选项板

2. 渲染

（1）执行方式。

☑ 命令行：RENDER（快捷命令为 RR）。

☑ 功能区：单击"可视化"选项卡"渲染"面板中的"渲染到尺寸"按钮 。

（2）操作步骤。

执行上述操作后，系统打开如图 7-170 所示的"渲染"窗口，显示渲染结果和相关参数。

图 7-170　"渲染"窗口

✍ **技巧**：在 AutoCAD 2022 中，渲染代替了传统的建筑、机械和工程图形使用水彩、有色蜡笔和油墨等生成最终演示的渲染效果图。渲染图形的过程一般分为以下 4 步。

（1）准备渲染模型：包括遵从正确的绘图技术、删除消隐面、创建光滑的着色网格和设置视图的分辨率。

（2）创建和放置光源以及创建阴影。

（3）定义材质并建立材质与可见表面间的联系。

（4）进行渲染，包括检验渲染对象的准备、照明和颜色的中间步骤。

7.5.4　实例——箱盖

减速器箱盖的绘制过程与箱体相似，均为箱体类三维图形绘制，从绘图环境的设置、多种三维实体绘制命令、用户坐标系的建立到剖切实体等各项功能都得到了充分的使用，是系统使用 AutoCAD 2022 三维绘图功能的综合实例。本实例首先绘制减速器箱盖的主体部分，绘制箱盖的轴承通孔、筋板和侧面肋板，调用布尔运算完成箱盖主体的设计和绘制；然后绘制箱盖底板上的螺纹、销等孔系；最后对实体进行渲染得到最终的箱盖三维立体图。绘制流程如图 7-171 所示。

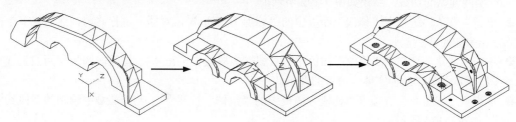

图 7-171　箱盖的绘制流程

视 频 讲 解

Note

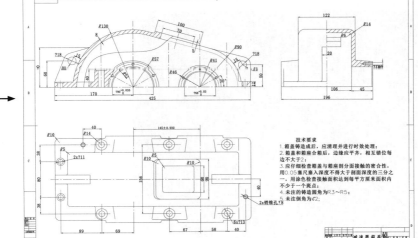

图 7-171　箱盖的绘制流程（续）

操作步骤

（1）新建文件。

启动 AutoCAD 2022，使用默认设置绘图环境。选择菜单栏中的"文件"→"新建"命令，打开"选择样板"对话框，单击"打开"按钮右侧的下拉按钮，以"无样板打开－公制（M）"方式建立新文件，同时将新文件命名为"减速器箱盖.dwg"并保存。

（2）设置图形界限。

线框密度默认值为 8，将其更改为 10。

（3）绘制箱体主体。

❶ 将当前视图方向设置为西南等轴测视图。

❷ 在命令行中输入 UCS 命令，将坐标系统 Y 轴旋转 90°，然后单击"默认"选项卡"绘图"面板中的"直线"按钮，以坐标（0,-116）、（0,197）绘制一条直线。单击"默认"选项卡"绘图"面板中的"圆弧"按钮，分别以（0,0）为圆心、（0,-116）为一端点绘制-120°的圆弧和以（0,98）为圆心、（0,197）为一端点绘制 120°的圆弧，再单击"默认"选项卡"绘图"面板中的"直线"按钮，绘制两圆弧的切线，结果如图 7-172 所示。

❸ 单击"默认"选项卡"修改"面板中的"修剪"按钮，对图形进行修剪，然后将多余的线段删除，结果如图 7-173 所示。

❹ 单击"默认"选项卡"修改"面板中的"编辑多段线"按钮，将两段圆弧和两段直线合并为一条多段线，满足"拉伸实体"命令的要求。

❺ 单击"三维工具"选项卡"建模"面板中的"拉伸"按钮，将步骤❹中绘制的多段线拉伸40.5 mm，如图 7-174 所示。

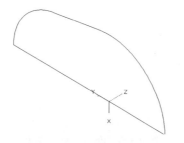
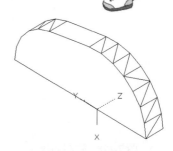

图 7-172　绘制草图　　　　　图 7-173　修剪后的图形　　　　　图 7-174　拉伸后的图形

❻ 单击"默认"选项卡"绘图"面板中的"直线"按钮 ╱，依次连接坐标（0,–150）、（0,230）、（–12,230）、（–12,187）、（–38,187）、（–38,–77）、（–12,–77）、（–12,–150）、（0,–150）绘制箱盖拉伸的轮廓，结果如图 7-175 所示。

❼ 单击"默认"选项卡"修改"面板中的"编辑多段线"按钮 ，将直线合并为一条多段线，满足"拉伸实体"命令的要求。

❽ 单击"三维工具"选项卡"建模"面板中的"拉伸"按钮 ，将步骤❼中绘制的多段线拉伸 80，隐藏后，结果如图 7-176 所示。

❾ 单击"三维工具"选项卡"建模"面板中的"圆柱体"按钮 ，采用指定两个底面圆心点和底面半径的模式，绘制两个圆柱体。

☑　以（0,120,0）为底面中心点，半径为 45，高度为 85 绘制圆柱体。

☑　以（0,0,0）为底面中心点，半径为 53.5，高度为 85 绘制圆柱体。

结果如图 7-177 所示。

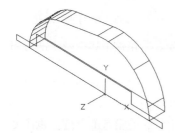
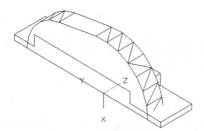
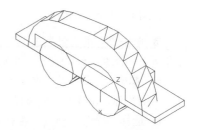

图 7-175　绘制草图　　　　　图 7-176　拉伸后的图形　　　　　图 7-177　绘制圆柱体

❿ 与前面步骤类似，绘制箱盖两边的筋板，筋板厚度为 3，结果如图 7-178 所示。

⓫ 单击"三维工具"选项卡"实体编辑"面板中的"并集"按钮 ，将现有的所有实体合并使之成为一个三维实体，结果如图 7-179 所示。

（4）绘制剖切部分。

❶ 单击"默认"选项卡"绘图"面板中的"直线"按钮 ╱，以坐标（0,–108）、（0,189）绘制一条直线。单击"默认"选项卡"绘图"面板中的"圆弧"按钮 ，分别以（0,0）为圆心、（0,–108）为一端点绘制–120°的圆弧和以（0,98）为圆心、（0,189）为一端点绘制 120°的圆弧，再单击"默认"选项卡"绘图"面板中的"直线"按钮 ╱，绘制两圆弧的切线，结果如图 7-180 所示。

❷ 单击"默认"选项卡"修改"面板中的"修剪"按钮 ，对图形进行修剪，然后将多余的线段删除，结果如图 7-181 所示。

❸ 单击"默认"选项卡"修改"面板中的"编辑多段线"按钮 ，将两段圆弧和两段直线合并为一条多段线，满足"拉伸实体"命令的要求。

Note

图 7-178 绘制筋板

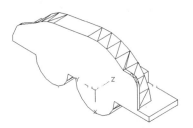

图 7-179 布尔运算求并集

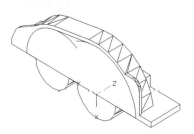

图 7-180 绘制草图

❹ 单击"三维工具"选项卡"建模"面板中的"拉伸"按钮，将步骤❸中绘制的多段线拉伸 32.5 mm，如图 7-182 所示。

❺ 单击"三维工具"选项卡"建模"面板中的"圆柱体"按钮，采用指定两个底面圆心点和底面半径的模式绘制两个圆柱体。

☑ 以（0,120,0）为底面中心点，半径为 27.5，高度为 85 绘制圆柱体。

☑ 以（0,0,0）为底面中心点，半径为 36，高度为 85 绘制圆柱体。

结果如图 7-183 所示。

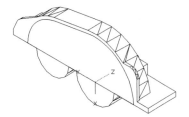

图 7-181 修剪后的图形

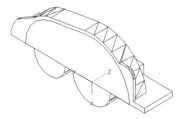

图 7-182 拉伸后的图形

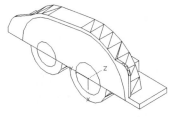

图 7-183 绘制轴承通孔

❻ 单击"三维工具"选项卡"实体编辑"面板中的"差集"按钮，从箱盖主体中减去剖切部分和两个轴承通孔，隐藏后结果如图 7-184 所示。

❼ 单击"三维工具"选项卡"实体编辑"面板中的"剖切"按钮，从箱体主体中剖切掉顶面上多余的实体，沿 YZ 平面将图形剖切开，保留箱盖上方，结果如图 7-185 所示。

❽ 选择"修改"→"三维操作"→"三维镜像"命令，将步骤❼中创建的箱盖部分进行镜像处理，镜像的平面为由 XY 组成的平面。三维镜像结果如图 7-186 所示。

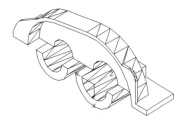

图 7-184 布尔运算求差集

图 7-185 剖切实体图

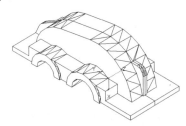

图 7-186 镜像图形

❾ 单击"三维工具"选项卡"实体编辑"面板中的"并集"按钮，将两个实体合并使其成为一个三维实体，结果如图 7-187 所示。

（5）绘制箱盖孔系。

❶ 单击"视图"选项卡"坐标"面板中的"世界"按钮，将坐标系恢复到世界坐标系。单击"三维工具"选项卡"建模"面板中的"圆柱体"按钮，采用指定底面圆心点、底面半径和圆柱

高度的模式，绘制两个圆柱体。

☑ 底面中心点为（-60,-59.5,48），半径为 5.5，高度为-80。

☑ 底面中心点为（-60,-59.5,38），半径为 9，高度为-5。

结果如图 7-188 所示。

❷ 选择菜单栏中的"修改"→"三维操作"→"三维镜像"命令，将步骤❶中创建的两个圆柱体进行镜像处理，镜像的平面为 YZ 平面。三维镜像的结果如图 7-189 所示。

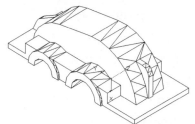
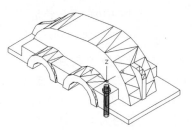
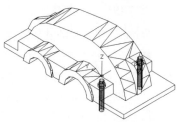

图 7-187　布尔运算求并集　　　　图 7-188　绘制螺栓通孔　　　　图 7-189　第一次三维镜像图形

❸ 用同样的方法，将步骤❶和步骤❷中创建的 4 个圆柱体进行镜像处理，镜像的平面为 ZX 平面。三维镜像的结果如图 7-190 所示。

❹ 选择菜单栏中的"修改"→"三维操作"→"三维阵列"命令，将步骤❸中绘制的中间的 4 个圆柱体阵列 2 行 1 列、1 层，行间距为 103，结果如图 7-191 所示。

❺ 单击"三维工具"选项卡"建模"面板中的"圆柱体"按钮🛢，采用指定底面圆心点、底面半径和圆柱高度的模式绘制圆柱体，底面中心点为（-23,-138,22），半径为 4.5，高度为-40。

❻ 用同样的方法，采用指定底面圆心点、底面半径和圆柱高度的模式绘制圆柱体，底面中心点为（-23,-138,12），半径为 7.5，高度为-2，如图 7-192 所示。

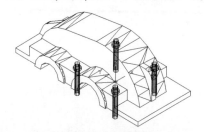
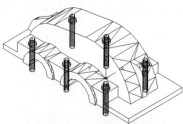
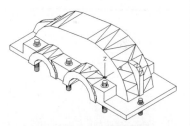

图 7-190　三维镜像图形　　　　　图 7-191　矩形阵列图形　　　　　图 7-192　绘制螺栓通孔

❼ 选择菜单栏中的"修改"→"三维操作"→"三维镜像"命令，镜像对象为刚绘制的两个圆柱体，镜像平面为 YZ 面。隐藏后的结果如图 7-193 所示。

❽ 单击"三维工具"选项卡"建模"面板中的"圆柱体"按钮🛢，采用指定底面圆心点、底面半径和圆柱高度的模式，以底面中心点为（-60,-91,22），半径为 4，高度为-30，绘制销孔。

❾ 用同样的方法，绘制另一个圆柱体，底面圆心点为（27,214,22）、底面半径为 4，圆柱高度为-30，结果如图 7-194 所示，左侧图显示处于箱体右侧顶面的销孔，右侧图显示处于箱体左侧顶面上的销孔。

❿ 单击"三维工具"选项卡"实体编辑"面板中的"差集"按钮🔲，从箱体主体中减去所有圆柱体，形成箱体孔系，如图 7-195 所示。

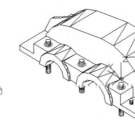
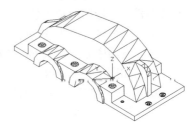

图 7-193　三维镜像图形　　　　图 7-194　绘制销孔　　　　图 7-195　绘制箱体孔系

（6）绘制箱体的其他部件。

❶ 在命令行中输入 UCS 命令，将坐标系绕 Y 轴旋转 90°。单击"三维工具"选项卡"建模"面板中的"圆柱体"按钮 ，采用指定两个底面圆心点和底面半径的模式绘制两个圆柱体。

☑　　以（-35,205,20）为底面圆心，半径为 4，圆柱高为-40 绘制圆柱体。

☑　　以（-55,-115,20）为底面圆心，半径为 4，圆柱高为-40 绘制圆柱体。

结果如图 7-196 所示。

❷ 单击"三维工具"选项卡"实体编辑"面板中的"差集"按钮 ，从箱盖减去两个圆柱体，形成左右耳孔，隐藏后的结果如图 7-197 所示。

（7）绘制视孔。

❶ 绘制长方体。在命令行中输入 UCS 命令，返回世界坐标系，将坐标系绕 X 轴旋转-10°。单击"三维工具"选项卡"建模"面板中的"长方体"按钮 ，以（-30,10,110）点为一角点，创建长为 80、宽为 60、高为 10 的长方体。

❷ 布尔运算求并集。单击"三维工具"选项卡"实体编辑"面板中的"并集"按钮 ，将两个实体合并使其成为一个三维实体，结果如图 7-198 所示。

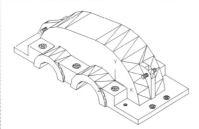
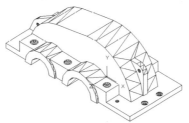
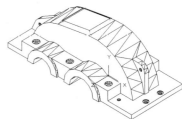

图 7-196　绘制圆柱体　　　　图 7-197　绘制耳孔　　　　图 7-198　布尔运算求并集

❸ 绘制孔。单击"三维工具"选项卡"建模"面板中的"长方体"按钮 ，以（-20,20,100）点为一角点，创建长为 60、宽为 40、高为 30 的长方体。

❹ 布尔运算求差集。单击"三维工具"选项卡"实体编辑"面板中的"差集"按钮 ，从箱盖减去长方体，形成视孔，隐藏后如图 7-199 所示。

❺ 绘制圆柱体。单击"三维工具"选项卡"建模"面板中的"圆柱体"按钮 ，采用指定 4 个底面圆心点和底面半径的模式绘制 4 个圆柱体。

☑　　以（-23,17,90）为底面圆心，半径为 2.5，圆柱高为 50。

☑　　以（-23,83,90）为底面圆心，半径为 2.5，圆柱高为 50。

☑　　以（23,17,90）为底面圆心，半径为 2.5，圆柱高为 50。

☑　　以（23,83,90）为底面圆心，半径为 2.5，圆柱高为 50。

❻ 布尔运算求差集。单击"三维工具"选项卡"实体编辑"面板中的"差集"按钮 ，从箱盖

减去 4 个圆柱体,形成安装孔,如图 7-200 所示。利用 UCS 命令将坐标系恢复到世界坐标系。

（8）细化箱盖。

❶ 箱盖外侧倒圆角。单击"三维工具"选项卡"实体编辑"面板中的"圆角边"按钮,对箱盖底板、中间腔体和顶板的各自 4 个直角外沿倒圆角,圆角半径为 10。

❷ 肋板倒圆角。单击"三维工具"选项卡"实体编辑"面板中的"圆角边"按钮,对箱盖前后肋板的各自直角边沿倒圆角,圆角半径为 3。

❸ 耳片倒圆角。单击"三维工具"选项卡"实体编辑"面板中的"圆角边"按钮,对箱盖左右两个耳片直角边沿倒圆角,圆角半径为 5。

❹ 螺栓筋板倒圆角。单击"三维工具"选项卡"实体编辑"面板中的"圆角边"按钮,对箱盖顶板上方的螺栓筋板的直角边沿倒圆角,圆角半径为 10。

❺ 视孔外部圆角。单击"三维工具"选项卡"实体编辑"面板中的"圆角边"按钮,对箱盖顶板上方的外孔板的直角边沿倒圆角,圆角半径为 10。隐藏后的结果如图 7-201 所示。

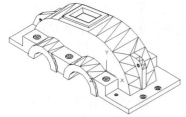 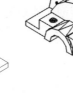 

| 图 7-199 绘制视孔 | 图 7-200 绘制安装孔 | 图 7-201 箱体倒角 |

（9）渲染视图。

单击"可视化"选项卡"材质"面板中的"材质浏览器"按钮,选择适当的材质对图形进行渲染。渲染后的效果如图 7-171 所示。

7.6 操作与实践

通过前面的学习,读者对本章知识已经有了大体的了解,本节通过几个操作实践使读者进一步掌握本章知识要点。

7.6.1 创建三通管

1. 目的要求

如图 7-202 所示,三维图形具有形象逼真的优点,但是三维图形的创建比较复杂,需要读者掌握的知识比较多。本实践要求读者熟悉三维模型创建的步骤,掌握三维模型的创建技巧。

2. 操作提示

（1）创建 3 个圆柱体。

（2）镜像和旋转圆柱体。

（3）圆角处理。

Note

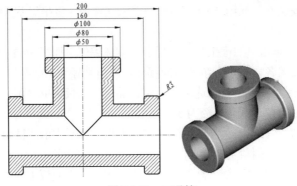

图 7-202　三通管

7.6.2　创建轴

1．目的要求

如图 7-203 所示，轴是最常见的机械零件。本实践需要创建的轴集中了很多典型的机械结构形式，如轴体、孔、轴肩、键槽、螺纹、退刀槽、倒角等，因此，需要用到的三维命令也比较多。通过本实践的练习，可以使读者进一步熟悉三维绘图的技能。

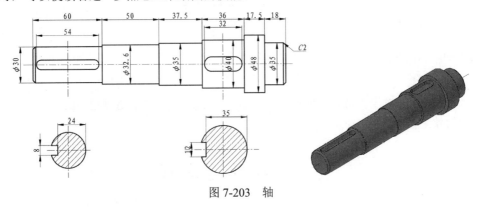

图 7-203　轴

2．操作提示

（1）绘制截面轮廓。

（2）旋转处理。

（3）拉伸创建键槽结构。

（4）对轴体进行倒角处理。

（5）渲染处理。

7.6.3　绘制圆柱滚子轴承

1．目的要求

如图 7-204 所示，圆柱滚子轴承也是一种常见的机械零件。本实践绘制的轴承包括内圈、外圈和滚动体等。通过本实践，可以使读者进一步练习三维实体造型的绘制。

Note

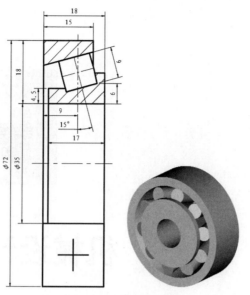

图 7-204 圆柱滚子轴承

2. 操作提示

（1）绘制轴承截面的 3 个二维图形，分别为内圈、外圈和半个滚子截面。

（2）生成 3 个面域。

（3）以中心线为轴旋转内外圈截面。

（4）以半个滚子截面的上边为轴旋转半个滚子截面。

（5）阵列滚动体。

（6）将所有绘制对象进行并集运算。

（7）渲染处理。

第8章

机械设计工程实例

在学习了前面章节后，读者应对 AutoCAD 的基本操作及其应用有了一定程度的了解。本章将通过介绍减速器的设计过程，帮助读者进一步掌握 AutoCAD 在机械专业领域的应用方法与技巧。

☑ 机械制图概述　　　　　　☑ 减速器箱体的绘制

☑ 减速器箱体平面图　　　　☑ 减速器齿轮组件装配

☑ 减速器装配平面图　　　　☑ 装配总立体图形

任务驱动&项目案例

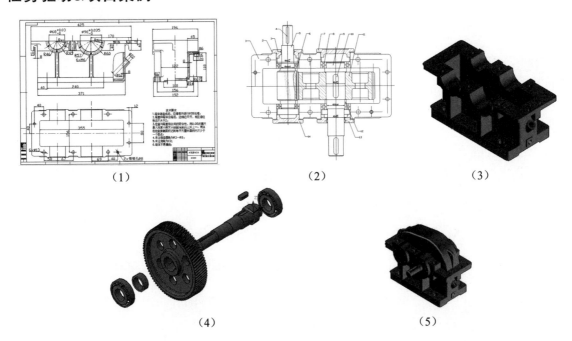

（1）　　　　　（2）　　　　　（3）

（4）　　　　　（5）

Note

8.1　机械制图概述

本节主要介绍零件图和装配图图纸内容以及绘制方法。

8.1.1　零件图的绘制方法

零件图是设计者用以表达对零件设计意图的一种技术文件。

1．零件图内容

零件图是表达零件结构形状、大小和技术要求的工程图样，工人根据零件图加工制造零件。一幅完整的零件图应包括以下内容。

（1）一组视图：表达零件的形状与结构。

（2）一组尺寸：标出零件上结构的大小、结构间的位置关系。

（3）技术要求：标出零件加工、检验时的技术指标。

（4）标题栏：注明零件的名称、材料、设计者、审核者和制造厂家等信息的表格。

2．零件图绘制过程

零件图的绘制过程包括草绘和绘制工作图，AutoCAD 一般用作绘制工作图。绘制零件图包括以下几步。

（1）设置作图环境。作图环境的设置一般包括以下两方面。

☑　选择比例：根据零件的大小和复杂程度选择比例，尽量采用 1∶1。

☑　选择图纸幅面：根据图形、标注尺寸、技术要求所需图纸幅面选择标准幅面。

（2）确定作图顺序，选择尺寸转换为坐标值的方式。

（3）标注尺寸，标注技术要求，填写标题栏。标注尺寸前要关闭剖面层，以免剖面线在标注尺寸时影响端点捕捉。

（4）校核与审核。

8.1.2　装配图的绘制方法

装配图表达了部件的设计构思、工作原理和装配关系，也表达了各零件间的相互位置、尺寸关系及结构形状，是绘制零件工作图、部件组装、调试及维护等的技术依据。设计装配工作图时要综合考虑工作要求、材料、强度、刚度、磨损、加工、装拆、调整、润滑和维护以及经济等诸多因素，并要使用足够的视图以表达清楚。

1．装配图内容

（1）一组图形：用一般表达方法和特殊表达方法，正确、完整、清晰和简洁地表达装配体的工作原理、零件之间的装配关系、连接关系和零件的主要结构形状。

（2）必要的尺寸：在装配图上必须标注出表示装配体的性能、规格以及装配、检验、安装时所需的尺寸。

（3）技术要求：用文字或符号说明装配体的性能、装配、检验、调试、使用等方面的要求。

（4）标题栏、零件序号和明细表：按一定的格式，将零件、部件进行编号，并填写标题栏和明细表，以便读图。

2．装配图绘制过程

绘制装配图时应注意检验、校正零件的形状、尺寸，纠正零件草图中的不妥或错误之处。

（1）绘图前应当进行必要的设置，如绘图单位、图幅大小、图层线型、线宽、颜色、字体格式、尺寸格式等。设置方法见前述章节，为了方便绘图，比例应尽量选用 1：1。

（2）绘图步骤如下。

❶ 根据零件草图、装配示意图绘制各零件图，各零件的比例应当一致，零件尺寸必须准确，可以暂不标尺寸，将每个零件用 WBLOCK 命令定义为 DWG 文件。定义时，必须选好插入点，插入点应当是零件间相互有装配关系的特殊点。

❷ 调入装配干线上的主要零件，如轴，然后沿装配干线展开，逐个插入相关零件。插入后，若需要剪断不可见的线段，应当炸开插入块。插入块时应当注意确定它的轴向和径向定位。

❸ 根据零件之间的装配关系，检查各零件的尺寸是否有干涉现象。

❹ 根据需要对图形进行缩放、布局排版，然后根据具体情况设置尺寸样式，标注好尺寸及公差，最后填写标题栏，完成装配图。

8.2　减速器箱体平面图

本实例在绘制时首先依次绘制减速器箱体俯视图、主视图和左视图，然后利用多视图投影对应关系绘制辅助定位直线。对于箱体本身，从上至下可划分为箱体顶面、箱体中间膛体和箱体底座 3 部分，每一个视图的绘制也都围绕这 3 部分分别进行。另外，在箱体绘制过程中也充分应用了局部剖视图。绘制流程如图 8-1 所示。

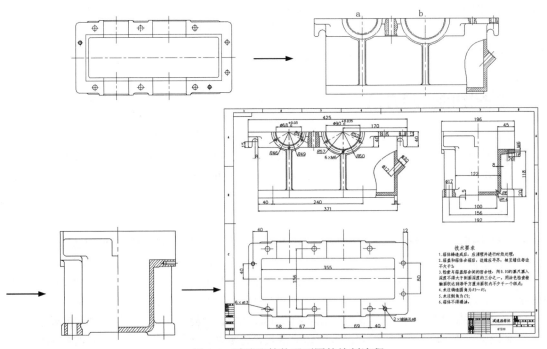

图 8-1　减速器箱体平面图的绘制流程

8.2.1 配置绘图环境

1. 创建新文件

启动 AutoCAD 2022,选择菜单栏中的"文件"→"新建"命令,打开"选择样板"对话框,单击"打开"按钮右侧的下拉按钮▼,从下拉菜单中选择"无样板打开－公制(M)"方式创建新文件,然后将新文件命名为"减速器箱体.dwg"并保存。

2. 设置图形界限

选择菜单栏中的"格式"→"图形界限"命令,或在命令行中输入 LIMITS 后按 Enter 键,指定左下角点坐标为(0,0),右上角点坐标为(841,594)。

3. 开启栅格

单击状态栏中的"栅格显示"按钮⊞,或按 F7 键开启栅格。选择菜单栏中的"视图"→"缩放"→"全部"命令,调整绘图区的显示比例。

4. 创建新图层

单击"默认"选项卡"图层"面板中的"图层特性"按钮,打开"图层特性管理器"选项板,新建并设置每一个图层,如图 8-2 所示。

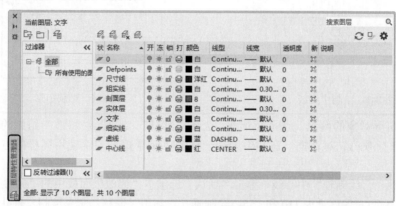

图 8-2 "图层特性管理器"选项板

5. 设置文字和尺寸标注样式

(1)设置文字标注样式。单击"默认"选项卡"注释"面板中的"文字样式"按钮**A**,打开"文字样式"对话框。创建"技术要求"文字样式,在"字体名"下拉列表框中选择"仿宋",设置"字体样式"为常规,在"高度"文本框中输入 6.0000,单击"应用"按钮,完成"技术要求"文字样式的设置。

(2)创建新标注样式。单击"默认"选项卡"注释"面板中的"标注样式"按钮,打开"标注样式管理器"对话框,创建"机械制图标注"样式,各属性与前面章节设置相同,并将其设置为当前使用的标注样式。

📝 **技巧:**《机械制图》国家标准中规定了中心线不能超出轮廓线 2~5 mm。

8.2.2 绘制减速器箱体

1．绘制中心线

（1）切换图层。将"中心线"图层设置为当前图层。

（2）绘制中心线。单击"默认"选项卡"绘图"面板中的"直线"按钮 ∕，绘制 3 条水平直线 {（50,150）（500,150）}、{（50,360）（800,360）}和{（50,530）（800,530）}；绘制 5 条竖直直线{（65,50）（65,550）}、{（490,50）（490,550）}、{（582,350）（582,550）}、{（680,350）（680,550）}和{（778,350）（778,550）}，如图 8-3 所示。

2．绘制减速器箱体俯视图

（1）切换图层。将当前图层从"中心线"切换到"实体层"。

（2）绘制矩形。单击"默认"选项卡"绘图"面板中的"矩形"按钮 ▭，利用给定矩形两个角点的方法分别绘制矩形 1{（65,52）（490,248）}、矩形 2{（100,97）（455,203）}、矩形 3{（92,54）（463,246）}和矩形 4{（92,89）（463,211）}。矩形 1 和矩形 2 构成箱体顶面轮廓线，矩形 3 表示箱体底座轮廓线，矩形 4 表示箱体中间膛轮廓线，如图 8-4 所示。

图 8-3　绘制中心线

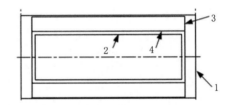

图 8-4　绘制矩形

（3）更改图形对象的颜色。选择矩形 3，选择"默认"功能区"特性"组中的"更多颜色"命令，打开"选择颜色"对话框，在其中选择一种颜色赋予矩形 3。使用同样的方法更改矩形 4 的线条颜色。

（4）绘制轴孔。绘制轴孔中心线，单击"默认"选项卡"修改"面板中的"偏移"按钮 ⊑，选择左端直线，从左向右偏移量为 110 和 255；绘制轴孔，利用"偏移"命令绘制左轴孔直径为 68，右轴孔直径为 90，绘制结果如图 8-5 所示。

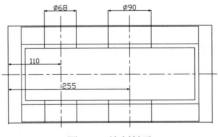

图 8-5　绘制轴孔

（5）细化顶面轮廓线。将矩形 1 进行分解，单击"默认"选项卡"修改"面板中的"偏移"按钮 ⊑，分别选择上下轮廓线向内偏移 5；分别选择两轴孔轮廓线向外偏移 12。单击"默认"选项卡"修改"面板中的"修剪"按钮 ⅍，进行相关图线的修剪，绘制结果如图 8-6 所示。

（6）顶面轮廓线倒圆角。单击"默认"选项卡"修改"面板中的"圆角"按钮 ，矩形 1 的 4 个直角的圆角半径为 10，其他处倒圆角半径为 5，矩形 2 的 4 个直角的圆角半径为 5。单击"默认"选项卡"修改"面板中的"倒角"按钮 ，对轴孔进行倒角，倒角距离为 C2。单击"默认"选项卡"修改"面板中的"修剪"按钮 ，进行相关图线的修剪，结果如图 8-7 所示。

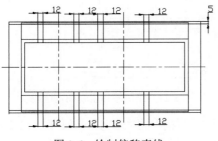

图 8-6　绘制偏移直线

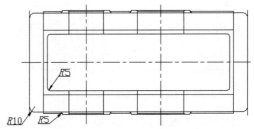

图 8-7　顶面轮廓线倒圆角

（7）绘制螺栓孔和销孔中心线。单击"默认"选项卡"修改"面板中的"偏移"按钮 ，进行如图 8-6 所示的偏移操作，竖直偏移量和水平偏移量参照图中的标注。单击"默认"选项卡"修改"面板中的"修剪"按钮 ，进行相关图线的修剪。绘制结果如图 8-8 所示。

（8）绘制螺栓孔和销孔。螺栓孔上下为 Ø13 的通孔，右侧为 Ø11 的通孔；销孔由 Ø10 和 Ø8 两个投影圆组成。单击"默认"选项卡"绘图"面板中的"圆"按钮 ，以中心线交点为圆心分别绘制。单击"默认"选项卡"修改"面板中的"修剪"按钮 ，进行相关图线的修剪。绘制结果如图 8-9 所示。

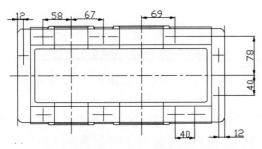

图 8-8　绘制螺栓孔和销孔中心线

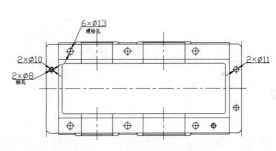

图 8-9　绘制螺栓孔和销孔

（9）细化轴孔。单击"默认"选项卡"修改"面板中的"倒角"按钮 ，设置角度为 45°，倒角距离为 2，绘制结果如图 8-10 所示。

（10）对箱体底座轮廓线（矩形 3）倒圆角。单击"默认"选项卡"修改"面板中的"圆角"按钮 ，对底座轮廓线（矩形 3）倒圆角，半径为 10。对矩形 2 倒圆角，半径为 5。然后对相关图线进行修剪，完成减速器箱体俯视图的绘制，结果如图 8-10 所示。

3．绘制减速器箱体主视图

（1）绘制箱体主视图定位线。单击"默认"选项卡"绘图"面板中的"直线"按钮 ，单击状态栏中的"将光标捕捉到二维参照点"按钮 和"正交限制光标"按钮 ，从俯视图绘制投影定位线；单击"默认"选项卡"修改"面板中的"偏移"按钮 ，上面的中心线向下偏移 12，下面的中心线向上偏移 20，结果如图 8-11 所示。

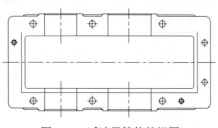

图 8-10　减速器箱体俯视图

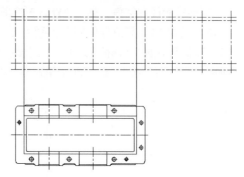

图 8-11　绘制箱体主视图定位线

（2）绘制主视图轮廓线。单击"默认"选项卡"修改"面板中的"修剪"按钮，对主视图进行修剪，形成箱体顶面、箱体中间膛和箱体底座的轮廓线，结果如图 8-12 所示。

（3）绘制轴孔和端盖安装面。单击"默认"选项卡"绘图"面板中的"圆"按钮，以两条竖直中心线与顶面线交点为圆心，分别绘制左侧一组同心圆 Ø68、Ø72、Ø92 和 Ø98，右侧一组同心圆 Ø90、Ø94、Ø114 和 Ø120，并进行修剪，结果如图 8-13 所示。

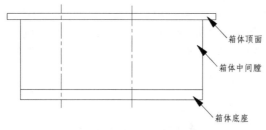

图 8-12　绘制主视图轮廓线

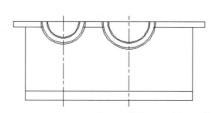

图 8-13　绘制轴孔和端盖安装面

（4）绘制偏移直线。单击"默认"选项卡"修改"面板中的"偏移"按钮，顶面向下偏移 40。进行修剪，补全左右轮廓线，结果如图 8-14 所示。补全左右轮廓线利用"延伸"命令完成。

（5）绘制左右耳片。单击"默认"选项卡"修改"面板中的"偏移"按钮、"圆"按钮和"圆角"按钮，并进行修剪，耳片半径为 8，深度为 15，圆角半径为 5，结果如图 8-15 所示。

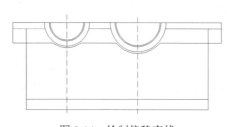

图 8-14　绘制偏移直线

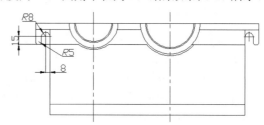

图 8-15　绘制左右耳片

（6）绘制左右肋板。单击"默认"选项卡"修改"面板中的"偏移"按钮，绘制偏移直线，肋板宽度为 12，与箱体中间膛的相交宽度为 16，然后对图形进行修剪，结果如图 8-16 所示。

（7）倒圆角。单击"默认"选项卡"修改"面板中的"圆角"按钮，采用不修剪、半径模式，对主视图进行圆角操作，箱体的铸造圆角半径为 5。倒圆角后再对图形进行修剪，结果如图 8-17 所示。

（8）绘制样条曲线。单击"默认"选项卡"绘图"面板中的"样条曲线拟合"按钮，在两个端盖安装面之间绘制曲线构成剖切平面，如图 8-18 所示。

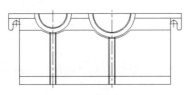

图 8-16　绘制左右肋板

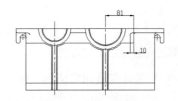

图 8-17　图形倒圆角

（9）绘制螺栓通孔。在剖切平面中绘制螺栓通孔 Ø13×38 和安装沉孔 Ø24×2。单击"默认"选项卡"绘图"面板中的"图案填充"按钮，绘制图层切换到"剖面线"图层，绘制剖面线。使用同样的方法绘制销通孔 Ø10×12、螺栓通孔 Ø11×10 和安装沉孔 Ø15×2，绘制结果如图 8-19 所示。

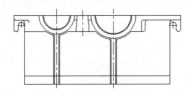

图 8-18　绘制样条曲线

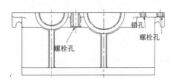

图 8-19　绘制螺栓通孔

（10）绘制油标尺安装孔轮廓线。单击"默认"选项卡"修改"面板中的"偏移"按钮，箱底向上偏移 100。以偏移线与箱体右侧线交点为起点绘制直线，指定下一点坐标为（@30<-45）、（@30<-135），绘制结果如图 8-20 所示。

（11）绘制云线和偏移直线。单击"默认"选项卡"绘图"面板中的"徒手画修订云线"按钮，绘制油标尺安装孔剖面界线，如图 8-21 所示。单击"默认"选项卡"修改"面板中的"偏移"按钮，分别选择箱体外轮廓线，水平偏移量为 8，向上偏移量依次为 5 和 8。单击"默认"选项卡"绘图"面板中的"圆弧"按钮，绘制 R3 圆弧角，圆滑连接偏移后的直线。单击"默认"选项卡"修改"面板中的"修剪"按钮，修剪掉多余图线，完成箱体内壁轮廓线的绘制，如图 8-22 所示。

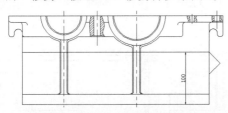

图 8-20　绘制油标尺安装孔轮廓线

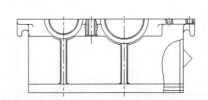

图 8-21　绘制云线和偏移直线

（12）绘制油标尺安装孔。单击"默认"选项卡"绘图"面板中的"直线"按钮和"修改"面板中的"偏移"按钮，绘制孔径为 Ø12、安装沉孔为 Ø20×1.5 的油标尺安装孔，结果如图 8-23 所示。

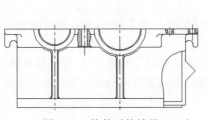

图 8-22　修剪后的结果

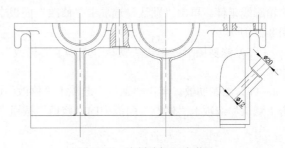

图 8-23　绘制油标尺安装孔

（13）绘制剖面线。单击"默认"选项卡"绘图"面板中的"图案填充"按钮，绘制图层切换到"剖面线"图层，绘制剖面线。完成减速器箱体主视图的绘制，绘制结果如图 8-24 所示。

4．绘制减速器箱体左视图

（1）绘制箱体左视图定位线。单击"默认"选项卡"修改"面板中的"偏移"按钮，对称中心线左右各偏移 61 和 96，结果如图 8-25 所示。

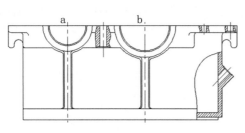

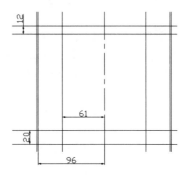

图 8-24　减速器箱体主视图　　　　　　图 8-25　绘制箱体左视图定位线

（2）绘制左视图轮廓线。单击"默认"选项卡"绘图"面板中的"直线"按钮，然后单击状态栏中的"将光标捕捉到二维参照点"按钮和"正交限制光标"按钮，从主视图和俯视图绘制投影定位线，形成左视图的外轮廓线。单击"默认"选项卡"修改"面板中的"修剪"按钮，对图形进行修剪，形成箱体顶面、箱体中间膛和箱体底座的轮廓线，如图 8-26 所示。

（3）绘制顶面水平定位线。单击"默认"选项卡"绘图"面板中的"直线"按钮，以主视图中特征点为起点，利用"正交"功能绘制水平定位线，结果如图 8-27 所示。

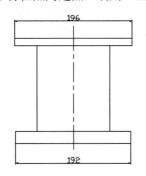

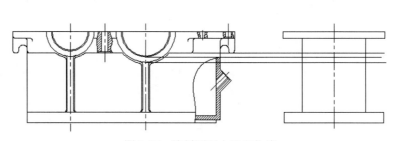

图 8-26　绘制左视图轮廓线　　　　　　图 8-27　绘制顶面水平定位线

（4）绘制顶面竖直定位线。单击"默认"选项卡"修改"面板中的"延伸"按钮，将左右两侧轮廓线延伸。单击"默认"选项卡"修改"面板中的"偏移"按钮，左右偏移均为 5，结果如图 8-28 所示。

（5）修剪图形。单击"默认"选项卡"修改"面板中的"修剪"按钮，修剪结果如图 8-29 所示。

（6）绘制肋板。单击"默认"选项卡"修改"面板中的"偏移"按钮，左右偏移均为 5；单击"默认"选项卡"修改"面板中的"修剪"按钮，修剪多余图线，结果如图 8-30 所示。

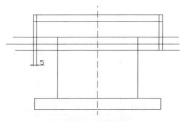
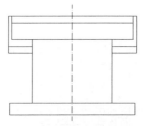
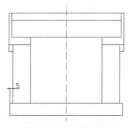

图 8-28　绘制顶面竖直定位线　　　图 8-29　修剪后的图形　　　图 8-30　绘制肋板

（7）倒圆角。单击"默认"选项卡"修改"面板中的"圆角"按钮，圆角半径为 5，结果如图 8-31 所示。

（8）绘制底座凹槽。单击"默认"选项卡"修改"面板中的"偏移"按钮，中心线左右偏移均为 50，底面线向上偏移量为 5，绘制底座凹槽。单击"默认"选项卡"修改"面板中的"圆角"按钮，圆角半径为 5。单击"默认"选项卡"修改"面板中的"修剪"按钮，修剪多余图线，结果如图 8-32 所示。

（9）绘制底座螺栓通孔及耳钩。绘制方法与主视图中螺栓通孔的绘制方法相同，绘制定位中心线、螺栓通孔、剖切线。利用"直线"按钮、"圆角"按钮和"修剪"按钮等工具绘制中间耳钩图形，结果如图 8-33 所示。

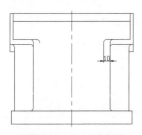
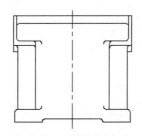
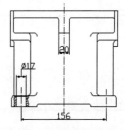

图 8-31　图形倒圆角　　　图 8-32　绘制底座凹槽　　　图 8-33　绘制底座螺栓通孔及耳钩

（10）绘制剖视图。单击"默认"选项卡"修改"面板中的"删除"按钮，删除左视图右半部分多余的线段；单击"默认"选项卡"修改"面板中的"偏移"按钮，将竖直中心线向右偏移 53，将下边的线向上偏移 8，利用"修剪""延伸""圆角"命令整理图形，如图 8-34 所示。

（11）绘制螺纹孔。利用"直线""偏移""修剪"命令绘制螺纹孔，将底面直线向上偏移 118，再将偏移后的直线分别向两侧偏移 2.5 和 3，并将偏移 118 后的直线放置在"中心线"图层，最右侧直线向左偏移 16 和 20；再利用"直线"命令绘制 120°顶角，结果如图 8-35 所示。

（12）填充图案。单击"默认"选项卡"绘图"面板中的"图案填充"按钮，对剖视图填充图案，结果如图 8-36 所示。

（13）修剪俯视图。单击"默认"选项卡"修改"面板中的"删除"按钮，删除俯视图中的箱体中间膛轮廓线（矩形 4），最终完成减速器箱体的设计，如图 8-37 所示。

5．添加主视图底部的安装螺栓孔的定位中心线

利用"偏移"和"修剪"命令绘制图形，结果如图 8-38 所示。

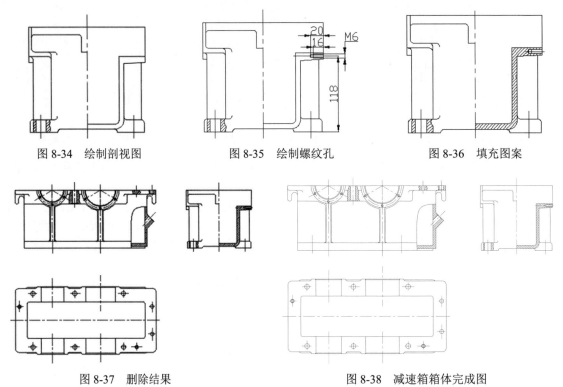

图 8-34　绘制剖视图　　　　　图 8-35　绘制螺纹孔　　　　　图 8-36　填充图案

图 8-37　删除结果　　　　　　　　　图 8-38　减速箱箱体完成图

8.2.3　标注减速器箱体

1. 俯视图尺寸标注

（1）切换图层。将当前图层从"实体层"切换到"尺寸线"图层。单击"默认"选项卡"注释"面板中的"标注样式"按钮，在弹出的对话框中选择"文字"选项卡，修改字高为 10，将"机械制图标注"样式设置为当前使用的标注样式。

（2）俯视图尺寸标注。单击"注释"选项卡"标注"面板中的"线性"按钮、"半径"按钮和"直径"按钮，对俯视图进行尺寸标注，结果如图 8-39 所示。

2. 主视图尺寸标注

（1）主视图无公差尺寸标注。单击"注释"选项卡"标注"面板中的"线性"按钮、"半径"按钮和"直径"按钮，对主视图进行无公差尺寸标注，结果如图 8-40 所示。

（2）新建带公差标注样式。单击"默认"选项卡"注释"面板中的"标注样式"按钮，打开"标注样式管理器"对话框，创建一个名为"副本机械制图样式（带公差）"的标注样式，"基础样式"为"机械制图样式"。单击"继续"按钮，打开"新建标注样式"对话框，设置"公差"选项卡，并把"副本机械制图样式（带公差）"的样式设置为当前使用的标注样式。

（3）主视图带公差尺寸标注。单击"注释"选项卡"标注"面板中的"线性"按钮、"半径"按钮和"直径"按钮，对主视图进行带公差的尺寸标注。使用前面介绍的带公差尺寸标注方法进行公差编辑修改，标注结果如图 8-41 所示。

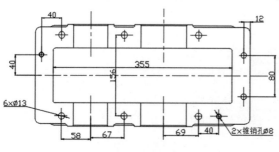

图 8-39　俯视图尺寸标注

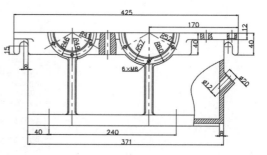

图 8-40　主视图无公差尺寸标注

3．左视图尺寸标注

（1）切换当前标注样式。将"机械制图样式"设置为当前使用的标注样式。

（2）左视图无公差尺寸标注。单击"注释"选项卡"标注"面板中的"线性"按钮 ⊢ 和"直径"按钮 ◯，对左视图进行无公差尺寸标注，结果如图 8-42 所示。

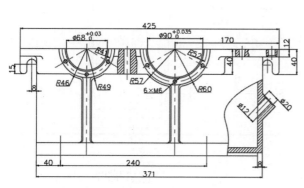

图 8-41　主视图带公差尺寸标注

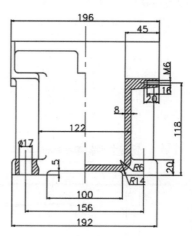

图 8-42　左视图无公差尺寸标注

4．标注技术要求

（1）设置文字标注格式。单击"默认"选项卡"注释"面板中的"文字样式"按钮 A，打开"文字样式"对话框，在"字体名"下拉列表框中选择"仿宋"，单击"应用"按钮，将其设置为当前使用的文字样式。

（2）文字标注。单击"注释"选项卡"文字"面板中的"多行文字"按钮 A，打开"文字编辑器"选项卡，在其中填写技术要求，如图 8-43 所示。

5．标注粗糙度

制作粗糙度图块，结合"多行文字"命令标注粗糙度。

✍ 技巧：AutoCAD 默认上偏差的值为正或 0，下偏差的值为负或 0，所以在"上偏差"和"下偏差"文本框中输入数值时，系统会自动加上正、负号。另外，新标注样式所规定的上、下偏差在该标注样式进行标注的每个尺寸是不可变的，即每个尺寸都是相同的偏差，如果要改变上、下偏差的数值，必须替代或新建标注样式。

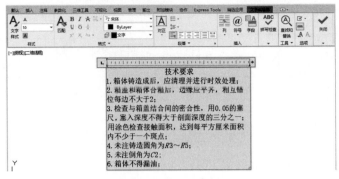

图 8-43　填写技术要求

8.2.4　填写标题栏

调入 A1 横向样板图，新建"标题栏层"，并将"标题栏层"设置为当前图层，在标题栏中填写
"减速器箱体"，减速器箱体设计的最终效果如图 8-44 所示。

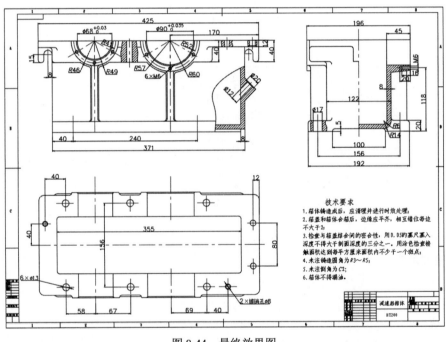

图 8-44　最终效果图

技巧：填写标题栏较方便的方法是，复制已经填写好的文字，然后再进行修改。这样不仅简便，而
且可以解决文字对齐的问题。

8.3　减速器装配平面图

本实例的绘制思路为：首先将减速器箱体图块插入预先设置好的装配图纸中，起到为后续零件装
配定位的作用；然后分别插入提前绘制并保存的各个零件图块，并利用"移动"命令将其安装到减速

视频讲解

器箱体中的合适位置；再修剪装配图，删除图中多余的图线，补绘漏缺的轮廓线；最后标注装配图配合尺寸，为各个零件编号填写标题栏和明细表。绘制流程如图 8-45 所示。

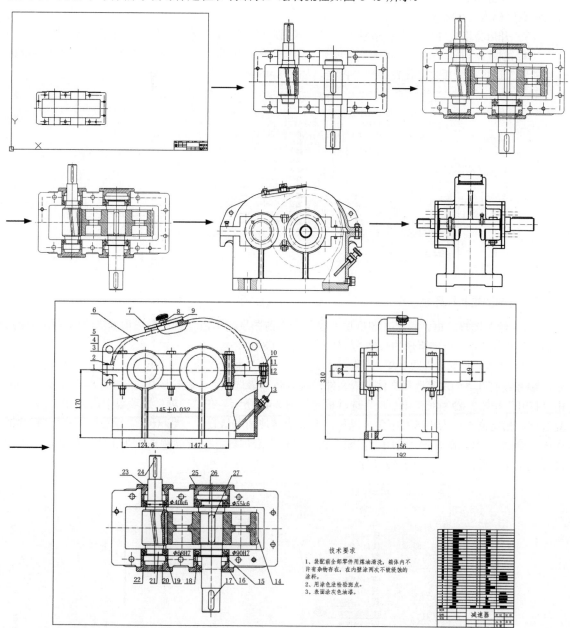

图 8-45 减速器装配图的绘制流程

8.3.1 配置绘图环境

1. 创建新文件

（1）新建文件。启动 AutoCAD 2022，选择菜单栏中的"文件"→"新建"命令打开"选择样板"对话框，单击"打开"按钮右侧的下拉按钮，从下拉菜单中选择"无样板打开－公制（M）"方式创建新文件。将新文件命名为"减速器装配图.dwg"并保存。

（2）设置图形界限。在命令行中输入 LIMITS 命令，按 Enter 键，指定左下角点坐标为（0,0），右上角点坐标为（1189,841）。

（3）开启栅格功能。单击状态栏中的"显示图形栅格"按钮 ⊞，调整绘图区的显示比例。

（4）创建新图层。单击"默认"选项卡"图层"面板中的"图层特性"按钮 ⬛，打开"图层特性管理器"选项板，新建并设置每一个图层，如图 8-46 所示。

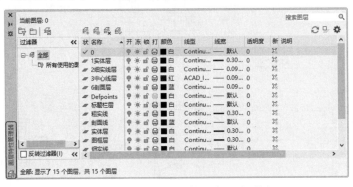

图 8-46　"图层特性管理器"选项板

2. 绘制图幅和标题栏

（1）绘制图幅边框。将"7 图框层"设置为当前图层，单击"默认"选项卡"绘图"面板中的"矩形"按钮 ▭，指定矩形的长度为 1189，宽度为 841。

（2）调入"标题栏"块。单击"插入"选项卡"块"面板"插入"下拉列表中的"库中的块"命令，❶系统打开"为块库选择文件夹或文件"对话框，❷选择"标题栏图块"，如图 8-47 所示，❸单击"打开"按钮。❹系统弹出"块"选项板，如图 8-48 所示。在"选项"选项组中❺选中"插入点"复选框，指定插入点为矩形右下角，缩放比例和旋转使用默认设置。❻双击"标题栏图块"，将其插入图中合适位置，❼单击"关闭"按钮，关闭"块"选项板，完成标题栏绘制工作。至此，配置绘图环境工作完成，结果如图 8-49 所示。

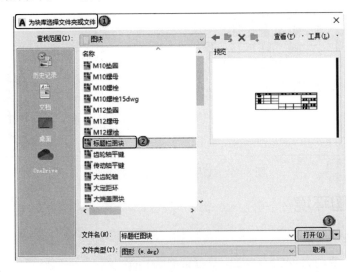

图 8-47　"为块库选择文件夹或文件"对话框

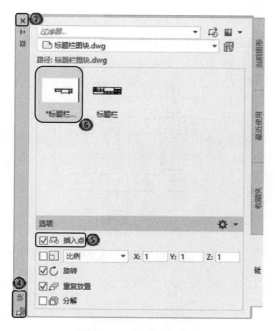

图 8-48　"块"选项板

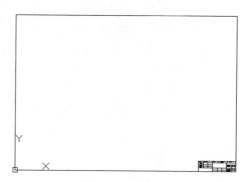

图 8-49　配置绘图环境

8.3.2　拼装装配图

1. 安装已有图块

（1）插入"减速器箱体"图块。单击"默认"选项卡"块"面板中的"插入"下拉菜单，系统弹出"块"选项板，设定"插入点"坐标为（360,360,0），"比例"和"旋转"使用默认设置，将"减速器箱体.dwg"图块插入图中指定位置，如图 8-50 所示。

（2）插入"小齿轮轴"图块。继续执行插入块操作，选择"小齿轮轴.dwg"图块。选中"插入点"复选框，设置"旋转"角度为 90°，"比例"使用默认设置。

（3）移动图块。单击"默认"选项卡"修改"面板中的"移动"按钮✥，选择"小齿轮轴"图块，将小齿轮轴安装到减速器箱体中，使小齿轮轴最下面的台阶面与箱体的内壁重合，如图 8-51 所示。

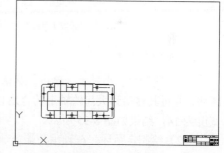

图 8-50　插入"减速器箱体"图块

（4）插入"大齿轮轴"图块。继续执行插入块操作，选择"大齿轮轴.dwg"图块。选中"插入点"复选框，设置"旋转"角度为-90°，"比例"使用默认设置。

（5）移动图块。单击"默认"选项卡"修改"面板中的"移动"按钮✥，选择"大齿轮轴"图块，选择移动基点为大齿轮轴的最上面台阶面的中点，将大齿轮轴安装到减速器箱体中，使大齿轮轴最上面的台阶面与减速器箱体的内壁重合，结果如图 8-52 所示。

（6）插入"圆柱齿轮"图块。继续执行插入块操作，选择"大齿轮.dwg"图块。选中"插入点"复选框，设置"旋转"角度为 90°，其他选项保持默认。

（7）移动图块。单击"默认"选项卡"修改"面板中的"移动"按钮✥，选择"大齿轮"图块，移动基点为大齿轮上端面的中点，将大齿轮安装到减速器箱体中，使大齿轮上端面与大齿轮轴的台阶面重合，结果如图 8-53 所示。

（8）安装其他减速器零件。仿照上面的方法，安装大轴承以及 4 个箱体端盖，结果如图 8-54 所示。

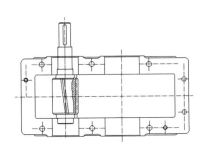

图 8-51　安装小齿轮轴

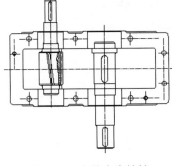

图 8-52　安装大齿轮轴

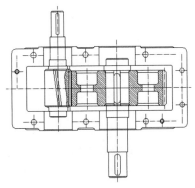

图 8-53　安装大齿轮

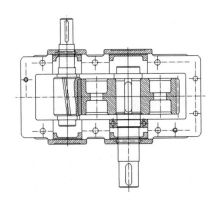

图 8-54　安装其他零件

2．补全装配图

（1）绘制大、小轴承。单击"默认"选项卡"修改"面板中的"复制"按钮🎨，复制"大轴承"图块，并将其移动到大齿轮轴上的合适位置。绘制小齿轮轴上的两个轴承，内径为 Ø40、外径为 Ø68、宽度为 14，结果如图 8-55 所示。

（2）绘制定距环。在轴承与端盖、轴承与齿轮之间绘制定距环，结果如图 8-56 所示。

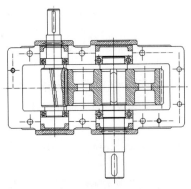

图 8-55　绘制大、小轴承

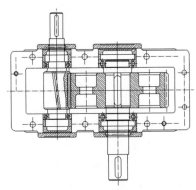

图 8-56　绘制定距环

8.3.3　修剪装配图

（1）分解所有图块。单击"默认"选项卡"修改"面板中的"分解"按钮 ，选择所有图块进行分解。

（2）修剪装配图。单击"默认"选项卡"修改"面板中的"修剪"按钮 、"删除"按钮 和"打断于点"按钮 ，对装配图进行细节修剪，修剪结果如图 8-57 所示。

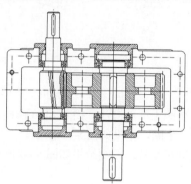

图 8-57　修剪后的装配图

8.3.4　装配主视图

（1）插入"箱体主视图"图块。单击"默认"选项卡"块"面板中的"插入"下拉菜单，系统弹出"块"选项板。参数设置为默认，将"箱体主视图.dwg"图块插入图中适当的位置，结果如图 8-58 所示。

（2）移动图块。移动箱体主视图图块，使之与俯视图保持投影关系。

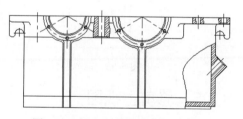

图 8-58　插入"箱体主视图"图块

（3）插入"箱盖主视图"图块。继续执行插入块操作，选择"箱盖主视图.dwg"图块插入图形中。选中"插入点"复选框，缩放比例使用默认设置，如图 8-59 所示。

（4）插入"圆锥销"图块。继续执行插入块操作，选择"圆锥销.dwg"图块插入图形中。选中"插入点"复选框，"旋转"设置为 0，缩放比例使用默认设置，结果如图 8-60 所示。

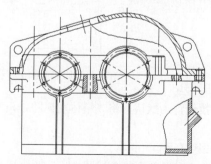

图 8-59　插入"箱盖主视图"图块

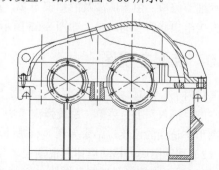

图 8-60　插入"圆锥销"图块

（5）插入"油标尺"。继续执行插入块操作，选择"油标尺.dwg"图块插入图形中。选中"插入点"复选框，缩放比例使用默认设置，结果如图 8-61 所示。

（6）插入"通气器"。继续执行插入块操作，选择"通气器.dwg"图块插入图形中。选中"插入点"复选框，"旋转"设置为 16°，缩放比例设置为 0.5，结果如图 8-62 所示。

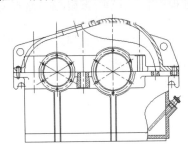
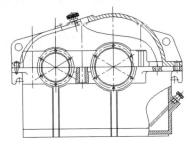

图 8-61　插入油标尺　　　　　　　　　　　图 8-62　插入通气器

（7）插入其他减速器零件。仿照上面的方法，插入 M10 螺栓、螺母、垫圈、轴承端盖 1、轴承端盖 2 以及 3 个 M12 螺栓、螺母、垫圈，结果如图 8-63 所示。

（8）在通气器位置插入视孔盖和垫片，绘制结果如图 8-64 所示。

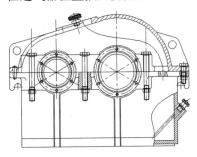
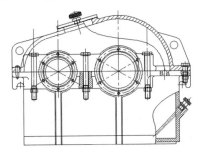

图 8-63　插入其他零件　　　　　　　　　　图 8-64　绘制视孔盖和垫片

8.3.5　修剪主视图

（1）分解所有图块。单击"默认"选项卡"修改"面板中的"分解"按钮，选择所有图块进行分解。

（2）修剪主视图。单击"默认"选项卡"修改"面板中的"修剪"按钮、"删除"按钮和"打断于点"按钮，对装配图进行细节修剪，由于所涉及的知识不多，过程比较烦琐，所以这里直接给出修剪后的结果，如图 8-65 所示。

8.3.6　装配左视图

（1）插入"箱体左视图"图块。单击"默认"选项卡"块"面板中的"插入"下拉菜单，系统弹出"块"选项板。参数设置为默认，将"箱体左视图.dwg"图块插入图形中适当的位置，结果如图 8-66 所示。

（2）移动图块。移动箱体左视图使之与主视图保持投影关系。

（3）插入"箱盖左视图"图块。继续执行插入块操作，选择"箱盖左视图.dwg"图块插入图形中。选中"插入点"复选框，缩放比例使用默认设置，如图 8-67 所示。

（4）插入"传动轴"图块。继续执行插入块操作，选择"传动轴.dwg"图块插入图形中。选中

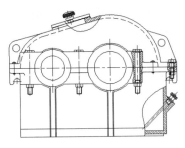

图 8-65　修剪后的主视图

"插入点"复选框，缩放比例使用默认设置。

（5）移动图块。单击"默认"选项卡"修改"面板中的"移动"按钮✛，移动"传动轴"，使其左端距离中心线 69 mm，位置如图 8-68 所示。

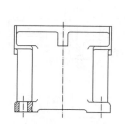

图 8-66 插入"箱体左视图"图块

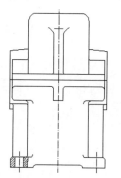

图 8-67 插入"箱盖左视图"图块

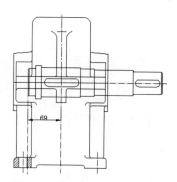

图 8-68 插入"传动轴"图块

（6）插入"齿轮轴"。继续执行插入块操作，选择"齿轮轴.dwg"图块插入图形中。选中"插入点"复选框，"旋转"设置为 180°，缩放比例使用默认设置。移动齿轮轴使其右端距离中心线 67 mm，结果如图 8-69 所示。

（7）插入"端盖 1 左视图"图块。继续执行插入块操作，选择"端盖 1 左视图.dwg"图块插入图形中。选中"插入点"复选框，"旋转"设置为 90°，缩放比例使用默认设置。将图块进行移动，使端盖与箱体右端面贴合。同理插入"端盖 2 左视图"，结果如图 8-70 所示。

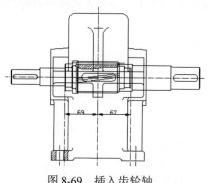

图 8-69 插入齿轮轴

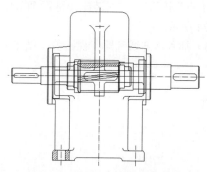

图 8-70 插入"端盖"图块

（8）镜像端盖。单击"默认"选项卡"修改"面板中的"镜像"按钮⚠，选择插入的端盖，将其关于中心线镜像，结果如图 8-71 所示。

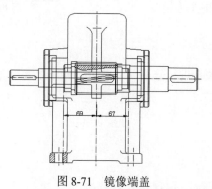

图 8-71 镜像端盖

（9）插入其他减速器零件。仿照上面的方法，在俯视图两侧分别插入 1 组 M12 螺栓、螺母，结果如图 8-72 所示。

（10）插入圆头平键。仿照前面的方法插入传动轴平键和齿轮轴平键，结果如图 8-73 所示。

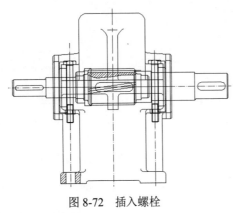

图 8-72　插入螺栓

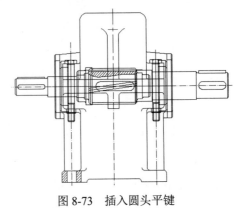

图 8-73　插入圆头平键

8.3.7　修剪左视图

（1）分解所有图块。单击"默认"选项卡"修改"面板中的"分解"按钮，选择所有图块进行分解。

（2）修剪左视图。单击"默认"选项卡"修改"面板中的"修剪"按钮、"删除"按钮和"打断于点"按钮，对装配图进行细节修剪，由于所涉及知识不多，此处直接给出修剪后的结果，如图 8-74 所示。

（3）插入顶部通气器、视孔盖，结果如图 8-75 所示。

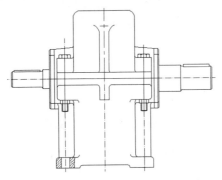

图 8-74　修剪后的减速器左视图

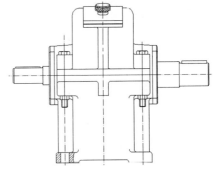

图 8-75　插入通气器组件

8.3.8　修整总装图

将总装图按照三视图投影关系进行修整，结果如图 8-76 所示。

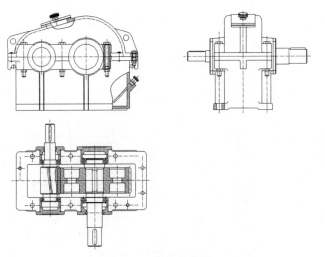

图 8-76 修整总装图

8.3.9 标注装配图

（1）设置尺寸标注样式。单击"默认"选项卡"注释"面板中的"标注样式"按钮，打开"标注样式管理器"对话框，创建"机械制图标注（带公差）"样式，各属性与前面章节设置相同，将其设置为当前使用的标注样式，并将"尺寸标注层"设置为当前图层。

（2）标注带公差的配合尺寸。单击"注释"选项卡"标注"面板中的"线性"按钮，标注小齿轮轴与小轴承的配合尺寸、小轴承与箱体轴孔的配合尺寸、大齿轮轴与大齿轮的配合尺寸、大齿轮轴与大轴承的配合尺寸以及大轴承与箱体轴孔的配合尺寸。

（3）标注零件号。在命令行中输入 QLEADER 命令，调用"快速引线"命令，从装配图左上角开始，沿装配图外表面按顺时针方向依次为减速器各个零件编号，结果如图 8-77 所示。

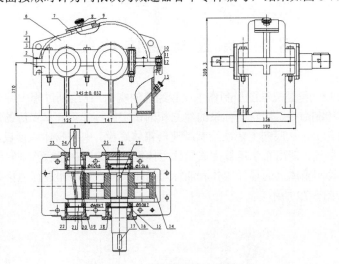

图 8-77 装配图零件编号

8.3.10 填写标题栏和明细表

（1）填写标题栏。将"标题层"设置为当前图层，在标题栏中填写"装配图"。

（2）插入"明细表"图块。单击"默认"选项卡"块"面板中的"插入"下拉菜单，系统弹出"块"选项板。选择"明细表.dwg"图块作为插图图块，设定"插入点"坐标为（835,45,0），"比例"和"旋转"使用默认设置，结果如图 8-78 所示。

27	平键16×70	1	Q275A	
26	传动轴	1	45	
25	大端盖	1	HT200	
24	平键8×50×7	1	Q275A	
23	小通盖	1	HT200	
22	小轴承	1	GCr40	
21	齿轮轴	1	45	
20	小端盖	1	HT200	
19	小定距环	1	Q235A	
18	大轴承	2	GCr40	
17	平键14×50	1	Q275A	
16	大通盖	1	HT200	
15	定距环	1	Q235A	
14	圆柱齿轮	1	45	
13	油标尺	1	Q235A	
12	垫圈	2	65Mn	GB93-87
11	螺母	2	5	GB6170-86
10	螺栓	2	5.9	GB5782-86
9	视口盖	1	Q215A	
8	通气器	1	Q235A	
7	垫片	1	石棉橡胶纸	
6	箱盖	1	HT200	
5	垫圈	6	65Mn	GB93-87
4	螺母	6	5	GB6170-86
3	螺栓	6	5.9	GB5782-86
2	圆锥销	2	35	GB117-86
1	箱体	1	HT200	
序号	名　称	数　量	材　料	备　注

图 8-78　插入"明细表"图块

（3）单击"注释"选项卡"文字"面板中的"多行文字"按钮 **A**，标注技术要求。至此，装配图绘制完毕。

8.4　减速器箱体的绘制

减速器箱体的绘制过程是三维图形制作中比较经典的实例，在绘制过程中综合运用了绘图环境的设置、多种三维实体绘制命令、用户坐标系的建立和剖切实体等知识。本实例的制作思路为：首先绘制减速器箱体的主体部分，从底向上依次绘制减速器箱体底板、中间腔体和顶板，绘制箱体的轴承通孔、螺栓肋板和侧面肋板，调用布尔运算完成箱体主体设计和绘制；然后绘制箱体底板和顶板上的螺纹、销等孔系；最后绘制箱体上的耳片实体和油标尺插孔实体，对实体进行渲染得到最终的箱体三维立体图。绘制流程如图 8-79 所示。

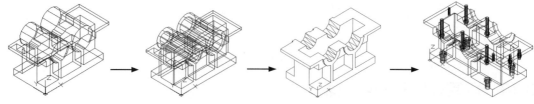

图 8-79　箱体的绘制流程

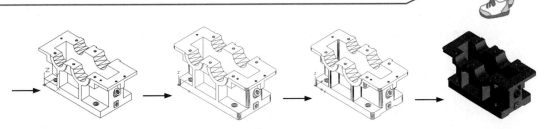

图 8-79 箱体的绘制流程（续）

8.4.1 绘图准备

（1）设置线框密度：默认值是 8，更改设定值为 10。

（2）设置视图方向：将当前视图方向设置为西南等轴测视图。

8.4.2 绘制箱体主体

（1）绘制底板、中间膛体和顶面。单击"三维工具"选项卡"建模"面板中的"长方体"按钮，采用角点和长宽高模式绘制以下 3 个长方体。

☑ 以（0,0,0）为角点、长度为 310、宽度为 170、高度为 30 的长方体。

☑ 以（0,45,30）为角点、长度为 310、宽度为 80、高度为 110 的长方体。

☑ 以（−35,5,140）为角点、长度为 380、宽度为 160、高度为 12 的长方体。

结果如图 8-80 所示。

> **注意**：绘制三维实体造型时，如果使用视图的切换功能，如俯视图和东南等轴测视图等，视图的切换也可能导致空间三维坐标系的暂时旋转，即使没有执行 UCS 命令。长方体的长、宽、高分别对应 X、Y、Z 方向上的长度，所以坐标系的不同会导致长方体的形状大不相同。因此若采用角点和长宽高模式绘制长方体，一定要注意观察当前所提示的坐标系。

（2）绘制轴承支座。单击"三维工具"选项卡"建模"面板中的"圆柱体"按钮，采用指定两个底面圆心点和底面半径的模式，绘制以下两个圆柱体。

☑ 以（77,0,152）为底面中心点、半径为 45、轴端点为（77,170,152）的圆柱体。

☑ 以（197,0,152）为底面中心点、半径为 53.5、轴端点为（197,170,152）的圆柱体，如图 8-81 所示。

（3）绘制螺栓筋板。单击"三维工具"选项卡"建模"面板中的"长方体"按钮，采用角点和长宽高模式绘制长方体，角点为（10,5,114）、长度为 264、宽度为 160、高度为 38，结果如图 8-82 所示。

（4）绘制肋板。单击"三维工具"选项卡"建模"面板中的"长方体"按钮，采用角点和长宽高模式绘制以下两个长方体。

☑ 以（70,0,30）为角点、长度为 14、宽度为 160、高度为 80 的长方体。

☑ 以（190,0,30）为角点、长度为 14、宽度为 160、高度为 80 的长方体。

（5）布尔运算求并集。单击"三维工具"选项卡"实体编辑"面板中的"并集"按钮，将现有的所有实体合并，使其成为一个三维实体，结果如图 8-83 所示。

（6）绘制膛体。单击"三维工具"选项卡"建模"面板中的"长方体"按钮，采用角点和长宽高模式绘制长方体，角点为（8,47.5,20）、长度为 294、宽度为 75、高度为 152，如图 8-84 所示。

（7）绘制轴承通孔。单击"三维工具"选项卡"建模"面板中的"圆柱体"按钮，采用指定两个底面圆心点和底面半径的模式绘制以下两个圆柱体。

☑　以（77,0,152）为底面中心点、半径为27.5、轴端点为（77,170,152）的圆柱体。

☑　以（197,0,152）为底面中心点、半径为36、轴端点为（197,170,152）的圆柱体。

结果如图8-85所示。

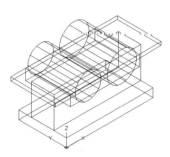

图8-80　绘制底板、中间膛体和顶面　　　图8-81　绘制轴承支座　　　图8-82　绘制螺栓筋板

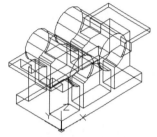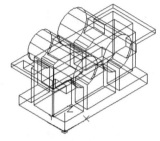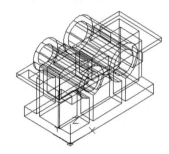

图8-83　布尔运算求并集　　　　图8-84　绘制膛体　　　　图8-85　绘制轴承通孔

（8）布尔运算求差集。单击"三维工具"选项卡"实体编辑"面板中的"差集"按钮，从箱体主体中减去膛体长方体和两个轴承通孔，消隐后的结果如图8-86所示。

（9）剖切实体。单击"三维工具"选项卡"实体编辑"面板中的"剖切"按钮，从箱体主体中剖切掉顶面上多余的实体，沿由点（0,0,152）、（100,0,152）、（0,100,152）组成的平面将图形剖切开，保留箱体下方，隐藏后如图8-87所示。

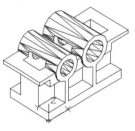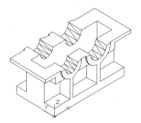

图8-86　布尔运算求差集　　　　图8-87　剖切实体

8.4.3　绘制箱体孔系

（1）绘制底座沉孔。单击"三维工具"选项卡"建模"面板中的"圆柱体"按钮，采用指定底面圆心点、底面半径和圆柱高度的模式，绘制中心点为（40,25,0）、半径为8.5、高度为40的圆柱体。单击"三维工具"选项卡"建模"面板中的"圆柱体"按钮，绘制另一个圆柱体，底面圆心为（40,25,28.4）、半径为12、高度为10，如图8-88所示。

（2）矩形阵列图形。选择菜单栏中的"修改"→"三维操作"→"三维阵列"命令，将步骤（1）绘制的两个圆柱体阵列 2 行 2 列，行间距为 120，列间距为 221。矩形阵列结果如图 8-89 所示。

（3）绘制螺栓通孔。单击"三维工具"选项卡"建模"面板中的"圆柱体"按钮，采用指定底面圆心点、底面半径和圆柱高度的模式，绘制以下两个圆柱体。

☑ 底面中心点为（34.5,25,100）、半径为 5.5、高度为 80 的圆柱体。

☑ 底面中心点为（34.5,25,110）、半径为 9、高度为 5 的圆柱体。

结果如图 8-90 所示。

（4）矩形阵列图形。选择菜单栏中的"修改"→"三维操作"→"三维阵列"命令，将步骤（3）绘制的两个圆柱体阵列 2 行 2 列，行间距为 120，列间距为 103。矩形阵列结果如图 8-91 所示。

（5）三维镜像图形。选择菜单栏中的"修改"→"三维操作"→"三维镜像"命令，将步骤（4）创建的中间 4 个圆柱体进行镜像处理，镜像的平面为由（197,0,152）、（197,100,152）、（197,50,50）组成的平面。三维镜像结果如图 8-92 所示。

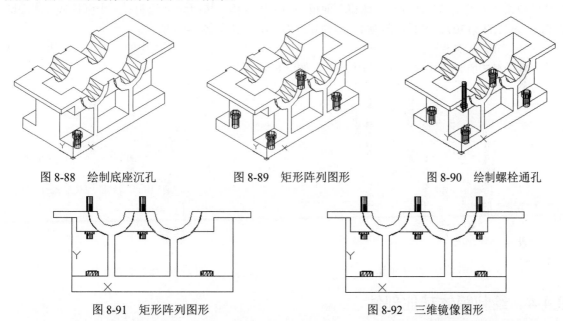

图 8-88 绘制底座沉孔　　　图 8-89 矩形阵列图形　　　图 8-90 绘制螺栓通孔

图 8-91 矩形阵列图形　　　　　图 8-92 三维镜像图形

（6）绘制小螺栓通孔。利用 UCS 命令，返回到世界坐标系。单击"三维工具"选项卡"建模"面板中的"圆柱体"按钮，采用指定底面圆心点、底面半径和圆柱高度的模式，绘制底面中心点为（335,62,120）、半径为 4.5、高度为 40 的圆柱体。

（7）绘制螺栓通孔。单击"三维工具"选项卡"建模"面板中的"圆柱体"按钮，采用指定底面圆心点、底面半径和圆柱高度的模式，绘制底面中心点为（335,62,130）、半径为 7.5、高度为 11 的圆柱体，如图 8-93 所示。

（8）三维镜像图形。选择菜单栏中的"修改"→"三维操作"→"三维镜像"命令，镜像对象为刚绘制的两个圆柱体，镜像平面上的 3 点是（0,85,0）、（100,85,0）、（0,85,100），切换到东南等轴测视图，三维镜像结果如图 8-94 所示。

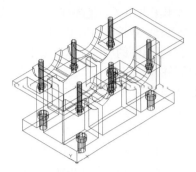

图 8-93　绘制螺栓通孔

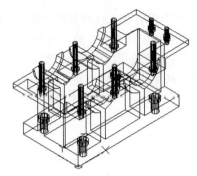

图 8-94　三维镜像图形

（9）绘制销孔。单击"三维工具"选项卡"建模"面板中的"圆柱体"按钮，采用指定底面圆心点、底面半径和圆柱高度的模式，绘制底面中心点为（288,25,130）、半径为 4、高度为 30 的圆柱体。单击"三维工具"选项卡"建模"面板中的"圆柱体"按钮，绘制另一个圆柱体，底面圆心点为（-17,112,130）、底面半径为 4、圆柱高度为 30，结果如图 8-95 所示。

（10）布尔运算求差集。单击"三维工具"选项卡"实体编辑"面板中的"差集"按钮，从箱体主体中减去所有圆柱体，形成箱体孔系，如图 8-96 所示。

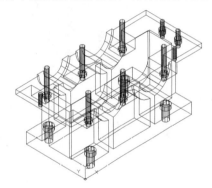

图 8-95　绘制销孔

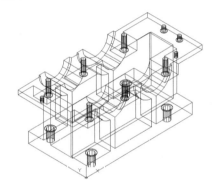

图 8-96　绘制箱体孔系

8.4.4　绘制箱体其他部件

（1）绘制长方体。单击"三维工具"选项卡"建模"面板中的"长方体"按钮，采用角点和长宽高模式绘制以下两个长方体。

☑　以（-35,45,113）为角点、长度为 35、宽度为 10、高度为 27 的长方体。

☑　以（310,45,113）为角点、长度为 35、宽度为 10、高度为 27 的长方体。

结果如图 8-97 所示。

（2）选择菜单栏中的"修改"→"三维操作"→"三维镜像"命令，将步骤（1）创建的两个长方体进行镜像处理，镜像平面为由（0,85,0）、（0,85,152）、（310,85,152）组成的平面。

（3）绘制圆柱体。将视图切换到前视，单击"三维工具"选项卡"建模"面板中的"圆柱体"按钮，采用指定两个底面圆心点和底面半径的模式绘制以下两个圆柱体。

☑　以（-11,45,113）为底面圆心、半径为 11、顶圆圆心为（-11,125,113）的圆柱体。

☑　以（321,45,113）为底面圆心、半径为 11、顶圆圆心为（321,125,113）的圆柱体。

结果如图 8-97 所示。

（4）布尔运算求差集。单击"三维工具"选项卡"实体编辑"面板中的"差集"按钮 ，从左右两个大长方体中减去圆柱体，形成左右耳片。

（5）绘制耳片。单击"三维工具"选项卡"实体编辑"面板中的"并集"按钮，将现有的左右耳片与箱体主体合并，使之成为一个三维实体，如图 8-98 所示。

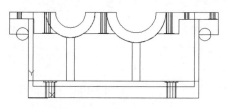

图 8-97　绘制长方体

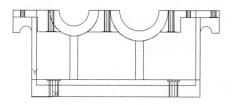

图 8-98　绘制耳片

（6）在命令行中输入 UCS 命令，将当前坐标系绕 X 轴旋转 90°。

（7）绘制圆柱体。单击"三维工具"选项卡"建模"面板中的"圆柱体"按钮，采用指定两个底面圆心点和底面半径的模式绘制以下两个圆柱体。

☑　以（320,85,-85）为圆心、半径为 14、顶面圆心为（@-50<45）的圆柱体。

☑　以（320,85,-85）为圆心、半径为 8、顶圆圆心为（@-50<45）的圆柱体。

结果如图 8-99 所示。

（8）剖切圆柱体。在命令行中输入 UCS 命令，将坐标系恢复到世界坐标系。单击"三维工具"选项卡"实体编辑"面板中的"剖切"按钮，剖切掉两个圆柱体左侧实体，剖切平面上的 3 点为（302,0,0）、（302,0,100）、（302,100,0），保留两个圆柱体右侧，剖切结果如图 8-100 所示。

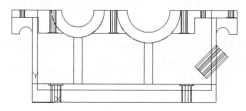

图 8-99　绘制圆柱体

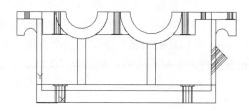

图 8-100　剖切圆柱体

（9）布尔运算求并集。单击"三维工具"选项卡"实体编辑"面板中的"并集"按钮，将箱体和大圆柱体合并为一个整体。

（10）绘制油标尺插孔。单击"三维工具"选项卡"实体编辑"面板中的"差集"按钮，从大圆柱体中减去小圆柱体，形成油标尺插孔。东南等轴测视图消隐后的结果如图 8-101 所示。

（11）绘制圆柱体。将视图切换到东南等轴测，然后将坐标系恢复到世界坐标，单击"三维工具"选项卡"建模"面板中的"圆柱体"按钮，采用指定两个底面圆心点和底面半径的模式，以（302,85,24）为底面圆心、半径为 7、顶圆圆心为（330,85,24）绘制圆柱体。

（12）绘制长方体。单击"三维工具"选项卡"建模"面板中的"长方体"按钮，采用角点和长宽高模式绘制长方体，角点为（310,72.5,13）、长度为 23、宽度为 4、高度为 23，如图 8-102 所示。

（13）布尔运算求并集。单击"三维工具"选项卡"实体编辑"面板中的"并集"按钮，将箱体和长方体合并为一个整体。

（14）绘制放油孔。单击"三维工具"选项卡"实体编辑"面板中的"差集"按钮，从箱体中减去大、小圆柱体，如图 8-103 所示。

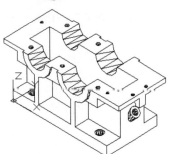
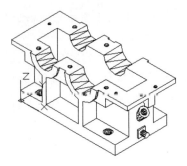
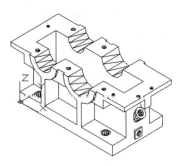

图 8-101　绘制油标尺插孔　　　图 8-102　绘制圆柱体和长方体　　　图 8-103　绘制放油孔

8.4.5　细化箱体

（1）箱体外侧倒圆角。单击"三维工具"选项卡"实体编辑"面板中的"圆角边"按钮，对箱体底板、中间膛体和顶板的各自 4 个直角外沿倒圆角，圆角半径为 10。

（2）膛体内壁倒圆角。单击"三维工具"选项卡"实体编辑"面板中的"圆角边"按钮，对箱体膛体 4 个直角内沿倒圆角，圆角半径为 5。

（3）肋板倒圆角。单击"三维工具"选项卡"实体编辑"面板中的"圆角边"按钮，对箱体前后肋板的各自直角边沿倒圆角，圆角半径为 3。

（4）耳片倒圆角。单击"三维工具"选项卡"实体编辑"面板中的"圆角边"按钮，对箱体左右两个耳片直角边沿倒圆角，圆角半径为 5。

（5）螺栓筋板倒圆角。单击"三维工具"选项卡"实体编辑"面板中的"圆角边"按钮，对箱体顶板下方的螺栓筋板的直角边沿倒圆角，圆角半径为 10，结果如图 8-104 所示。

（6）绘制底板凹槽。单击"三维工具"选项卡"建模"面板中的"长方体"按钮，采用角点和长宽高模式绘制长方体，角点为（0,43,0）、长度为 310、宽度为 84、高度为 5。

（7）布尔运算求差集。单击"三维工具"选项卡"实体编辑"面板中的"差集"按钮，从箱体中减去长方体。

（8）凹槽倒圆角。单击"三维工具"选项卡"实体编辑"面板中的"圆角边"按钮，对凹槽的直角内沿倒圆角，圆角半径为 5，如图 8-105 所示。

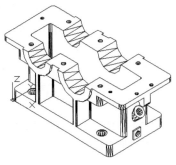
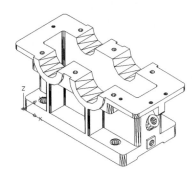

图 8-104　螺栓筋板倒圆角　　　　　　图 8-105　凹槽倒圆角

8.4.6　渲染视图

图形绘制完成后，单击"可视化"选项卡"材质"面板中的"材质浏览器"按钮，选择适当的材质对图形进行渲染，效果如图 8-106 所示。

Note

图 8-106　箱体渲染效果图

视频讲解

8.5　减速器齿轮组件装配

本节主要介绍减速器中大、小齿轮的装配方法，其中为了便于安装，可以先将所需零部件创建为单独的图块并保存，然后再进行组件的装配。绘制流程如图 8-107 所示。

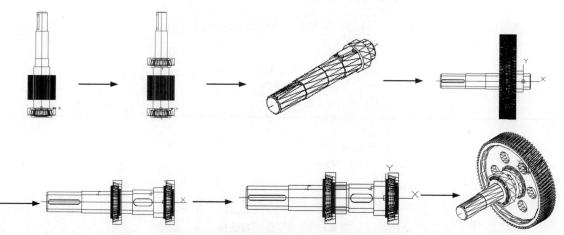

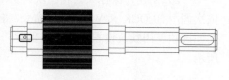

图 8-107　减速器齿轮组件装配的绘制流程

8.5.1　创建小齿轮及其轴图块

（1）打开文件。单击快速访问工具栏中的"打开"按钮，找到"齿轮轴立体图.dwg"文件，如图 8-108 所示。

（2）创建零件图块。单击"插入"选项卡"块定义"面板中的"创建块"按钮，打开"块定义"对话框，如图 8-109 所示。单击"选择对象"按钮，返回到绘图窗口，用鼠标左键选取小齿轮及其轴，返回"块定义"对话框，在名称文本框中添加名称为"齿轮轴立体图块"，"基点"设置为图 8-108 中的 O 点，其他选项使用默认设置，完成创建零件图块的操作。

图 8-108　齿轮轴

图 8-109　"块定义"对话框

（3）保存零件图块。单击"插入"选项卡"块定义"面板中的"写块"按钮 ，打开"写块"对话框，如图 8-110 所示。在"源"选项组中选择"块"模式，从下拉列表中选择"齿轮轴立体图块"，在"目标"选项组中选择文件名和路径，完成零件图块的保存。至此，在以后使用小齿轮及其轴零件时，可以直接以块的形式进行插入操作。

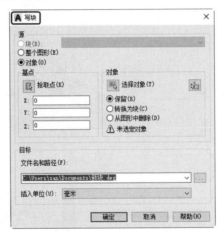

图 8-110　"写块"对话框

8.5.2　创建大齿轮图块

（1）打开文件。单击快速访问工具栏中的"打开"按钮 ，找到"大齿轮立体图.dwg"文件。

（2）创建并保存大齿轮图块。仿照前面创建与保存图块的操作方法，依次调用 BLOCK 和 WBLOCK 命令，将图 8-111 所示的 A 点设置为"基点"，其他选项使用默认设置，创建并保存"大齿轮立体图块"，结果如图 8-111 所示。

8.5.3　创建大齿轮轴图块

图 8-111　三维大齿轮图块

（1）打开文件。单击快速访问工具栏中的"打开"按钮 ，找到"轴立体图.dwg"文件。

（2）创建并保存大齿轮轴图块。仿照前面创建与保存图块的操作方法，依次调用 BLOCK 和 WBLOCK 命令，将图 8-112 所示的 B 点设置为"基点"，其他选项使用默认设置，创建并保存"传动轴立体图块"，如图 8-112 所示。

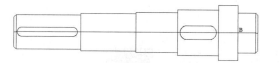

图 8-112　三维大齿轮轴图块

8.5.4　创建轴承图块

（1）打开文件。单击快速访问工具栏中的"打开"按钮，分别打开大、小圆柱滚子轴承文件。

（2）创建并保存大、小轴承图块。仿照前面创建与保存图块的操作方法，依次调用 BLOCK 和 WBLOCK 命令，大轴承图块的"基点"设置为（0,0,0），小轴承图块的"基点"设置为（0,0,0），其他选项使用默认设置，创建并保存"大轴承立体图块"和"小轴承立体图块"，结果如图 8-113 所示。

图 8-113　三维大、小轴承图块

8.5.5　创建平键图块

（1）打开文件。单击快速访问工具栏中的"打开"按钮，找到"平键立体图.dwg"文件。

（2）创建并保存平键图块。仿照前面创建与保存图块的操作方法，依次调用 BLOCK 和 WBLOCK 命令，平键图块的"基点"设置为（0,0,0），其他选项使用默认设置，创建并保存"平键立体图块"，如图 8-114 所示。

8.5.6　装配小齿轮组件

（1）建立新文件。启动 AutoCAD 2022，以"无样板打开－公制（M）"方式建立新文件，将新文件命名为"齿轮轴装配图.dwg"并保存。

图 8-114　三维平键图块

（2）插入"齿轮轴立体图块"。单击"插入"选项卡"块"面板"插入"下拉列表中的"库中的块"命令，打开"块"选项板。单击"库"选项中的"浏览块库"按钮，弹出"为块库选择文件夹或文件"对话框，选择"齿轮轴立体图块.dwg"作为插入的图块，单击"打开"按钮，返回"块"选项板。设定"插入点"坐标为（0,0,0），缩放比例和旋转使用默认设置，完成插入块操作。

（3）插入"小轴承立体图块"。继续利用插入块命令，选择"轴承轴图块.dwg"。设定插入属性："插入点"设置为（0,0,0），缩放比例和旋转使用默认设置。单击"确定"按钮完成插入块操作，俯视结果如图 8-115 所示。

（4）旋转小轴承图块。选择菜单栏中的"修改"→"三维操作"→"三维旋转"命令，将小轴承图块绕轴旋转 90°，旋转结果如图 8-116 所示。

（5）复制小轴承图块。单击"默认"选项卡"修改"面板中的"复制"按钮，将小轴承从 C 点复制到 D 点，结果如图 8-117 所示。

图 8-115　插入小轴承立体图块　　　图 8-116　旋转小轴承图块　　　图 8-117　复制小轴承图块

8.5.7　装配大齿轮组件

（1）建立新文件。启动 AutoCAD 2022，以"无样板打开－公制（M）"方式建立新文件，将新文件命名为"大齿轮装配图.dwg"并保存。

（2）插入"轴立体图块"。单击"插入"选项卡"块"面板"插入"下拉列表中的"库中的块"命令，打开"块"选项板。单击"库"选项中的"浏览块库"按钮，弹出"为块库选择文件夹或文件"对话框，选择"轴立体图块.dwg"作为插入的图块，单击"打开"按钮，返回"块"选项板。设定"插入点"坐标为（0,0,0），缩放比例和旋转使用默认设置。

（3）插入"键立体图块"。继续利用插入块命令，选择"键立体图块.dwg"。设定插入属性："插入点"设置为（0,0,0），缩放比例和旋转使用默认设置，完成插入块操作。

（4）移动平键图块。选择菜单栏中的"修改"→"三维操作"→"三维移动"命令，选择键图块，选择键图块的左端底面圆心，"相对位移"为键槽的左端底面圆心，如图 8-118 所示。

（5）插入"大齿轮立体图块"。继续利用插入块命令，选择"大齿轮立体图块.dwg"。设定插入属性："插入点"设置为（0,0,0），缩放比例和旋转使用默认设置，完成插入块操作，俯视结果如图 8-119 所示。

（6）移动"大齿轮立体图块"。选择菜单栏中的"修改"→"三维操作"→"三维移动"命令，选择"大齿轮图块"，"基点"任意选取，"相对位移"为（@-57.5,0,0），结果如图 8-120 所示。

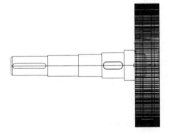

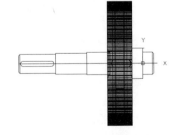

图 8-118　移动平键图块　　　图 8-119　插入大齿轮立体图块　　　图 8-120　移动大齿轮立体图块

（7）切换观察视角。切换到右视图，如图 8-121 所示。

（8）旋转"大齿轮立体图块"。选择菜单栏中的"修改"→"三维操作"→"三维旋转"命令，将大齿轮图块绕轴旋转 180°，如图 8-122 所示。

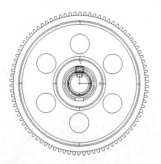

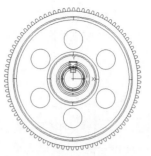

图 8-121　切换观察视角　　　　　　　图 8-122　旋转大齿轮立体图块

（9）为了方便装配，将大齿轮隐藏。新建"图层 1"，将大齿轮切换到"图层 1"上，并将"图层 1"冻结。

（10）插入"大轴承立体图块"。继续利用插入块命令，选择"大轴承立体图块.dwg"。设定插入属性："插入点"设置为（0,0,0），缩放比例和旋转使用默认设置。完成插入块操作，如图 8-123 所示。

（11）旋转"大轴承立体图块"。选择菜单栏中的"修改"→"三维操作"→"三维旋转"命令，对大轴承图块进行三维旋转操作，使轴承的轴线与齿轮轴的轴线相重合，即将大轴承图块绕 Y 轴旋转 90°，如图 8-124 所示。

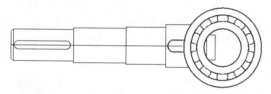
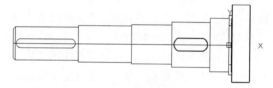

图 8-123　插入大轴承立体图块　　　　　图 8-124　旋转大轴承立体图块

（12）复制"大轴承立体图块"。单击"默认"选项卡"修改"面板中的"复制"按钮，将大轴承图块从原点复制到（-91,0,0），结果如图 8-125 所示。

（13）绘制圆柱体。单击"三维工具"选项卡"建模"面板中的"圆柱体"按钮，采用指定两个底面圆心点和底面半径的模式绘制以下两个圆柱体。

☑　以（0,0,300）为底面中心点、半径为 17.5、顶圆圆心为（@-16.5,0,0）的圆柱体。

☑　以（0,0,300）为底面中心点、半径为 22、顶圆圆心为（@-16.5,0,0）的圆柱体。

结果如图 8-126 所示。

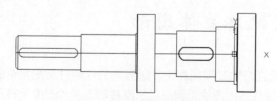

图 8-125　复制大轴承立体图块　　　　　图 8-126　绘制圆柱体

（14）绘制定距环。单击"三维工具"选项卡"实体编辑"面板中的"差集"按钮，从大圆柱体中减去小圆柱体，得到定距环实体。

（15）移动定距环实体。选择菜单栏中的"修改"→"三维操作"→"三维移动"命令，选择定距环，"基点"任意选取，"相对位移"为（-@57.5,0,0），如图 8-127 所示。

（16）更改大齿轮图层属性。打开大齿轮图层，显示大齿轮实体，更改其图层属性为实体层。至此，完成大齿轮组件装配立体图的绘制，如图 8-128 所示。

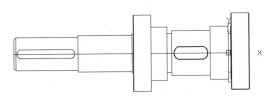

图 8-127　移动定距环实体

图 8-128　大齿轮组件装配立体图

8.5.8　绘制爆炸图

视频讲解

爆炸图就好像在实体内部产生爆炸一样，各个零件按照切线方向向外飞出，既可以直观地显示装配图中各个零件的实体模型，又可以表明各个零件的装配关系。在其他绘图软件中，例如，SolidWorks 中集成了爆炸图自动生成功能，系统可以自动生成装配图的爆炸效果图。而 AutoCAD 2022 暂时还没有集成这一功能，不过利用实体的编辑命令，同样可以在 AutoCAD 2022 中创建爆炸效果图。

（1）剥离左右轴承。选择菜单栏中的"修改"→"三维操作"→"三维移动"命令，选择右侧轴承图块，"基点"任意选取，"相对位移"为（@50,0,0）；选择左侧轴承图块，"基点"任意选取，"相对位移"为（@-400,0,0）。

（2）剥离定距环。选择菜单栏中的"修改"→"三维操作"→"三维移动"命令，选择定距环图块，"基点"任意选取，"相对位移"为（@-350,0,0）。

（3）剥离齿轮。选择菜单栏中的"修改"→"三维操作"→"三维移动"命令，选择齿轮图块，"基点"任意选取，"相对位移"为（@-220,0,0）。

（4）剥离平键。选择菜单栏中的"修改"→"三维操作"→"三维移动"命令，选择平键图块，"基点"任意选取，"相对位移"为（@0,0,50）。爆炸效果如图 8-129 所示。

图 8-129　大齿轮组件爆炸图

8.6　装配总立体图形

视频讲解

本实例先将减速器箱体图块插入预先设置好的装配图样中，起到为后续零件装配定位的作用；然后分别插入 8.5 节中保存过的大、小齿轮组件装配图块，调用"三维移动"和"三维旋转"命令使其安装到减速器箱体中合适位置；接着插入减速器的其他装配零件，并放置到箱体合适位置，完成减速器总装立体图的设计与绘制；最后进行实体渲染与保存操作。绘制流程如图 8-130 所示。

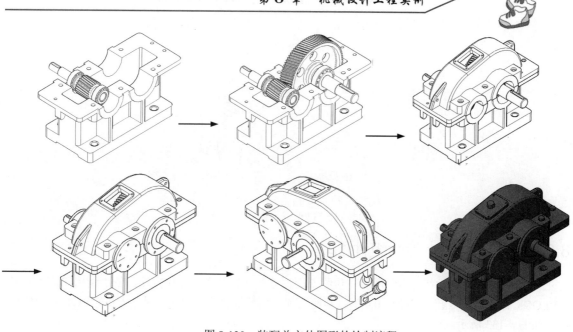

图 8-130 装配总立体图形的绘制流程

8.6.1 创建箱体图块

（1）打开文件。单击快速访问工具栏中的"打开"按钮 ⏏，打开"选择文件"对话框，打开"减速器箱体立体图.dwg"文件。

（2）创建箱体图块。单击"插入"选项卡"块定义"面板中的"创建块"按钮 ⏏，打开"块定义"对话框，单击"选择对象"按钮 ⏏，回到绘图窗口，用鼠标左键选取减速器箱体；回到"块定义"对话框，在"名称"文本框中添加名称为"三维箱体图块"，"基点"设置为（0,0,0），其他选项使用默认设置，单击"确定"按钮完成箱体图块的操作。

（3）保存箱体图块。在命令行中输入 WBLOCK 命令并按 Enter 键，打开"写块"对话框，在"源"选项组中选择"块"模式，从下拉列表中选择如图 8-131 所示的三维箱体图块，在"目标位置"选项组中选择文件名和路径，完成箱体图块的保存。至此，再使用箱体零件时，就可以直接以块的形式插入目标文件。

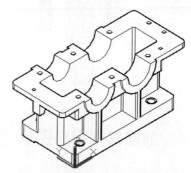

图 8-131 三维箱体图块

8.6.2 创建箱盖图块

（1）打开文件。单击快速访问工具栏中的"打开"按钮 ⏏，找到"减速器箱盖立体图.dwg"文件，如图 8-132 所示。

（2）创建并保存减速器箱盖立体图图块。仿照前面创建与保存图块的操作方法，依次调用 BLOCK 和 WBLOCK 命令，箱盖"基点"设置为（-85,0,0），其他选项使用默认设置，创建并保存减速器箱盖立体图图块。

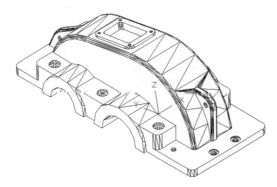

图 8-132　减速器箱盖立体图块

8.6.3　创建大、小齿轮组件图块

（1）创建并保存大齿轮组件图块。仿照前面创建与保存图块的操作方法，依次调用 BLOCK 和 WBLOCK 命令，"基点"设置为（0,0,0），其他选项使用默认设置，创建并保存大齿轮组件立体图块，结果如图 8-133 所示。

（2）创建并保存小齿轮组件图块。仿照前面创建与保存图块的操作方法，依次调用 BLOCK 和 WBLOCK 命令，"基点"设置为（0,0,0），其他选项使用默认设置，创建并保存小齿轮组件图块，如图 8-134 所示。

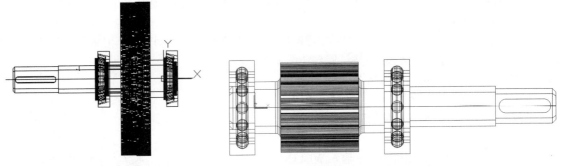

图 8-133　大齿轮组件图块　　　　　　　　　　图 8-134　小齿轮组件图块

8.6.4　创建其他零件图块

（1）创建并保存小端盖带孔图块。仿照前面创建与保存图块的操作方法，打开"小端盖带孔.dwg"文件，依次调用 BLOCK 和 WBLOCK 命令，"基点"设置为（0,0,0），创建和保存小端盖带孔图块，如图 8-135（a）所示。

（2）创建并保存小端盖无孔图块。仿照前面创建与保存图块的操作方法，打开"小端盖无孔.dwg"文件，依次调用 BLOCK 和 WBLOCK 命令，"基点"设置为（0,0,0），创建和保存小端盖无孔图块，如图 8-135（b）所示。

（3）创建并保存大端盖无孔图块。仿照前面创建与保存图块的操作方法，打开"大端盖无孔.dwg"文件，依次调用 BLOCK 和 WBLOCK 命令，"基点"设置为（0,0,0），创建和保存大端盖无孔图块，如图 8-135（c）所示。

（4）创建并保存大端盖带孔图块。仿照前面创建与保存图块的操作方法，打开"大端盖带孔.dwg"

文件，依次调用 BLOCK 和 WBLOCK 命令，"基点"设置为（0,0,0），创建和保存大端盖带孔图块，如图 8-135（d）所示。

（a）小端盖带孔　（b）小端盖无孔　（c）大端盖无孔　（d）大端盖带孔

图 8-135　箱体端盖图块

（5）创建并保存油标尺图块。仿照前面创建与保存图块的操作方法，打开"油标尺.dwg"文件，依次调用 BLOCK 和 WBLOCK 命令，"基点"设置为（0,0,-18），创建和保存油标尺图块，如图 8-136 所示。

8.6.5　总装减速器

（1）建立新文件。启动 AutoCAD 2022，以"无样板打开－公制（M）"方式建立新文件，并将新文件命名为"变速器箱体装配.dwg"并保存。

（2）插入"三维箱体图块"。单击"插入"选项卡"块"面板"插入"下拉列表中的"库中的块"命令，打开"块"选项板。单击"库"选项中的"浏览块库"按钮，弹出"为块库选择文件夹或文件"对话框，选择"三维箱体图块.dwg"作为插入的图块，单击"打开"按钮，返回"块"选项板。设定"插入点"坐标为（0,0,0），缩放比例和旋转使用默认设置。

图 8-136　油标尺图块

（3）插入"小齿轮组件图块"。单击"插入"选项卡"块"面板"插入"下拉列表中的"库中的块"命令，打开"块"选项板，选择"小齿轮组件图块.dwg"。设定插入属性："插入点"设置为（77,47.5,152），"缩放比例"为1，"旋转"为0°，完成插入块操作，如图 8-137 所示。

（4）插入"大齿轮组件立体图块"。单击"插入"选项卡"块"面板"插入"下拉列表中的"库中的块"命令，打开"块"选项板，选择"大齿轮组件立体图块.dwg"。设定插入属性："插入点"设置为（197,121.5,152），"缩放比例"为1，"旋转"为90°。单击"确定"按钮完成插入块操作，如图 8-138 所示。

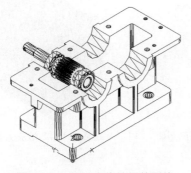 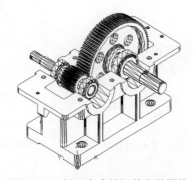

图 8-137　插入小齿轮组件图块　　　　　图 8-138　插入大齿轮组件立体图块

（5）插入"减速器箱盖立体图块"。单击"插入"选项卡"块"面板"插入"下拉列表中的"库中的块"命令，打开"块"选项板，选择"减速器箱盖立体图块.dwg"。设定插入属性："插入点"设置为（197,0,152），"缩放比例"为1，"旋转"为90°，单击"确定"按钮完成插入块操作，如图 8-139 所示。

（6）插入 4 个端盖图块。单击"插入"选项卡"块"面板"插入"下拉列表中的"库中的块"

命令，打开"块"选项板，选择端盖图块。设定插入属性：小端盖无孔——"插入点"设置为（77,-7.2,152），"缩放比例"为1，"旋转"为180°；大端盖带孔——"插入点"设置为（197,-7.2,152），"缩放比例"为1，"旋转"为-90°；小端盖带孔——"插入点"设置为（77,177.2,152），"缩放比例"为1，"旋转"为90°；大端盖无孔——"插入点"设置为（197,177.2,152），"缩放比例"为1，"旋转"为90°，完成插入块操作，如图8-140所示。

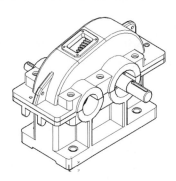 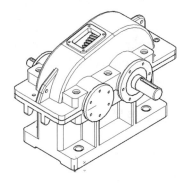

图8-139　插入减速器箱盖立体图块　　　　　　图8-140　插入4个端盖图块

（7）新建坐标系。利用新建坐标系命令UCS，绕X轴旋转90°，建立新的用户坐标系，如图8-141所示。

（8）插入"三维油标尺图块"。单击"插入"选项卡"块"面板"插入"下拉列表中的"库中的块"命令，打开"块"选项板，选择"油标尺图块.dwg"。设置插入属性："插入点"设置为（336,101,-85），"缩放比例"为1，"旋转"为315°。单击"确定"按钮完成块插入操作。

（9）将当前视图切换为前视图。选择菜单栏中的"修改"→"三维操作"→"三维移动"命令，将油标尺图块绕Y轴旋转-45°，利用"移动"命令将其移动到如图8-142所示的位置。

（10）其他如螺栓与销等零件的装配过程与上面介绍的类似，这里不再赘述。概念视觉样式显示结果如图8-143所示。

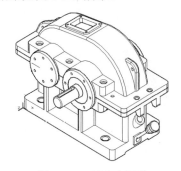 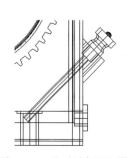 

图8-141　新建坐标系　　　　图8-142　移动油标尺图块　　　　图8-143　渲染效果图

8.7　操作与实践

通过前面的学习，读者对本章知识已经有了大体的了解，本节通过以下两个操作实践使读者进一步掌握本章知识要点。

8.7.1 绘制阀体零件图

1．目的要求

如图 8-144 所示，本实践主要要求读者熟悉和掌握阀体零件图的绘制方法。通过本实践，可以帮助读者学会完成整个阀体零件图的绘制。

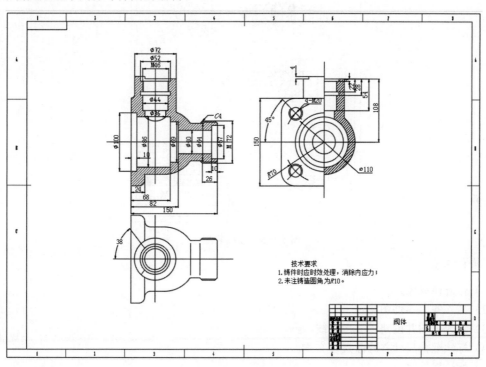

图 8-144 阀体零件图

2．操作提示

（1）打开样板图。
（2）绘制中心线和辅助线。
（3）绘制主视图。
（4）绘制俯视图。
（5）绘制左视图。
（6）标注尺寸和技术要求。
（7）填写标题栏。

8.7.2 绘制球阀装配图

1．目的要求

如图 8-145 所示，本实践主要要求读者熟悉和掌握球阀装配图的绘制方法。通过本实践，可以帮助读者学会完成整个球阀装配图的绘制。

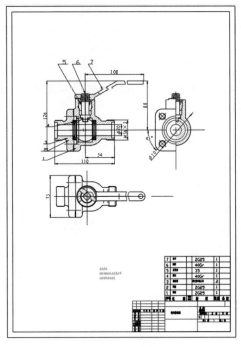

图 8-145　球阀装配图

2．操作提示

（1）打开样板图。

（2）插入各个零件图块。

（3）修改视图并创建填充剖面线。

（4）标注配合尺寸并修改尺寸文本。

（5）标注零件序号。

（6）标注引线。

（7）制作标题栏和明细表。

（8）填写技术要求。

第 **9** 章

建筑设计工程实例

本章以具体的工程设计案例为例，详细讲解如何绘制建筑工程图中的建筑平面图、立面图、剖面图以及相关图形的绘制方法与技巧。通过本章的学习，读者可以巩固已学的知识，进一步提高绘图技能，以适应实际建筑工程设计需要。

- ☑ 建筑绘图概述
- ☑ 别墅总平面布置图
- ☑ 别墅平面图
- ☑ 别墅立面图
- ☑ 别墅剖面图
- ☑ 别墅建筑详图

任务驱动&项目案例

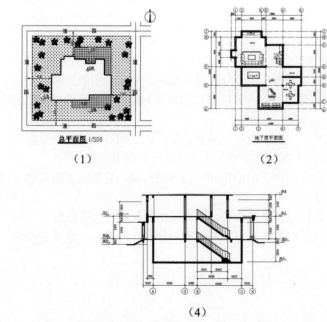

（1）

（2）

（3）

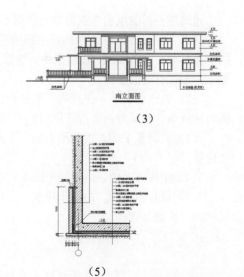

（4）

（5）

9.1　建筑绘图概述

本节主要介绍建筑绘图的基础知识，包括建筑绘图的特点、分类及各种建筑图纸的基本概念。

9.1.1　建筑绘图的特点

将一个要建造的建筑物的内外形状和大小，以及各个部分的结构、构造、装修、设备等内容，按照国家标准的规定，用正投影法详细准确地绘制出图样，绘制的图样称为房屋建筑图。由于该图样用于指导建筑施工，所以一般叫作建筑施工图。

建筑施工图是按照正投影法绘制出来的。正投影法就是在两个或两个以上相互垂直的、分别平行于建筑物主要侧面的投影面上绘出建筑物的正投影，并把所得正投影按照一定规则绘制在同一个平面上。这种由两个或两个以上的正投影组合而成、用来确定空间建筑物形体的一组投影图叫作正投影图。

建筑物根据使用功能和使用对象的不同分为很多种类。一般来说，建筑物的第一层称为底层，也称为一层或首层。从底层往上数，称为二层、三层……顶层。一层下面有基础，基础和底层之间有防潮层。对于大的建筑物而言，可能在基础和底层之间还有地下一层、地下二层等。建筑物的每一层一般都有台阶、大门、地面等。各层均有楼面、走道、门窗、楼梯、楼梯平台、梁柱等。顶层还有屋面板、女儿墙、天沟等。其他的一些构件有雨水管、雨篷、阳台、散水等。其中，屋面、楼板、梁柱、墙体、基础主要起直接或间接支撑建筑物本身和外部载荷的作用；门、走廊、楼梯、台阶起着沟通建筑物内外和上下交通的作用；窗户和阳台起着通风和采光的作用；天沟、雨水管、散水、明沟起着排水的作用。其中，一些构件的示意图如图 9-1 所示。

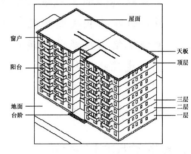

图 9-1　建筑物组成示意图

9.1.2　建筑绘图的分类

建筑图根据图纸的专业内容或作用不同分为以下几类。

（1）图纸目录。首先列出新绘制的图纸，再列出所用的标准图纸或重复利用的图纸。每一个新的工程都要绘制新图纸，在目录中，这部分图纸位于前面，可能还用到大量的标准图纸或重复使用的图纸，放在目录的后面。

（2）设计总说明。包括施工图的设计依据、工程的设计规模和建筑面积、相对标高与绝对标高的对应关系、建筑物内外的使用材料说明、新技术新材料或特殊用法的说明、门窗表等。

（3）建筑施工图。由总平面图、平面图、立面图、剖面图和构造详图构成。建筑施工图简称为"建施"。

（4）结构施工图。由结构平面布置图、构件结构详图构成。结构施工图简称为"结施"。

（5）设备施工图。由给水排水、采暖通风、电气等设备的布置平面图和详图构成。设备施工图简称为"设施"。

9.1.3 总平面图

1. 总平面图概述

作为新建建筑施工定位、土方施工以及施工总平面设计的重要依据,总平面图应该包括以下内容。

（1）测量坐标网或施工坐标网。在建筑工程设计总平面图上,通常采用施工坐标系（即假定坐标系）来求算建筑方格网的坐标,以便使所有建（构）筑物的设计坐标均为正值,且坐标纵轴和横轴与主要建筑物或主要管线的轴线平行或垂直。测量坐标网采用"X,Y"表示,施工坐标网采用"A,B"来表示。

（2）新建建筑物的定位坐标、名称、建筑层数及室内外的标高。

（3）附近的有关建筑物、拆除建筑物的位置和范围。

（4）附近的地形地貌,包括等高线、道路、桥梁、河流、池塘以及土坡等。

（5）指北针和风玫瑰图。

（6）绿化规定和管道的走向。

（7）补充图例和说明等。

以上内容,不是任何工程设计都缺一不可的。在实际的工程中,要根据具体情况和工程的特点来取舍。对于较为简单的工程,可以不画等高线、坐标网、管道、绿化等。一个总平面图的示例如图 9-2 所示。

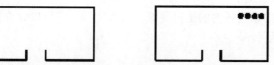

朝阳大楼总平面图 1:500

图 9-2　总平面图示例

2. 总平面图的图例说明

（1）新建建筑物。采用粗实线来表示,如图 9-3 所示。当需要时可以在右上角用点数或数字来表示建筑物的层数,如图 9-4 和图 9-5 所示。

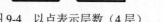

图 9-3　新建建筑物图例　　图 9-4　以点表示层数（4 层）　　图 9-5　以数字表示层数（16 层）

（2）旧有建筑物。采用细实线来表示,如图 9-6 所示。同新建建筑物图例一样,也可以采用在右上角用点数或数字来表示建筑物的层数。

（3）计划扩建的预留地或建筑物。采用虚线来表示,如图 9-7 所示。

（4）拆除的建筑物。采用打叉号的细实线来表示,如图 9-8 所示。

图 9-6　旧有建筑物图例　　图 9-7　计划中的建筑物图例　　图 9-8　拆除的建筑物图例

（5）坐标的图例如图 9-9 和图 9-10 所示。注意两种不同坐标的表示方法。

图 9-9　测量坐标图例

图 9-10　施工坐标图例

（6）新建道路的图例如图 9-11 所示。其中，R8 表示道路的转弯半径为 8 m，30.10 为路面中心的标高。

（7）旧有道路的图例如图 9-12 所示。

图 9-11　新建道路图例　　　　　　　　　　　　　图 9-12　旧有道路图例

（8）计划扩建的道路图例如图 9-13 所示。

（9）拆除的道路图例如图 9-14 所示。

图 9-13　计划扩建的道路图例　　　　　　　　　图 9-14　拆除的道路图例

3. 详解阅读总平面图

（1）了解图样比例、图例和文字说明。总平面图的范围一般比较大，所以要采用比较小的比例。对于总平面图来说，1∶500 是很大的比例，也可以使用 1∶1000 或 1∶2000 的比例，其尺寸标注以 m 为单位。

（2）了解工程的性质和地形地貌。例如，从等高线的变化可以知道地势的走向高低。

（3）可以了解建筑物周围的情况。

（4）明确建筑物的位置和朝向。房屋的位置可以用定位尺寸或坐标来确定。定位尺寸应标出与原建筑物或道路中心线的距离。采用坐标来表示建筑物位置时，应标出房屋的 3 个角坐标。建筑物的朝向可以根据图中的风玫瑰图来确定，风玫瑰中有箭头的方向为北向。

（5）从底层地面和等高线的标高可知该区域内的地势高低、雨水排向，并可以计算挖填土方的具体数量。总平面图中的标高均为绝对标高。

4. 标高投影知识

总平面图中的等高线是一种立体的标高投影。所谓标高投影，就是在形体的水平投影上，以数字标注出各处的高度来表示形体形状的一种图示方法。

众所周知，地形对建筑物的布置和施工有很大的影响。一般情况下要对地形进行人工改造，例如，平整场地和修建道路等，所以要在总平面图中把建筑物周围的地形表示出来。如果还是采用原来的正投影、轴测投影等方法来表示，则无法表示出地形的复杂形状。在这种情况下，可以采用标高投影法来表示这种复杂的地形。

总平面图中的标高是绝对标高。绝对标高就是以我国青岛市外的黄海海平面作为零点来测定的高度尺寸。在标高投影图中，通常绘出立体上平面或曲面的等高线来表示该立体。山地一般是不规则的曲面，以一系列整数标高的水平面与山地相截，把所截得的等高截交线正投影到水平面，得到一系列不规则形状的等高线，再标注上相应的标高值即可，所得图形称为地形图。如图 9-15 所示就是地形图的一部分。

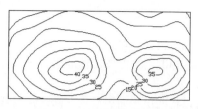

图 9-15 地形图的一部分

5. 绘制指北针和风玫瑰

指北针和风玫瑰是总平面图中两个重要的指示符号。指北针的作用是在图纸上标出正北方向，如图 9-16 所示。风玫瑰不仅能表示正北方向，还能表示全年该地区的风向频率大小，如图 9-17 所示。

图 9-16 绘制指北针

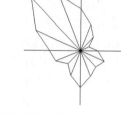

图 9-17 风玫瑰最终效果图

9.1.4 建筑平面图概述

建筑平面图就是假想使用一水平的剖切面沿门窗洞位置将房屋剖切后，对剖切面以下部分所作的水平剖面图。建筑平面图简称平面图，主要表现房屋的平面形状、大小和房间的布置，墙柱的位置、厚度和材料，门窗类型和位置等。建筑平面图是建筑施工图中最基本的图样之一。如图 9-18 所示为一个建筑平面图的示例。

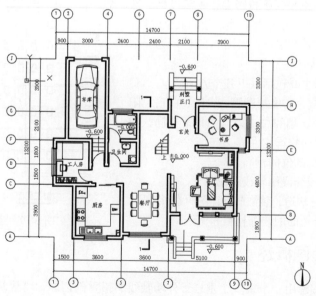

图 9-18 建筑平面图示例

Note

1. 建筑平面图的图示要点

（1）每个平面图对应一个建筑物楼层，并注有相应的图名。

（2）多层的一张平面图可称为标准层平面图。标准层平面图各层的房间数量、大小和布置都必须一样。

（3）建筑物左右对称时，可以将两层平面图绘制在同一张图纸上，左右分别绘制各层的一半，同时中间要标注对称符号。

（4）如果建筑平面较大，可以分段绘制。

2. 建筑平面图的图示内容

（1）表示墙、柱、门、窗的位置和编号，房间名称或编号，轴线编号等。

（2）标注出室内外的有关尺寸及室内楼、地面的标高。建筑物的底层，标高为±0.000。

（3）表示电梯、楼梯的位置及楼梯的上下方向和主要尺寸。

（4）表示阳台、雨篷、踏步、斜坡、雨水管道、排水沟等的具体位置以及大小尺寸。

（5）绘出卫生器具、水池、工作台以及其他重要的设备位置。

（6）绘出剖面图的剖切符号以及编号。根据绘图习惯，一般只在底层平面图绘制。

（7）标出有关部位上节点详图的索引符号。

（8）绘制出指北针。根据绘图习惯，在底层平面图绘出指北针。

9.1.5 建筑立面图概述

建筑立面图主要反映房屋的外貌和立面装修的做法，因为建筑物给人的外观美感主要来自其立面的造型和装修。其中表现主要入口或建筑物外貌特征的一面立面图叫作正立面图，其余面的立面图称为背立面图和侧立面图。如果按房屋的朝向来分，可以分为南立面图、东立面图、西立面图和北立面图。如果按轴线编号来分，也可分为①～⑥立面图、Ⓐ～Ⓓ立面图等。建筑立面图使用大量图例来表示很多细部，这些细部的构造和做法一般另有详图。如果建筑物有一部分立面不平行于投影面，就可以将这部分立面展开到与投影面平行的位置，然后绘制其立面图，再在其图名后注写"展开"字样。如图9-19所示为一个建筑立面图的示例。

建筑立面图的图示主要包括以下几个方面。

（1）室内外地面线、房屋的勒脚、台阶、门窗、阳台、雨篷；室外的楼梯、墙和柱；外墙的预留孔洞、檐口、屋顶、雨水管、墙面修饰构件等。

（2）外墙各个主要部位的标高。

（3）建筑物两端或分段的轴线和编号。

（4）标注出各部分构造、装饰节点详图的索引符号。使用图例和文字说明外墙面的装饰材料和做法。

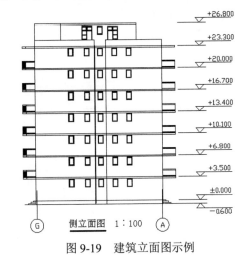

图 9-19　建筑立面图示例

9.1.6 建筑剖面图概述

建筑剖面图就是假想用一个或多个垂直于外墙轴线的铅垂剖切面，将建筑物剖开后所得的投影图，简称剖面图。剖面图的剖切方向一般是横向（平行于侧面）的，当然这不是绝对的。剖切位置一般选择在能反映建筑物内部构造比较复杂、典型的部位，并通过门窗的位置。多层建筑物应该选择在楼梯间或层高不同的位置。剖面图上的图名应与平面图上所标注的剖切符号编号一致，剖面图的断面处理和平面图的处理相同。如图 9-20 所示为一个建筑剖面图示例。

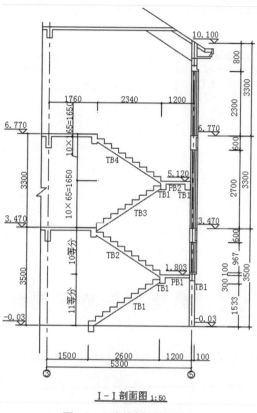

图 9-20 建筑剖面图示例

剖面图的数量是根据建筑物具体情况和施工需要来确定的，其图示内容主要包括以下几个方面。

（1）墙、柱及其定位轴线。

（2）室内底层地面、地沟、各层的楼面、顶棚、屋顶、门窗、楼梯、阳台、雨篷、墙洞、防潮层、室外地面、散水、脚踢板等能看到的内容，可以不画基础的大放脚。

（3）各个部位完成面的标高：包括室内外地面、各层楼面、各层楼梯平台、檐口或女儿墙顶面、楼梯间顶面、电梯间顶面的标高。

（4）各部位的高度尺寸：包括外部尺寸和内部尺寸。外部尺寸包括门、窗洞口的高度、层间高度以及总高度。内部尺寸包括地坑深度、隔断、隔板、平台、室内门窗的高度。

（5）楼面、地面的构造。一般采用引出线指向所说明的部位，按照构造的层次顺序，逐层用文字加以说明。

（6）详图的索引符号。

9.1.7 建筑详图概述

建筑详图就是对建筑物的细部或构、配件采用较大的比例，将其形状、大小、做法以及材料详细表示出来的图样，简称"详图"。

详图的特点：一是大比例，二是图示详尽清楚，三是尺寸标注全面。一般来说，墙身剖面图只需要一个剖面详图就能表示清楚，而楼梯间、卫生间可能需要增加平面详图，门窗可能需要增加立面详图。详图的数量与建筑物的复杂程度以及平、立、剖面图的内容及比例相关，需要根据具体情况来选择，其标准要达到能完全表达详图的特点。如图 9-21 所示为一个建筑详图示例。

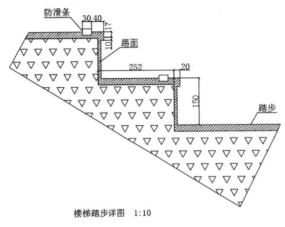

图 9-21　建筑详图示例

9.2　别墅总平面布置图

　　下面以别墅总平面图为例介绍总平面图的具体绘制步骤，绘制流程如图 9-22 所示。

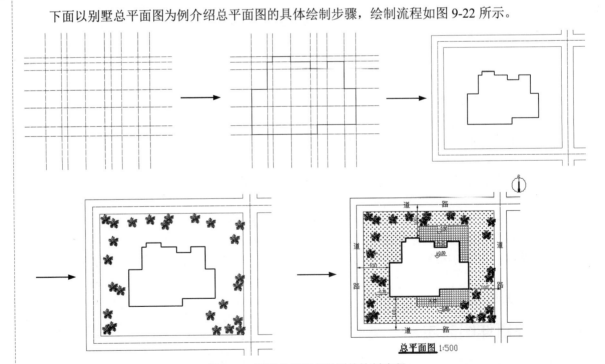

图 9-22　别墅总平面布置图的绘制流程

9.2.1 设置绘图参数

参数设置是绘制任何一幅建筑图形都要进行的预备工作，这里主要设置单位、图形界限、图层等。有些具体参数可以在绘制过程中根据需要进行设置。

1. 设置单位

选择菜单栏中的"格式"→"单位"命令，AutoCAD 打开"图形单位"对话框。设置"长度"选项组中的"类型"为"小数"，"精度"为 0；"角度"选项组中的"类型"为"十进制度数"，"精度"为0；系统默认逆时针方向为正，"用于缩放插入内容的单位"设置为"无单位"。

2. 设置图形边界

（1）在命令行提示"指定左下角点或 [开(ON)/关(OFF)] <0.0000,0.0000>："后输入"0,0"。

（2）在命令行提示"指定右上角点 <12.0000,9.0000>："后输入"420000,297000"。

3. 设置图层

（1）设置图层名。单击"默认"选项卡"图层"面板中的"图层特性"按钮，打开"图层特性管理器"选项板，单击"新建图层"按钮，将生成一个名为"图层 1"的图层，修改图层名称为"轴线"。

（2）设置图层颜色。为了区分不同图层上的图线，增加图形不同部分的对比性，可以在"图层特性管理器"选项板中单击对应图层"颜色"标签下的颜色色块，AutoCAD 打开"选择颜色"对话框，在该对话框中选择需要的颜色，此处设置颜色为"红色"。

（3）设置线型。在常用的工程图纸中，通常要用到不同的线型，这是因为不同的线型表示不同的含义。在"图层特性管理器"选项板中单击"线型"栏下的线型选项，AutoCAD 打开"选择线型"对话框，在该对话框中选择对应的线型。如果在"已加载的线型"列表框中没有需要的线型，可以单击"加载"按钮，打开"加载或重载线型"对话框加载线型，此处线型加载为"CENTER"。

（4）设置线宽。在工程图纸中，不同的线宽表示不同的含义，因此要对不同图层的线宽进行设置。单击"图层特性管理器"选项板中"线宽"栏下的选项，AutoCAD 打开"线宽"对话框，在该对话框中选择适当的线宽，此处设置线宽为"默认"，完成轴线的设置。

（5）按照上述步骤，完成图层的设置，结果如图 9-23 所示。

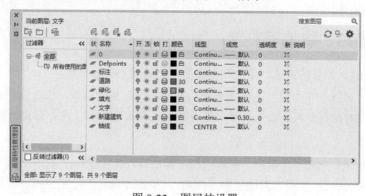

图 9-23 图层的设置

9.2.2　建筑物布置

这里只需要勾勒出建筑物的大体外形和相对位置即可。首先绘制定位轴线网，然后根据轴线绘制建筑物的外形轮廓。

1. 绘制轴线网

（1）单击"默认"选项卡"图层"面板中的"图层特性"按钮 ，打开"图层特性管理器"选项板，双击"轴线"图层，使当前图层为"轴线"。单击"确定"按钮退出"图层特性管理器"选项板。

（2）单击"默认"选项卡"绘图"面板中的"构造线"按钮 ，在正交模式下绘制一条竖直构造线和水平构造线，组成"十"字辅助线网，如图 9-24 所示。

（3）单击"默认"选项卡"修改"面板中的"偏移"按钮 ，将竖直构造线向右边连续偏移 3700、1300、4200、4500、1500、2400、3900 和 2700，将水平构造线连续往上偏移 2100、4200、3900、4500、1600 和 1200，得到主要轴线网，结果如图 9-25 所示。

2. 绘制新建建筑

（1）单击"默认"选项卡"图层"面板中的"图层特性"按钮 ，打开"图层特性管理器"选项板，双击"新建建筑"图层，使得当前图层为"新建建筑"。单击"确定"按钮退出"图层特性管理器"选项板。

（2）单击"默认"选项卡"绘图"面板中的"直线"按钮 ，根据轴线网绘制出新建建筑的主要轮廓，结果如图 9-26 所示。

图 9-24　绘制十字辅助线网　　　　图 9-25　绘制主要轴线网

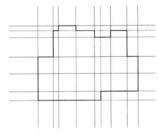

图 9-26　绘制建筑主要轮廓

9.2.3　场地道路、绿地等布置

完成建筑布置后，其余的道路、绿地等内容都在此基础上进行布置。

> 提示：布置时应抓住 3 个要点：一是找准场地及其控制作用的因素；二是注意布置对象的必要尺寸及其相对距离关系；三是注意布置对象的几何构成特征，充分利用绘图功能。

1. 绘制道路

（1）单击"默认"选项卡"图层"面板中的"图层特性"按钮 ，打开"图层特性管理器"选项板，双击"道路"图层，使得当前图层为"道路"。单击"确定"按钮退出"图层特性管理器"选项板。

（2）单击"默认"选项卡"修改"面板中的"偏移"按钮 ，让所有最外围轴线都向外偏移 10 000，然后将偏移后的轴线分别向两侧偏移 2000，选择所有的道路。然后右击，在打开的快捷菜单中选择"特性"命令，在打开的"特性"窗口中选择"图层"，把所选对象的图层改为"道路"，得到主要的道路。单击"默认"选项卡"修改"面板中的"修剪"按钮 ✂，修剪掉道路多余的线条，使得道路整体连贯，结果如图 9-27 所示。

2．布置绿化

（1）首先将"绿化"图层设置为当前图层，然后单击"视图"选项卡"选项板"面板中的"工具选项板"按钮 ▦，则系统打开如图 9-28 所示的①"工具选项板"。②选择"建筑"中的③"树"图例，把"树"图例 ❈ 放在一个空白处，然后单击"默认"选项卡"修改"面板中的"缩放"按钮 ⬜，把"树"图例 ❈ 放大到合适尺寸，结果如图 9-29 所示。

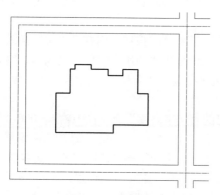

图 9-27　绘制道路

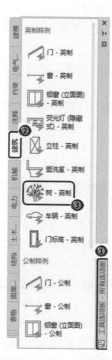

图 9-28　工具选项板

（2）单击"默认"选项卡"修改"面板中的"复制"按钮 ⬚，把"树"图例 ❈ 复制到各个位置。完成植物的绘制和布置，结果如图 9-30 所示。

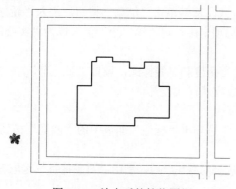

图 9-29　放大后的植物图例

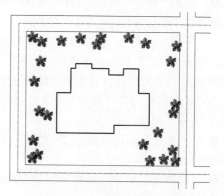

图 9-30　布置绿化植物结果

9.2.4 尺寸及文字标注

总平面图的标注内容包括尺寸、标高、文字标注、指北针、文字说明等内容，它们是总图中不可或缺的部分。完成总平面图的图线绘制后，最后的工作就是进行各种标注，对图形进行完善。

1. 尺寸标注

总平面图上的尺寸应标注新建建筑房屋的总长、总宽及与周围建筑物、构筑物、道路、红线之间的距离。

（1）尺寸样式设置。

❶ 单击"默认"选项卡"注释"面板中的"标注样式"按钮，则系统打开"标注样式管理器"对话框。

❷ 单击"新建"按钮，则进入"创建新标注样式"对话框，在"新样式名"文本框中输入"总平面图"。

❸ 单击"继续"按钮，进入"新建标注样式：总平面图"对话框，选择"线"选项卡，设定"尺寸界线"选项组中的"超出尺寸线"为100。选择"符号和箭头"选项卡，单击"箭头"选项组中的"第一个"下拉列表框右边的 按钮，在打开的下拉列表中选择" 建筑标记"；单击"第二个"下拉列表框右边的 按钮，在打开的下拉列表中选择" 建筑标记"，并设定"箭头大小"为 400，这样就完成了"符号和箭头"选项卡的设置。

❹ 选择"文字"选项卡，单击"文字样式"后面的 按钮，则打开"文字样式"对话框。单击"新建"按钮，建立新的文字样式"米单位"，取消选中"使用大字体"复选框。然后再单击"字体名"下面的下拉列表框按钮，从打开的下拉列表中选择"黑体"，设定文字"高度"为2000。最后单击"关闭"按钮关闭"文字样式"对话框。

❺ 在"文字"选项卡"文字外观"选项组的"文字高度"文本框中输入2000，在"文字位置"选项组的"从尺寸线偏移"文本框中输入200。这样就完成了"文字"选项卡的设置。

❻ 选择"主单位"选项卡，在"测量单位比例"选项组的"比例因子"文本框中输入 0.01，将以"米"为单位为图形标注尺寸。这样就完成了"主单位"选项卡的设置。单击"确定"按钮返回"标注样式管理器"对话框，选择"总平面图"样式，单击右边的"置为当前"按钮，最后单击"关闭"按钮返回绘图区。

❼ 单击"默认"选项卡"注释"面板中的"标注样式"按钮，则系统打开"标注样式管理器"对话框，单击"新建"按钮，打开"创建新标注样式"对话框，以"总平面图"为基础样式，将"用于"设置为"半径标注"，建立"总平面图：半径"样式。然后单击"继续"按钮，进入"新建标注样式：总平面图：半径"对话框，在"符号和箭头"选项卡中，将"第二个"箭头选为"实心闭合"箭头，单击"确定"按钮，完成半径标注样式的设置。

❽ 采用与半径样式设置相同的操作方法，分别建立角度和引线样式，设置"第一个""第二个"箭头为" 建筑标记"，"箭头大小"为400，最终完成尺寸样式设置。

（2）标注尺寸。

❶ 将"标注"图层设置为当前图层，单击"注释"选项卡"标注"面板中的"线性"按钮，为图形标注尺寸。

❷ 在命令行提示"指定第一个尺寸界线原点或<选择对象>:"后，利用"对象捕捉"选取左侧道路的中心线上一点。

❸ 在命令行提示"指定第二条尺寸界线原点:"后选取总平面图最左侧竖直线上的一点。

Note

❹ 在命令行提示"指定尺寸线位置或[多行文字(M)/文字(T)/角度(A)/水平(H)/垂直(V)/旋转(R)]:"后在图中选取合适的位置。

结果如图 9-31 所示。

重复上述命令，在总平面图中标注新建建筑到道路中心线的相对距离，标注结果如图 9-32 所示。

2. 标高标注

单击"插入"选项卡"块"面板"插入"下拉列表中的"库中的块"命令，打开"块"选项板。单击"库"选项中的"浏览块库"按钮，弹出"为块库选择文件夹或文件"对话框，选择"标高.dwg"作为插入的图块，单击"打开"按钮，返回"块"选项板。选中"插入点"复选框，其余参数采用默认设置，双击"标高"符号将其插入总平面图中。再单击"默认"选项卡"注释"面板中的"多行文字"按钮 A，输入相应的标高值，结果如图 9-33 所示。

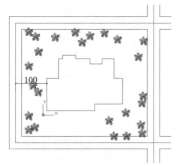

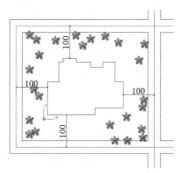

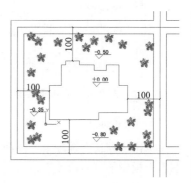

图 9-31　线性标注　　　　　图 9-32　标注尺寸　　　　　图 9-33　标高标注

3. 文字标注

（1）单击"默认"选项卡"图层"面板中的"图层特性"按钮，则系统打开"图层特性管理器"选项板。在该选项板中双击"文字"图层，使得当前图层为"文字"。

（2）单击"默认"选项卡"注释"面板中的"多行文字"按钮 A，标注入口、道路等，结果如图 9-34 所示。

4. 图案填充

（1）单击"默认"选项卡"图层"面板中的"图层特性"按钮，打开"图层特性管理器"选项板。双击"填充"图层，使得当前图层为"填充"。

（2）单击"默认"选项卡"绘图"面板中的"直线"按钮，绘制出铺地砖的主要范围轮廓，绘制结果如图 9-35 所示。

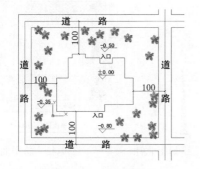

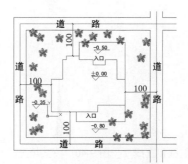

图 9-34　文字标注　　　　　　　　图 9-35　绘制铺地砖范围

（3）单击"默认"选项卡"绘图"面板中的"图案填充"按钮，打开"图案填充创建"选项卡，选择"图案填充图案"为 ANGLE 图案，设置"填充图案比例"为 100，选择填充区域后按 Enter 键，完成图案的填充，则填充结果如图 9-36 所示。

（4）重复"图案填充"命令，进行草地图案填充，结果如图 9-37 所示。

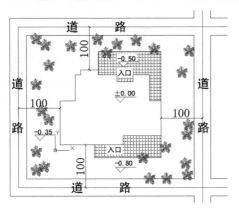

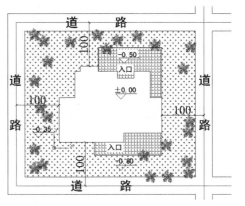

图 9-36　方块图案填充操作结果　　　　　　　图 9-37　草地图案填充操作结果

5. 图名标注

单击"默认"选项卡"注释"面板中的"多行文字"按钮 **A** 和"绘图"面板中的"多段线"按钮，标注图名，结果如图 9-38 所示。

6. 绘制指北针

（1）单击"默认"选项卡"绘图"面板中的"圆"按钮，绘制一个圆，然后单击"默认"选项卡"绘图"面板中的"直线"按钮，绘制圆的竖直直径和另外两条弦，结果如图 9-39 所示。

（2）单击"默认"选项卡"绘图"面板中的"图案填充"按钮，把指针"图案填充图案"设置为 SOLID，得到指北针的图例，结果如图 9-40 所示。

（3）单击"默认"选项卡"注释"面板中的"多行文字"按钮 **A**，在指北针上部标上"北"字，注意字高为 1000，字体为仿宋-GB2312，结果如图 9-41 所示。最终完成总平面图的绘制，结果如图 9-42 所示。

总平面图 1:500

图 9-38　图名

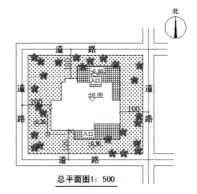

图 9-39　绘制圆和直线　　图 9-40　图案填充　　图 9-41　绘制指北针　　图 9-42　总平面图

9.3　别墅平面图

　　本节以别墅平面图为例介绍平面图的绘制方法。别墅是练习建筑绘图的理想实例，其规模不大、不复杂、易接受，而且包含的建筑构、配件也比较齐全。绘制流程如图 9-43 所示。

视频讲解

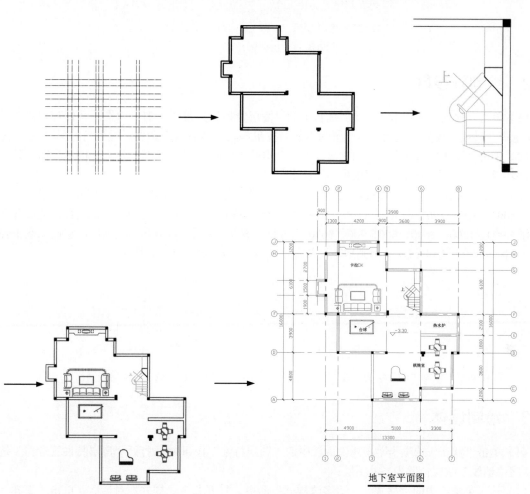

地下室平面图

图 9-43　别墅平面图的绘制流程

9.3.1　设置绘图环境

　　（1）利用 LIMITS 命令设置图幅为 42 000×29 700。

　　（2）单击"默认"选项卡"图层"面板中的"图层特性"按钮 ❶打开"图层特性管理器"选项板。❷单击"新建图层"按钮 ，❸创建"轴线""墙线""标注""标高""楼梯""室内布局"等图层，然后修改各图层的颜色、线型和线宽等，结果如图 9-44 所示。

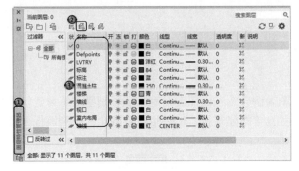

图 9-44 设置图层

9.3.2 绘制轴线网

（1）单击"默认"选项卡"图层"面板中的"图层特性"按钮，打开"图层特性管理器"选项板，选择"轴线"图层，然后单击"置为当前"按钮，将"轴线"图层设置为当前图层。

（2）单击"默认"选项卡"绘图"面板中的"构造线"按钮，绘制一条水平构造线和一条竖直构造线，组成"十"字构造线，如图 9-45 所示。

（3）单击"默认"选项卡"修改"面板中的"偏移"按钮，将水平构造线分别向上偏移 1200、3600、1800、2100、1900、1500、1100、1600 和 1200，得到水平方向的辅助线。将竖直构造线分别向右偏移 900、1300、3600、600、900、3600、3300 和 600，得到竖直方向的辅助线，它们和水平辅助线一起构成正交的辅助线网，得到地下层的辅助线网格，结果如图 9-46 所示。

图 9-45 绘制"十"字构造线 　　　　　图 9-46 地下层辅助线网格

9.3.3 绘制墙体

（1）单击"默认"选项卡"图层"面板中的"图层特性"按钮，打开"图层特性管理器"选项板，将"墙线"图层设置为当前图层。

（2）选择菜单栏中的"格式"→"多线样式"命令，打开"多线样式"对话框。单击"新建"按钮，打开"创建新的多线样式"对话框，在"新样式名"文本框中输入 240。然后单击"继续"按钮，打开"新建多线样式：240"对话框，将"图元"列表框中的元素偏移量设置为 120 和-120。

（3）单击"确定"按钮，返回"多线样式"对话框，将多线样式 240 置为当前层，完成 240 墙体多线的设置。

（4）选择菜单栏中的"绘图"→"多线"命令，根据命令行提示，把对正方式设置为"无"，把多线比例设置为 1，注意多线的样式为 240，完成多线样式的调节。

（5）选择菜单栏中的"绘图"→"多线"命令，根据辅助线网格绘制墙线。

（6）单击"默认"选项卡"修改"面板中的"分解"按钮，将多线分解，然后单击"默认"选项卡"修改"面板中的"修剪"按钮和"绘图"面板中的"直线"按钮，使绘制的全部墙体看起来是光滑连贯的，结果如图 9-47 所示。

9.3.4 绘制混凝土柱

（1）单击"默认"选项卡"图层"面板中的"图层特性"按钮，打开"图层特性管理器"选项板，将"混凝土柱"图层设置为当前图层。

（2）单击"默认"选项卡"绘图"面板中的"矩形"按钮，捕捉内外墙线的两个角点作为矩形对角线上的两个角点，绘出混凝土柱边框，如图 9-48 所示。

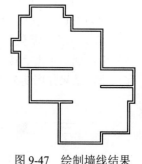

图 9-47 绘制墙线结果

（3）单击"默认"选项卡"绘图"面板中的"图案填充"按钮，打开"图案填充创建"选项卡，如图 9-49 所示。从中选择"图案填充图案"为 SOLID，然后单击"选择边界对象"按钮，再选择主视图上相关区域。单击"关闭"按钮，完成剖面线的绘制，效果如图 9-50 所示。

图 9-48 绘制混凝土柱边框　　　　图 9-49 "图案填充创建"选项卡

（4）单击"默认"选项卡"修改"面板中的"复制"按钮，将混凝土柱图案复制到相应的位置。注意复制时，灵活应用对象捕捉功能可以方便定位，结果如图 9-51 所示。

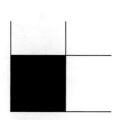

图 9-50 图案填充

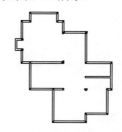

图 9-51 复制混凝土柱

9.3.5 绘制楼梯

（1）单击"默认"选项卡"图层"面板中的"图层特性"按钮，打开"图层特性管理器"选项板，将"楼梯"图层设置为当前图层。

（2）单击"默认"选项卡"修改"面板中的"偏移"按钮，将楼梯间右侧的轴线向左偏移 720，将上侧的轴线向下依次偏移 1380、290 和 600。单击"默认"选项卡"修改"面板中的"修剪"按钮和"绘图"面板中的"直线"按钮，将偏移后的直线进行修剪和补充，然后将其设置为"楼梯"图层，结果如图 9-52 所示。

（3）设置楼梯承台位置的线段颜色为黑色，并将其线宽改为 0.6，结果如图 9-53 所示。

（4）单击"默认"选项卡"修改"面板中的"偏移"按钮，将内墙线向左偏移1200，将楼梯承台的斜边向下偏移 1200，然后将偏移后的直线设置为"楼梯"图层，结果如图 9-54 所示。

（5）单击"默认"选项卡"绘图"面板中的"直线"按钮，绘制台阶边线，结果如图 9-55 所示。

（6）单击"默认"选项卡"修改"面板中的"偏移"按钮，将台阶边线向上进行偏移，偏移距离均为250，完成楼梯踏步的绘制，结果如图9-56所示。

（7）单击"默认"选项卡"修改"面板中的"偏移"按钮，将楼梯边线向左偏移60，绘制楼梯扶手；然后单击"默认"选项卡"绘图"面板中的"直线"按钮和"圆弧"按钮，细化踏步和扶手，结果如图9-57所示。

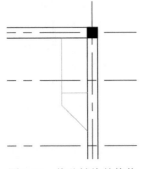

图 9-52　偏移轴线并修剪

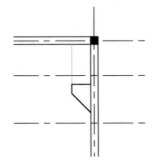

图 9-53　修改楼梯承台线段

图 9-54　偏移直线并修改

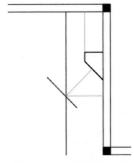

图 9-55　绘制台阶边线

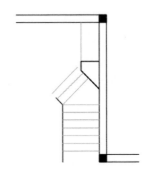

图 9-56　绘制楼梯踏步

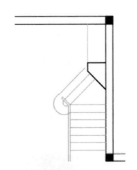

图 9-57　绘制楼梯扶手

（8）单击"默认"选项卡"绘图"面板中的"直线"按钮，绘制倾斜折断线；然后单击"默认"选项卡"修改"面板中的"修剪"按钮，修剪多余线段，结果如图9-58所示。

（9）单击"默认"选项卡"绘图"面板中的"多段线"按钮和"注释"面板中的"多行文字"按钮，绘制楼梯箭头，完成地下层楼梯的绘制，结果如图9-59所示。

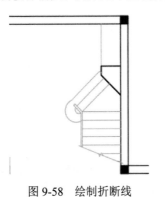

图 9-58　绘制折断线

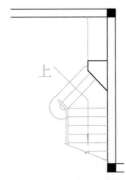

图 9-59　绘制楼梯箭头

9.3.6 室内布置

（1）单击"默认"选项卡"图层"面板中的"图层特性"按钮，打开"图层特性管理器"选项板，将"室内布局"图层设置为当前图层。

（2）单击"视图"选项卡"选项板"面板中的"设计中心"按钮，打开"设计中心"选项板，在"文件夹"列表框中选择 C:\Program Files\AutoCAD 2022\Sample\zh-CN\DesignCenter\ Home-Space Planner.dwg 中的"块"选项，右侧的列表框中出现桌子、椅子、床、钢琴等室内布置样例，如图 9-60 所示。将这些样例拖到工具选项板的"建筑"选项卡中，如图 9-61 所示。

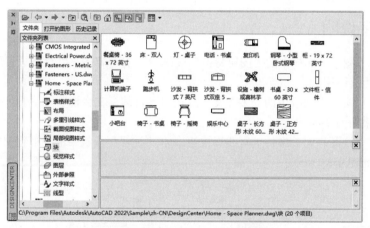

图 9-60　"设计中心"选项板　　　　　　　图 9-61　工具选项板

> ✍ **技巧**：在使用图库插入家具模块时，经常会遇到家具尺寸太大或太小、角度与实际要求不一致，或在家具组合图块中，部分家具需要更改等情况。这时可以调用"比例""旋转"等修改工具来调整家具的比例和角度，如有必要，还可以将图形模块先进行分解，再对家具的样式或组合进行修改。

（3）单击"视图"选项卡"选项板"面板中的"工具选项板"按钮，在"建筑"选项卡中双击"钢琴"图块，命令行提示与操作如下：

```
命令：忽略块 钢琴 - 小型卧式钢琴 的重复定义
指定插入点或 [基点(B)/比例(S)/旋转(R)]：
```

确定合适的插入点和缩放比例，将钢琴放置在室内合适的位置，结果如图 9-62 所示。

（4）单击"插入"选项卡"块"面板中的"插入"命令，将沙发、茶几、音箱、台球桌、棋牌桌等插入合适位置，完成地下层平面图的室内布置，结果如图 9-63 所示。

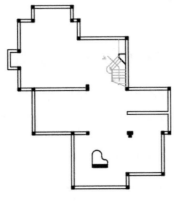

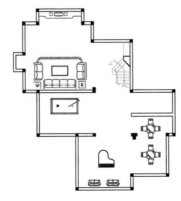

图 9-62　插入钢琴　　　　　　　　图 9-63　地下层平面图的室内布置

> ✍ 技巧：图块是 CAD 操作中比较核心的内容，系统为此提供了各种各样的图块，这给绘图操作提供了很大的方便，用户可根据需要使用这些图块。例如，在工程制图中创建各种规格的齿轮与轴承；在建筑制图中创建一些门、窗、楼梯、台阶等。

9.3.7　尺寸标注和文字说明

（1）单击"默认"选项卡"图层"面板中的"图层特性"按钮，打开"图层特性管理器"选项板，将"标注"图层设置为当前图层。

（2）单击"注释"选项卡"文字"面板中的"多行文字"按钮 **A**，编写文字说明，主要包括房间及设施的功能、用途等，结果如图 9-64 所示。

（3）单击"默认"选项卡"绘图"面板中的"直线"按钮 ／ 和"注释"面板中的"多行文字"按钮 **A**，标注室内标高，结果如图 9-65 所示。

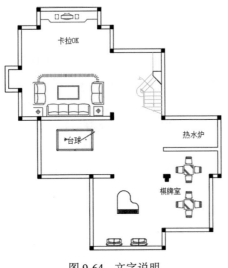

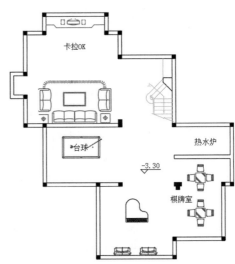

图 9-64　文字说明　　　　　　　　图 9-65　标注标高

（4）选择"轴线"图层，把"轴线"图层设置为当前图层，修改轴线网，结果如图 9-66 所示。

（5）单击"默认"选项卡"注释"面板中的"标注样式"按钮，打开"标注样式管理器"对话框，新建"地下层平面图"标注样式。选择"线"选项卡，在"延伸线"选项组中设置"超出尺寸线"为 200。选择"符号和箭头"选项卡，设置"箭头"为"↗建筑标记"、"箭头大小"为 200；选择"文字"选项卡，设置"文字高度"为 300，在"文字位置"选项组中设置"从尺寸线偏移"为 100。

（6）单击"注释"选项卡"标注"面板中的"线性"按钮 ⊢ 和"连续"按钮 ⊢⊢，标注第一道尺寸，文字高度为 300，结果如图 9-67 所示。

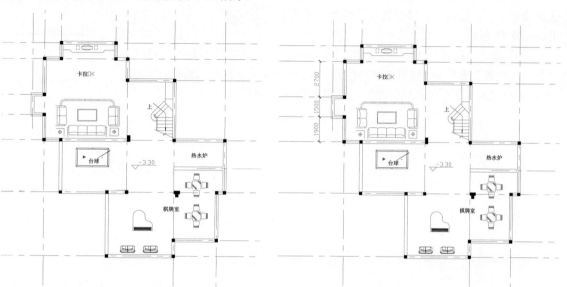

图 9-66　修改轴线网　　　　　　　　　　图 9-67　标注第一道尺寸

（7）按照上述命令，进行第二道尺寸和最外围尺寸的标注，结果如图 9-68 和图 9-69 所示。

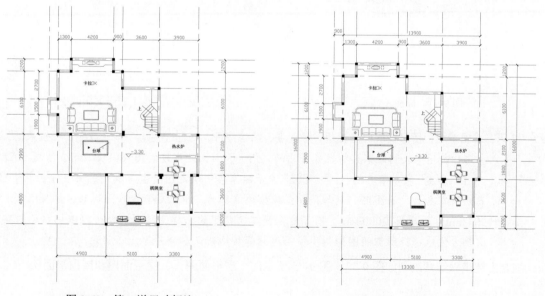

图 9-68　第二道尺寸标注　　　　　　　　图 9-69　外围尺寸标注

（8）轴号标注。根据规范要求，横向轴号一般用阿拉伯数字 1、2、3……标注，纵向轴号用字母 A、B、C……标注。

单击"默认"选项卡"绘图"面板中的"圆"按钮⊙，在轴线端绘制一个直径为 600 的圆。单击"注释"选项卡"文字"面板中的"多行文字"按钮 **A**，在圆的中央标注一个数字 1，设置字高为 300，如图 9-70 所示。单击"默认"选项卡"修改"面板中的"复制"按钮，将该轴号图例复制到其他轴线端头；双击数字，修改其他轴线号中的数字，完成轴线号的标注，结果如图 9-71 所示。

（9）单击"注释"选项卡"文字"面板中的"多行文字"按钮 **A**，打开"文字编辑器"选项卡。设置文字高度为700，在文本框中输入"地下层平面图"，最终完成地下层平面图的绘制，结果如图 9-72 所示。

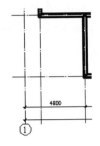

图 9-70　轴号 1

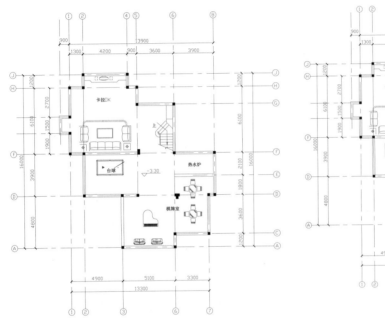

图 9-71　标注轴线号

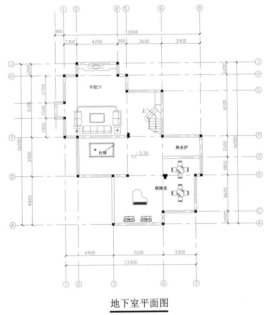

地下室平面图

图 9-72　地下层平面图的绘制

> ✍ **技巧：** 在图库中，图形模块的名称通常很简要，除汉字外，还包含英文字母或数字。一般来说，这些名称是用来表明该家具特性或尺寸的。例如，前面使用过的图形模块"组合沙发-002P"，"组合沙发"表示家具的性质；"002"表示该家具模块是同类型家具中的第 2 个；字母"P"表示该家具的平面图形。例如，一张床模块名称为"单人床 9×20"，表示该单人床宽度为 900 mm、长度为 2000 mm。有了这些简单又明了的名称，绘图者就可以依据自己的实际需要方便地选择所需的图形模块，而无须费神地辨认和测量了。

综合上述步骤继续绘制如图 9-73～图 9-75 所示的一层平面图、二层平面图和屋顶平面图。

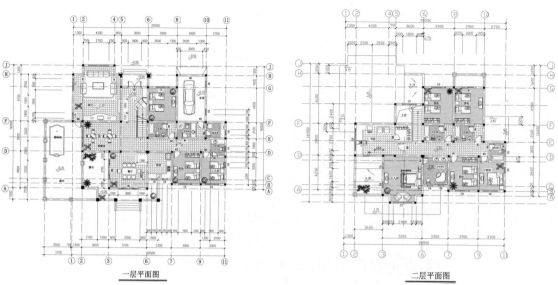

图 9-73 一层平面图   图 9-74 二层平面图

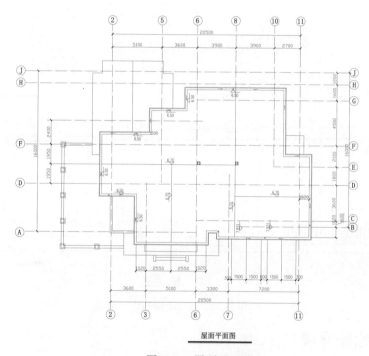

图 9-75 屋顶平面图

9.4 别墅立面图

由于别墅前、后、左、右 4 个立面图各不相同，而且均比较复杂，因此必须绘制 4 个立面图。本节以绘制南立面图为例进行详细讲解，其他各面用户可自行练习完成，绘制流程如图 9-76 所示。

视频讲解

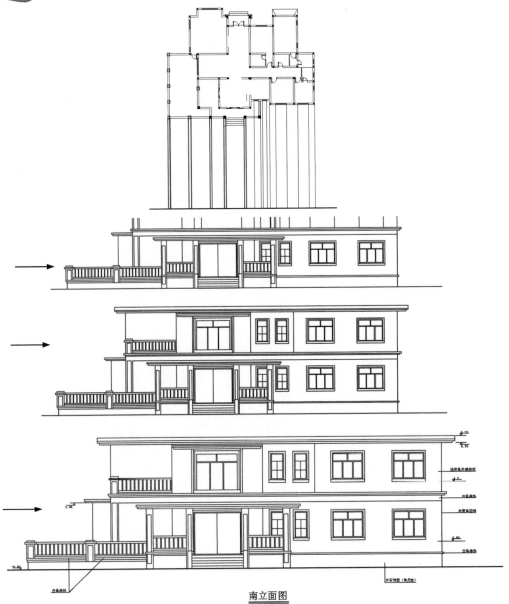

南立面图

图 9-76　南立面图的绘制流程

9.4.1　设置绘图环境

（1）利用 LIMITS 命令设置图幅为 42 000×29 700。

（2）利用 LAYER 命令创建"立面"图层。

9.4.2　绘制定位辅助线

（1）单击"默认"选项卡"图层"面板中的"图层特性"按钮 ，弹出"图层特性管理器"选项板，将"立面"图层设置为当前图层。

（2）复制一层平面图，并将暂时不用的图层关闭。单击"默认"选项卡"绘图"面板中的"直线"按钮／，在一层平面图下方绘制一条地平线，地平线上方需留出足够的绘图空间。

　　（3）单击"默认"选项卡"绘图"面板中的"直线"按钮／，由一层平面图向下引出定位辅助线，包括墙体外墙轮廓、墙体转折处，以及柱轮廓线等，如图 9-77 所示。

　　（4）单击"默认"选项卡"修改"面板中的"偏移"按钮€，根据室内外高差、各层层高、屋面标高等，确定楼层定位辅助线，结果如图 9-78 所示。

　　（5）复制二层平面图，单击"默认"选项卡"绘图"面板中的"直线"按钮／，绘制二层竖向定位辅助线，如图 9-79 所示。

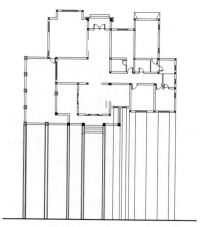

图 9-77　绘制一层竖向定位辅助线

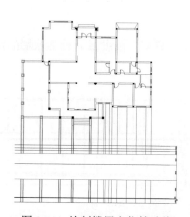

图 9-78　绘制楼层定位辅助线

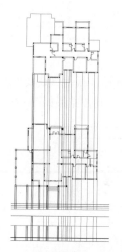

图 9-79　绘制二层竖向定位辅助线

9.4.3　绘制一层立面图

　　（1）绘制台阶和门柱。单击"默认"选项卡"绘图"面板中的"直线"按钮／和"修改"面板中的"偏移"按钮€，绘制台阶，台阶的踏步高度为 150，如图 9-80 所示。再根据门柱的定位辅助线，单击"默认"选项卡"绘图"面板中的"直线"按钮／和"修改"面板中的"修剪"按钮ぎ，绘制门柱，如图 9-81 所示。

　　（2）绘制大门。单击"默认"选项卡"修改"面板中的"偏移"按钮€，将二层室内楼面定位线依次向下偏移 500 和 450，确定门的水平定位直线，结果如图 9-82 所示。然后单击"默认"选项卡"绘图"面板中的"直线"按钮／和"修改"面板中的"修剪"按钮ぎ，绘制门框和门扇，如图 9-83 所示。

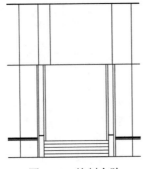

图 9-80　绘制台阶

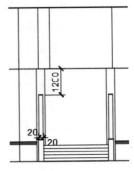

图 9-81　绘制门柱

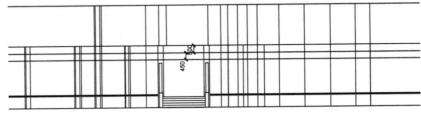

图 9-82　大门水平定位直线

（3）绘制坎墙。单击"默认"选项卡"修改"面板中的"修剪"按钮 ，修剪坎墙的定位辅助线，完成坎墙的绘制，结果如图 9-84 所示。

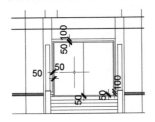

图 9-83　绘制门框和门扇

图 9-84　绘制坎墙

（4）绘制砖柱。单击"默认"选项卡"修改"面板中的"偏移"按钮 和"修剪"按钮 ，根据砖柱的定位辅助线绘制砖柱，如图 9-85 所示。

图 9-85　绘制砖柱

（5）绘制栏杆。单击"默认"选项卡"修改"面板中的"偏移"按钮 ，将坎墙线依次向上偏移 100、100、600 和 100。然后单击"默认"选项卡"绘图"面板中的"直线"按钮 ，绘制两条竖直线，并单击"默认"选项卡"修改"面板中的"矩形阵列"按钮 ，将竖直线阵列，完成栏杆的绘制。绘制结果如图 9-86 所示。

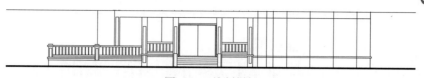

图 9-86　绘制栏杆

Note

（6）绘制窗户。单击"默认"选项卡"绘图"面板中的"直线"按钮 ∕、"修改"面板中的"偏移"按钮 ⊆ 和"修剪"按钮 ↘，绘制窗户，如图 9-87 所示。

图 9-87　绘制窗户

（7）绘制一层屋檐。单击"默认"选项卡"绘图"面板中的"直线"按钮 ∕、"修改"面板中的"偏移"按钮 ⊆ 和"修剪"按钮 ↘，根据定位辅助直线绘制一层屋檐。最终完成一层立面图的绘制，如图 9-88 所示。

图 9-88　一层立面图

9.4.4　绘制二层立面图

（1）绘制砖柱。单击"默认"选项卡"修改"面板中的"偏移"按钮 ⊆ 和"修剪"按钮 ↘，根据砖柱的定位辅助线绘制砖柱，如图 9-89 所示。

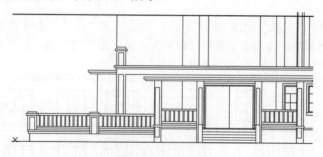

图 9-89　绘制砖柱

（2）绘制栏杆。单击"默认"选项卡"修改"面板中的"复制"按钮 ⊙，将一层立面图中的栏杆复制到二层立面图中并修改，如图 9-90 所示。

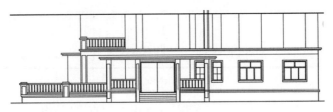

图 9-90　绘制栏杆

（3）绘制窗户。单击"默认"选项卡"修改"面板中的"复制"按钮，将一层立面图中大门右侧的 4 个窗户复制到二层立面图中。然后单击"默认"选项卡"绘图"面板中的"直线"按钮和"修改"面板中的"偏移"按钮，绘制左侧的两个窗户，如图 9-91 所示。

图 9-91　绘制窗户

（4）绘制二层屋檐。单击"默认"选项卡"绘图"面板中的"直线"按钮、"修改"面板中的"偏移"按钮和"修剪"按钮，根据定位辅助直线绘制二层屋檐，完成二层立面图的绘制，如图 9-92 所示。

图 9-92　二层立面图

9.4.5　文字说明和标注

单击"默认"选项卡"绘图"面板中的"直线"按钮和"注释"选项卡"文字"面板中的"多行文字"按钮，进行标高标注和文字说明，最终完成南立面图的绘制，如图 9-93 所示。

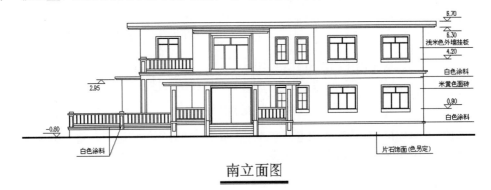

南立面图

图 9-93　南立面图

综合上述步骤继续绘制如图 9-94～图 9-96 所示的北立面图、西立面图和东立面图。

图 9-94　北立面图

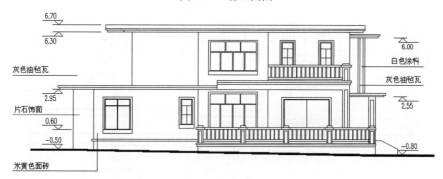

图 9-95　西立面图

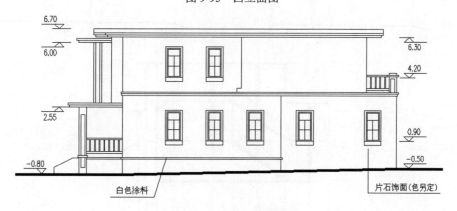

图 9-96　东立面图

Note

视频讲解

✍ **技巧**：立面图中的标高符号一般绘制在立面图形外，同方向的标高符号应大小一致，并排列在同一条铅垂线上。必要时（为清楚起见）也可标注在图形内。若建筑立面图左右对称，标高应标注在左侧，否则两侧均应标注。

9.5　别墅剖面图

本节以绘制别墅剖面图为例，介绍剖面图的绘制方法与技巧。

在绘制别墅剖面图时，应首先确定剖切位置和投射方向，并根据别墅方案，选择剖切位置。剖切位置中，一层剖切线经过楼梯间、过道和客厅；二层剖切线经过楼梯间、过道和主人房。剖视方向向左。绘制流程如图 9-97 所示。

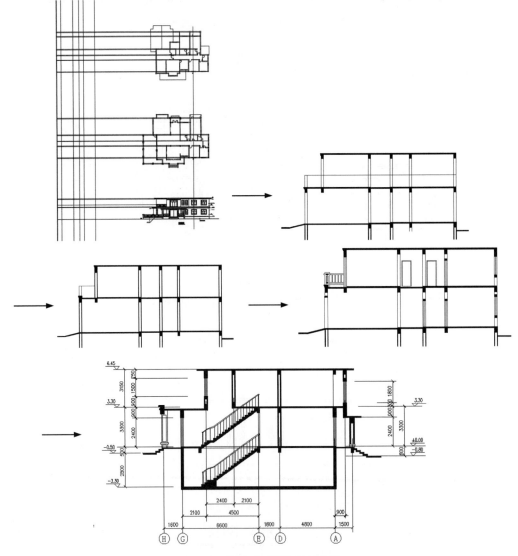

图 9-97　别墅剖面图的绘制流程

9.5.1 设置绘图环境

（1）利用 LIMITS 命令设置图幅为 42 000×29 700。

（2）利用 LAYER 命令创建"剖面"图层。

9.5.2 绘制定位辅助线

（1）单击"默认"选项卡"图层"面板中的"图层特性"按钮，弹出"图层特性管理器"选项板，将"剖面"图层设置为当前图层。

（2）复制一层平面图、二层平面图和南立面图，并将暂时不用的图层关闭。为便于从平面图中引出定位辅助线，单击"默认"选项卡"绘图"面板中的"构造线"按钮，在剖切位置绘制一条构造线。

（3）单击"默认"选项卡"绘图"面板中的"直线"按钮，在立面图左侧同一水平线上绘制室外地平线，然后采用绘制立面图定位辅助线的方法绘制剖面图的定位辅助线，结果如图 9-98 所示。

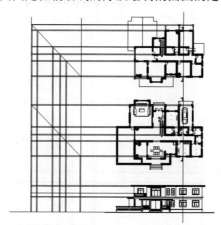

图 9-98 绘制定位辅助线

✍ **技巧：** 在绘制建筑剖面图中的门窗或楼梯时，除了利用前面介绍的方法直接绘制外，也可借助图库中的图形模块进行绘制。例如，一些没被剖切的可见门窗或一组楼梯栏杆等。在常见的室内图库中，有很多不同种类和尺寸的门窗及栏杆立面可供选择，绘图者只需找到合适的图形模块进行复制，然后粘贴到自己的图形中即可。如果图库中提供的图形模块与实际需要的图形之间存在尺寸或角度上的差异，可利用"分解"命令将模块进行分解，然后利用"旋转"或"缩放"命令进行修改，将其调整到满意的结果后，插入图中的相应位置即可。

9.5.3 绘制室外地平线和一层楼板

（1）单击"默认"选项卡"绘图"面板中的"直线"按钮和"修改"面板中的"偏移"按钮，根据平面图中的室内外标高确定楼板层和地平线，然后单击"默认"选项卡"修改"面板中的"修剪"按钮，将多余的线段进行修剪。

（2）单击"默认"选项卡"绘图"面板中的"图案填充"按钮，将室外地平线和楼板层填充为 SOLID 图案，结果如图 9-99 所示。

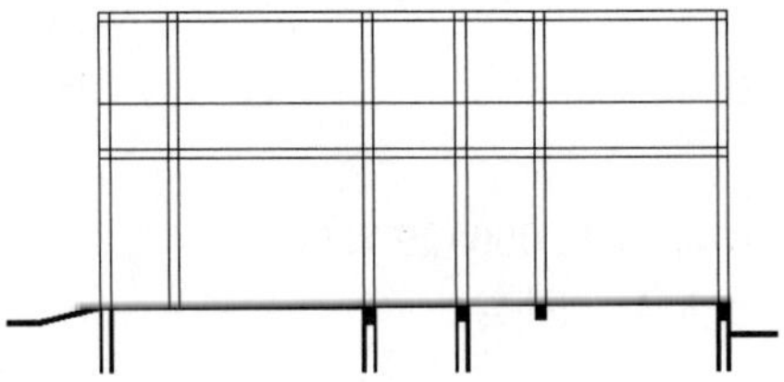

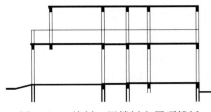

图 9-99　绘制室外地平线和一层楼板

9.5.4　绘制二层楼板和屋顶楼板

利用与上述相同的方法绘制二层楼板和屋顶楼板，结果如图 9-100 所示。

图 9-100　绘制二层楼板和屋顶楼板

9.5.5　绘制墙体

单击"默认"选项卡"修改"面板中的"修剪"按钮 ，修剪墙线，然后将修剪后的墙线线宽设置为 0.3，形成墙体剖面线，如图 9-101 所示。

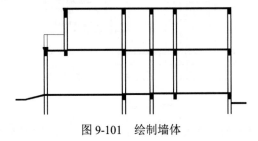

图 9-101　绘制墙体

9.5.6　绘制门窗

单击"默认"选项卡"修改"面板中的"修剪"按钮 ，绘制门窗洞口，然后单击"默认"选项卡"绘图"面板中的"多段线"按钮 ，绘制门窗。绘制方法与在平面图和立面图中绘制门窗的方法相同，结果如图 9-102 所示。

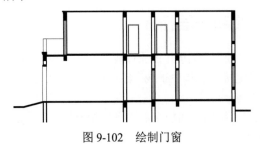

图 9-102　绘制门窗

9.5.7 绘制砖柱

利用与立面图中相同的方法绘制砖柱，结果如图 9-103 所示。

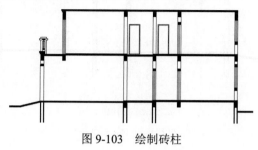

图 9-103 绘制砖柱

9.5.8 绘制栏杆

利用与立面图中相同的方法绘制栏杆，结果如图 9-104 所示。

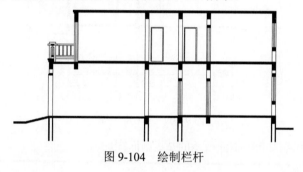

图 9-104 绘制栏杆

9.5.9 文字说明和标注

（1）单击"默认"选项卡"绘图"面板中的"直线"按钮／和"注释"选项卡"文字"面板中的"多行文字"按钮A，进行标高标注，如图 9-105 所示。

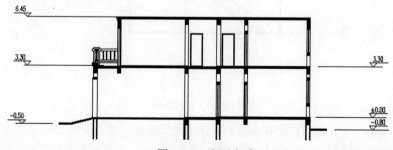

图 9-105 标注标高

（2）单击"注释"选项卡"标注"面板中的"线性"按钮┝┥和"连续"按钮┝┼┥，标注门窗洞口、层高、轴线和总体长度尺寸，如图 9-106 所示。

（3）单击"默认"选项卡"绘图"面板中的"圆"按钮⊙、"注释"面板中的"多行文字"按钮A和"修改"面板中的"复制"按钮，标注轴线号和文字说明。最终完成 1-1 剖面图的绘制，如图 9-107 所示。

Note

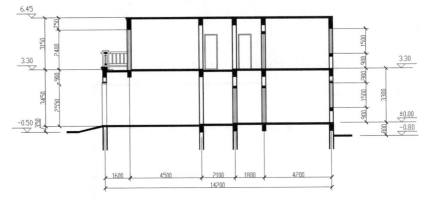

图 9-106　标注尺寸

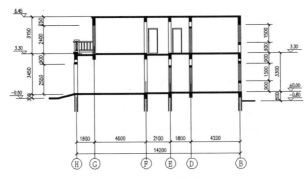

图 9-107　1-1 剖面图

综合上述步骤继续绘制如图 9-108 所示的 2-2 剖面图。

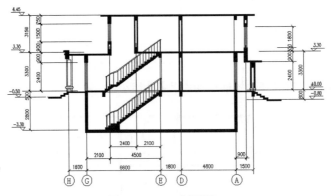

图 9-108　2-2 剖面图

> 技巧：众所周知，建筑剖面图的作用是对无法在平面图和立面图中表达清楚的建筑内部进行剖切，以表达建筑设计师对建筑物内部的组织与处理。由此可见，剖切平面位置的选择很重要。剖面图的剖切平面一般选择在建筑内部结构和构造比较复杂的位置，或选择在内部结构和构造有变化、有代表性的部位，如楼梯间等。
>
> 　　对于不同建筑物，其剖切面数量也是不同的。对于结构简单的建筑物，只绘制一两个剖切面就足够了；对于构造复杂且内部功能没有明显规律性的建筑物，则需要绘制从多个角度剖切的剖面图才能满足要求。对于结构和形状对称的建筑物，剖面图可以只绘制一半，

有的建筑物在某一条轴线之间具有不同的布置，则可以在同一个剖面图上绘制不同位置的剖面图，但是要添加文字标注加以说明。

另外，由于建筑剖面图要表达房屋高度与宽度或长度之间的组成关系，一般而言，比平面图和立面图要复杂，且要求表达的构造内容也较多，因此，有时建筑剖面图采用较大的比例（如1∶50）来绘制。

以上这些绘图方法和设计原则，可以帮助设计者和绘图者更科学、有效地绘制建筑剖面图，以达到更准确、鲜明地表达建筑物性质和特点的目的。

9.6 别墅建筑详图

本节以绘制别墅建筑详图为例，介绍建筑详图绘制的一般方法与技巧。首先绘制外墙身详图，绘制流程如图9-109所示。

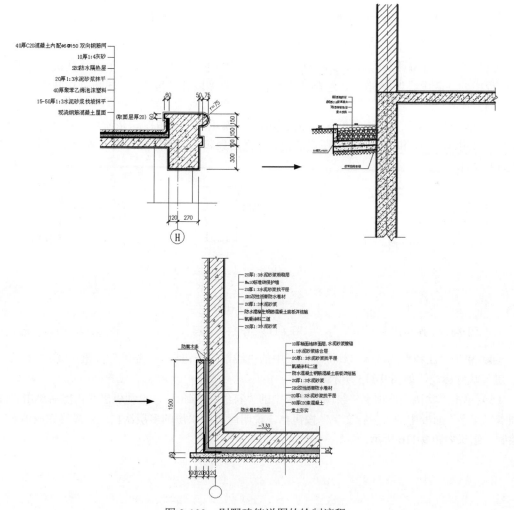

图9-109 别墅建筑详图的绘制流程

9.6.1 绘制墙身节点 1

墙身节点 1 的绘制包括屋面防水和隔热层。

（1）单击"默认"选项卡"绘图"面板中的"直线"按钮 ╱ 、"圆弧"按钮 ╱ 、"圆"按钮 ⊙ 和"注释"面板中的"多行文字"按钮 **A** ，绘制轴线、楼板和檐口轮廓线，结果如图 9-110 所示。单击"默认"选项卡"修改"面板中的"偏移"按钮 ⊑ ，将檐口轮廓线向外偏移 50，完成抹灰的绘制，如图 9-111 所示。

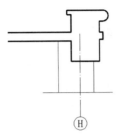

图 9-110　檐口轮廓线

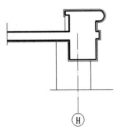

图 9-111　檐口抹灰

（2）单击"默认"选项卡"修改"面板中的"偏移"按钮 ⊑ ，将楼板层分别向上偏移 20、40、20、10 和 40，并将偏移后的直线设置为细实线，结果如图 9-112 所示。单击"默认"选项卡"绘图"面板中的"多段线"按钮 ⌐⊃ ，绘制防水卷材，设置多段线宽度为 1，转角处作圆弧处理，结果如图 9-113 所示。

（3）单击"默认"选项卡"绘图"面板中的"图案填充"按钮 ▧ ，依次填充各种材料图例，钢筋混凝土采用 ANSI31 和 AR-CONC 图案的叠加图案，聚苯乙烯泡沫塑料采用 ANSI37 图案，结果如图 9-114 所示。

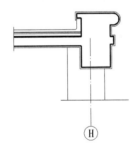

图 9-112　偏移直线

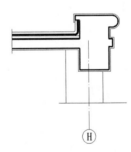

图 9-113　绘制防水层

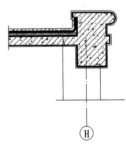

图 9-114　图案填充

（4）单击"注释"选项卡"标注"面板中的"线性"按钮 ⊢ 、"连续"按钮 ⊢⊢⊢ 和"半径"按钮 ╱ ，进行尺寸标注，如图 9-115 所示。

（5）单击"默认"选项卡"绘图"面板中的"直线"按钮 ╱ ，绘制引出线，然后单击"注释"选项卡"文字"面板中的"多行文字"按钮 **A** ，说明屋面防水层的多层次构造，最终完成墙身节点 1 的绘制，结果如图 9-116 所示。

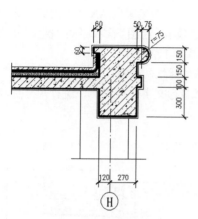

图 9-115　尺寸标注

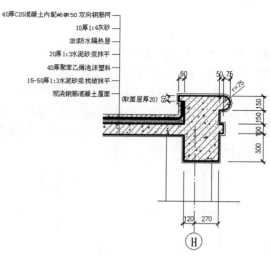

40厚C20混凝土内配φ6@150 双向钢筋网
10厚1:4砂
SBS防水隔热层
20厚1:3水泥砂浆抹平
40厚聚苯乙烯泡沫塑料
15-50厚1:3水泥砂浆找坡抹平
现浇钢筋混凝土屋面

图 9-116　墙身节点 1

9.6.2　绘制墙身节点 2

墙身节点 2 的绘制包括墙体与室内外地坪的关系及散水。

（1）绘制墙体及一层楼板轮廓。单击"默认"选项卡"绘图"面板中的"直线"按钮 ／，绘制墙体及一层楼板轮廓，结果如图 9-117 所示。单击"默认"选项卡"修改"面板中的"偏移"按钮 ⊑，将墙体及楼板轮廓线向外偏移 20，并将偏移后的直线设置为细实线，完成抹灰的绘制，结果如图 9-118 所示。

（2）绘制散水。

❶ 单击"默认"选项卡"修改"面板中的"偏移"按钮 ⊑，将墙线左侧的轮廓线分别向左偏移 615、60，将一层楼板下侧轮廓线分别向下偏移 367、182、80、71，然后单击"默认"选项卡"修改"面板中的"移动"按钮 ✛，将向下偏移的直线向左移动，结果如图 9-119 所示。

视频讲解

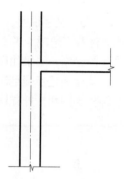

图 9-117　绘制墙体及一层楼板轮廓

❷ 单击"默认"选项卡"修改"面板中的"旋转"按钮 ↻，将移动后的直线以最下端直线的左端点为基点进行旋转，设置旋转角度为 2°，结果如图 9-120 所示。

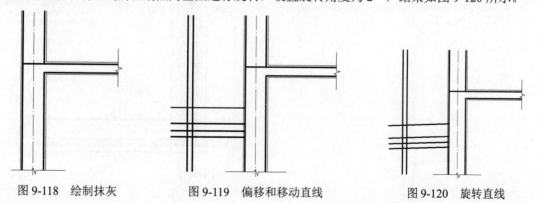

图 9-118　绘制抹灰　　　图 9-119　偏移和移动直线　　　图 9-120　旋转直线

❸ 单击"默认"选项卡"修改"面板中的"修剪"按钮，修剪图中多余的直线，结果如图 9-121

所示。

（3）图案填充。单击"默认"选项卡"绘图"面板中的"图案填充"按钮，依次填充各种材料图例，钢筋混凝土采用 ANSI31 和 AR-CONC 图案的叠加图案，砖墙采用 ANSI31 图案，素土采用 ANSI37 图案，素混凝土采用 AR-CONC 图案。单击"默认"选项卡"绘图"面板中的"椭圆"按钮 和"修改"面板中的"复制"按钮，绘制鹅卵石图案，如图 9-122 所示。

（4）尺寸标注。单击"注释"选项卡"标注"面板中的"线性"按钮，再单击"默认"选项卡"绘图"面板中的"直线"按钮 和"注释"面板中的"多行文字"按钮 A，进行尺寸标注，结果如图 9-123 所示。

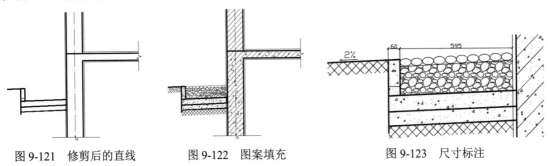

图 9-121　修剪后的直线　　　　图 9-122　图案填充　　　　图 9-123　尺寸标注

（5）文字说明。单击"默认"选项卡"绘图"面板中的"直线"按钮，绘制引出线，然后单击"注释"选项卡"文字"面板中的"多行文字"按钮 A，说明散水的多层次构造，最终完成墙身节点 2 的绘制，结果如图 9-124 所示。

综合上述步骤绘制如图 9-125～图 9-129 所示的墙身节点 3、卫生间 4 放大图、卫生间 5 放大图、装饰柱详图和栏杆详图。

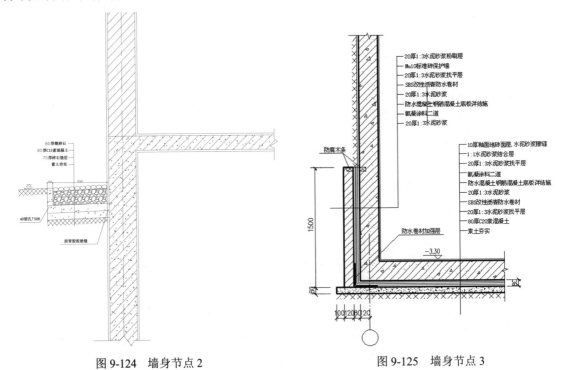

图 9-124　墙身节点 2　　　　　　　　　图 9-125　墙身节点 3

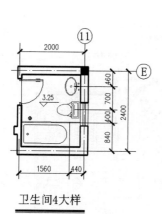

图 9-126　卫生间 4 放大图

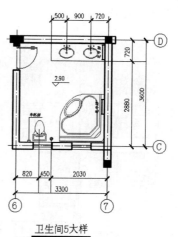

图 9-127　卫生间 5 放大图

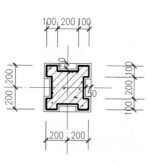

图 9-128　装饰柱详图

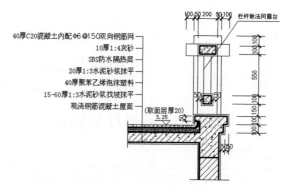

图 9-129　栏杆详图

9.7　操作与实践

通过前面的学习，读者对本章知识也有了大致了解。本节通过几个操作实践使读者进一步掌握本章的知识要点。

9.7.1　绘制卡拉 OK 歌舞厅平面图

1．目的要求

如图 9-130 所示，本实践要求读者通过练习熟悉和掌握建筑平面图的绘制方法。通过本实践，可以帮助读者学会整个建筑平面图的绘制。

2．操作提示

（1）设置绘图环境。

（2）另存已有的平面图以作为本平面图的绘制基础。

（3）绘制细节单元。

（4）尺寸标注和文字说明。

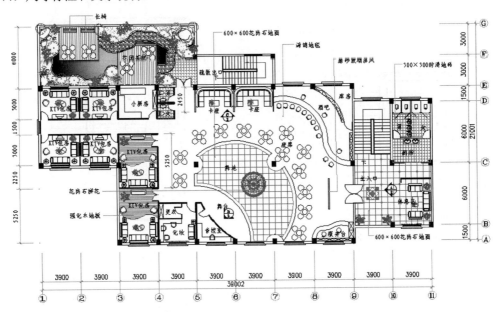

歌舞厅室内平面布置图 1:150

图 9-130　卡拉 OK 歌舞厅平面图

9.7.2　绘制卡拉 OK 歌舞厅立面图

1. 目的要求

如图 9-131 所示，本实践要求读者通过练习熟悉和掌握建筑立面图的绘制方法。通过本实践，可以帮助读者学会整个建筑立面图的绘制。

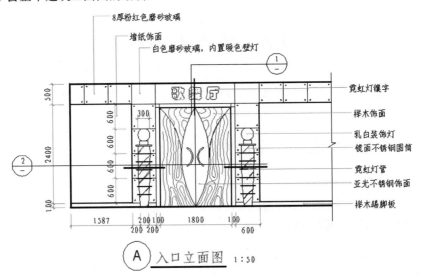

A　入口立面图 1:50

图 9-131　卡拉 OK 歌舞厅立面图

2．操作提示

（1）设置绘图环境。

（2）绘制定位辅助线。

（3）绘制立面图。

（4）尺寸标注和文字说明。

9.7.3 绘制卡拉 OK 歌舞厅剖面图

1．目的要求

如图 9-132 所示，本实践要求读者通过练习熟悉和掌握建筑剖面图的绘制方法。通过本实践，可以帮助读者学会整个建筑剖面图的绘制。

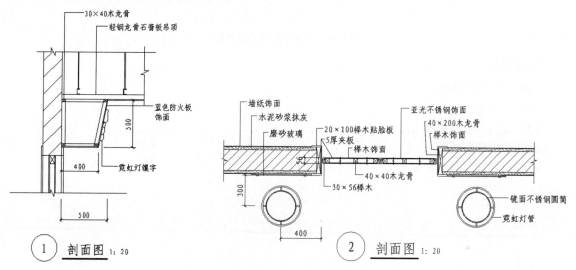

图 9-132 卡拉 OK 歌舞厅剖面图

2．操作提示

（1）设置绘图环境。

（2）绘制定位辅助线。

（3）绘制各个建筑单元。

（4）绘制折断线。

（5）尺寸标注和文字说明。

9.7.4 绘制卡拉 OK 歌舞厅详图

1．目的要求

如图 9-133 所示，本实践要求读者通过练习熟悉和掌握建筑详图的绘制方法。通过本实践，可以帮助读者学会整个建筑详图的绘制。

Note

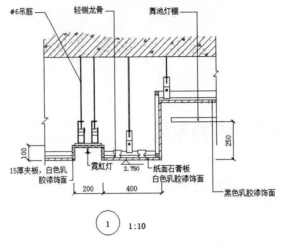

图 9-133　卡拉 OK 歌舞厅详图

2. 操作提示

（1）设置绘图环境。

（2）绘制定位辅助线。

（3）绘制各个建筑单元。

（4）绘制折断线。

（5）尺寸标注和文字说明。

室内设计工程实例

本章将以某宾馆大堂设计为例，讲述宾馆大堂布局及主要设施的绘制过程。本章将平面图和顶棚图按照布局细分，再将具体的公用设施以图块的方式插入布局图中。在设计过程中，将对具体设施的绘制过程及绘图技巧进行讲解与分析。

☑ 室内设计概述　　　　　　　　☑ 大堂顶棚图
☑ 大堂平面布置图

任务驱动&项目案例

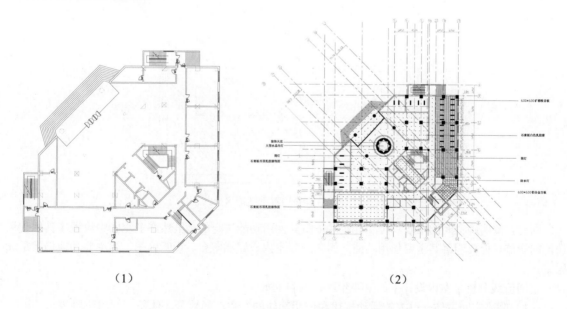

（1）　　　　　　　　　　　　　　（2）

Note

10.1　室内设计概述

人的活动决定了室内设计的目的和意义，人是室内环境的使用者和创造者。有了人，才能区分出室内和室外。

人的活动规律之一是在动态和静态之间交替进行的：动态－静态－动态－静态。

人的活动规律之二是个人活动、多人活动交叉进行。

人们在室内空间活动时，按照一般的活动规律分为静态功能区、动态功能区和静动双重功能区3种。

根据人们的具体活动行为，有更加详细的划分。例如，静态功能区划分为睡眠区、休息区、学习办公区，如图10-1所示；动态功能区划分为运动区、大厅，如图10-2所示；静动双重功能区分为会客区、车站候车室、生产车间等，如图10-3所示。

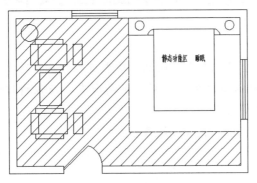

图 10-1　静态功能区

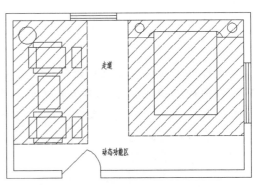

图 10-2　动态功能区

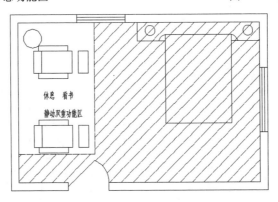

图 10-3　静动双重功能区

同时，要明确空间的性质。其性质通常是由其使用功能决定的。虽然许多空间中设置了其他使用功能的设施，但要明确其主要使用功能。如在起居室内设置酒吧台、视听区等，其主要功能仍然是起居室。

空间流线分析是室内设计中的重要步骤，其目的如下。

（1）明确空间主体——人的活动规律和使用功能的参数，如数量、体积、常用位置等。

（2）明确设备、物品的运行规律、摆放位置、数量、体积等。

（3）分析各种活动因素的平行、互动、交叉关系。

（4）经过以上 3 部分分析，提出初步设计思路和设想。

空间流线分析从构成情况分为水平流线和垂直流线，从使用状况可分为单人流线和多人流线，从流线性质上可分为单一功能流线和多功能流线，流线交叉形成的枢纽为室内空间厅、场。

某单人流线分析如图 10-4 所示。某大厅多人流线平面图如图 10-5 所示。

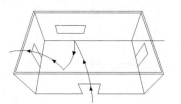
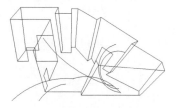

图 10-4 单人组成水平流线图　　　　图 10-5 多人组成水平流线图

功能流线组合形式分为中心型、自由型、对称型、簇型和线型等，如图 10-6 所示。

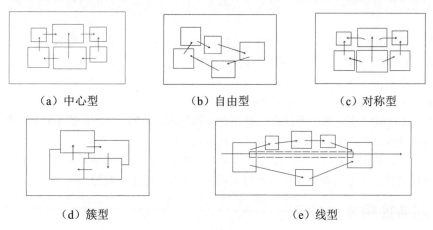

（a）中心型　　　　　　（b）自由型　　　　　　（c）对称型

（d）簇型　　　　　　　　　（e）线型

图 10-6 功能流线组合形式图例

10.1.1　室内设计构思

1．初始阶段

室内设计的构思在设计的过程中起着举足轻重的作用，因此在设计初始阶段，要进行一系列的构思设计，使后续工作能够有效、完美地进行。构思的初始阶段主要包括以下内容。

（1）空间性质+使用功能。室内设计是在建筑主体完成后的原型空间内进行的。因此，室内设计的首要工作就是要认定原型空间的使用功能，也就是原型空间的使用性质。

（2）水平流线组织。当原型空间认定后，构思第一步是做流线分析和组织，包括水平流线和垂直流线。流线功能按需要可能是单一流线，也可能是多种流线。

（3）功能分区图式化。空间流线组织之后，即进行功能分区图式化布置，进一步接近平面布局设计。

（4）图式选择。选择最佳图式布局作为平面设计的最终依据。

（5）平面初步组合。经过前面几个步骤操作，最后形成空间平面组合形式，有待进一步深化。

2．深化阶段

经过初始阶段的室内设计构成最初构思方案后，在此基础上进行构思深化阶段的设计。深化阶段的构思内容和步骤如图 10-7 所示。

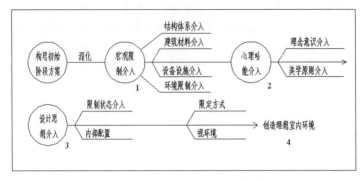

图 10-7　室内设计构思深化阶段内容与步骤图解

结构技术对室内设计构思的影响主要表现在两个方面：一是原型空间墙体结构方式，二是原型空间屋顶结构方式。

墙体结构方式关系到室内设计内部空间改造时饰面采用的方法和材料。基本的原型空间墙体结构方式有板柱墙、砌块墙、柱间墙和轻隔断墙 4 种。

屋盖结构原型屋顶（屋盖）结构关系到室内设计的顶棚做法。屋盖结构主要分为构架结构体系、梁板结构体系、大跨度结构体系和异型结构体系。

另外，室内设计要考虑建筑所用材料对设计内涵和色彩、光影、情趣的影响；室内外露管道和布线的处理；通风条件、采光条件、噪声和空气、温度的影响等。

随着人们对室内要求的提高，还要结合个人喜好，确定室内设计的基调。人们一般对室内的格调要求有现代新潮观念、怀旧情调观念和随意舒适观念（折中型）3 种类型。

10.1.2　创造理想室内空间

经过前面两个构思阶段的设计，已形成较完美的设计方案。创建室内空间的标准：一是要使其具备形态、体量、质量，即形、体、质 3 个方向的统一协调；二是使用功能和精神功能的统一。如在书房中除了布置写字台、书柜外，还布置了绿化等装饰物，使室内空间在满足书房使用功能的同时，也活跃了气氛，净化了空气，满足了人们的精神需要。

一个完美的室内设计作品是经过初始构思阶段和深入构思阶段，最后通过设计师对各种因素和功能的协调平衡创造出来的。要提高室内设计的水平，就要综合利用各个领域的知识和深入的构思设计。最终室内设计方案形成最基本的图纸方案，一般包括设计平面图、设计剖面图和室内透视图。

10.2　大堂平面布置图

大堂是旅客办理住宿手续、问询、休息、会客的场所，因此大堂一般高度较高，空间较大，并设有总服务台、大堂副理台、公用电话台、行李房等。

大堂休息区一般位于总服务台附近，以方便旅客等候办理手续。

堂吧往往位于具有良好景观的位置，为客人会客、小憩所用，并提供酒水服务。

整个大堂的设计应注意空间与面积的适度，布局合理，人流、路线顺畅，避免人流互相交叉和干扰。本节要绘制的大堂平面布置图的绘制流程如图 10-8 所示。

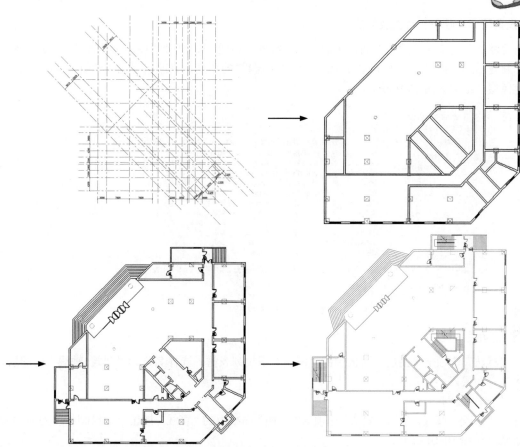

图 10-8　大堂平面布置图的绘制流程

10.2.1　大堂平面图绘制

在具体的设计工作中，为了使图样统一，许多项目都需要一个统一标准，如文字样式、标注样式、图层等。建立标准绘图环境的有效方法是使用样板文件，样板文件保存了各种标准设置。当建立新文件时，新文件以样板文件为原型，使新文件与原文件具有相同的绘图标准。AutoCAD 样板文件的扩展名为.dwt，用户也可以根据需要建立自己的样板文件。

本节将建立名为"大堂平面图.dwg"的图形文件。

1．设置绘图区域

AutoCAD 的绘图空间是无限大的。绘图时，事先对绘图区大小进行设定，将有助于用户了解图形分布的范围。可以通过以下两种方式设定绘图区域。

（1）可以绘制一个已知长度的图形，如矩形或圆形。将图形充满绘图窗口，即可估算出当前绘图区大小。

（2）选择菜单栏中的"格式"→"图形界限"命令，指定"左下角点"坐标为（0,0），"右上角点"坐标为（100000,100000），设定绘图区大小。

此时绘图区域就设置好了。

2. 设置图层、颜色、线型及线宽

单击"默认"选项卡"图层"面板中的"图层特性"按钮，打开"图层特性管理器"选项板，再单击"新建图层"按钮，列表框显示出名为"图层1"的图层，修改名字为"建筑-轴线"。依次创建其他图层，结果如图10-9所示。

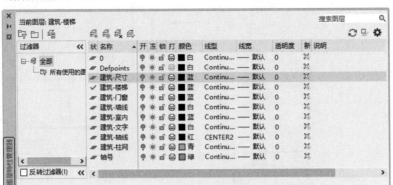

图 10-9　创建图层

3. 绘制轴线网

单击"默认"选项卡"图层"面板中的"图层"下拉列表框，选择名称为"建筑-轴线"的图层，将其设为当前图层。

（1）绘制轴线网。

❶ 打开"正交"模式，单击"默认"选项卡"绘图"面板中的"直线"按钮，绘制长度为 60 000 的竖直直线，如图 10-10 所示。

❷ 单击"默认"选项卡"特性"面板中的"线型"下拉列表，选择"其他"选项，打开"线型管理器"对话框，将右下角的"全局比例因子"设置为 50，效果如图 10-11 所示。

❸ 单击"默认"选项卡"绘图"面板中的"直线"按钮，绘制如图 10-12 所示的轴线。

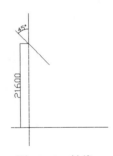

图 10-10　绘制单根轴线　　　　图 10-11　修改比例因子后的效果　　　　图 10-12　轴线

❹ 单击"默认"选项卡"修改"面板中的"偏移"按钮，将竖直轴线向右偏移 3000。

❺ 将图 10-12 中的横、竖、斜轴线依次偏移，最终效果如图 10-13 所示。

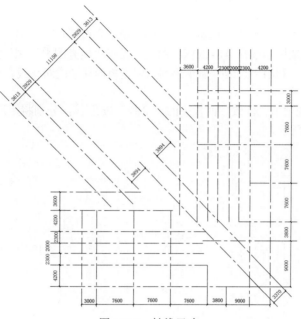

图 10-13　轴线尺寸

（2）绘制轴号。

❶ 绘制轴号圆。单击"默认"选项卡"绘图"面板中的"圆"按钮⊙，绘制一个半径为 1000 的圆，圆心在轴线的端点，如图 10-14 所示。

❷ 定义属性值。单击"插入"选项卡"块定义"面板中的"定义属性"按钮，打开"属性定义"对话框。在圆心位置写入一个块的属性值，设置完成后的效果如图 10-15 所示。

❸ 创建块。单击"插入"选项卡"块定义"面板中的"创建块"按钮，打开"块定义"对话框。在"名称"文本框中输入"轴号"，指定圆心为基点；将整个圆和刚才的"轴号"标记定义为块。单击"确定"按钮，打开"编辑属性"对话框。输入 A，最后的效果如图 10-16 所示。

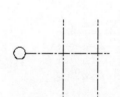

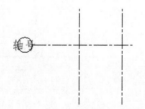

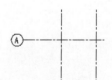

图 10-14　绘制轴号圆　　　　图 10-15　在圆心位置写入属性值　　　　图 10-16　设置编辑属性后块的效果

❹ 绘制其他轴号。单击"插入"选项卡"块"面板"插入"下拉列表中的"库中的块"命令，打开"块"选项板。插入其他的块，并将其属性设为相应的值，最终效果如图 10-17 所示。

4．绘制柱子

首先将标准柱外形画出，再复制到图中相应位置，也可将标准柱截面制作成图块插入图中。

（1）绘制标准柱外框。

❶ 将"建筑-柱网"图层设置为当前图层，单击"默认"选项卡"绘图"面板中的"矩形"按钮 □，分别绘制尺寸为 900×900、500×500 的矩形柱，结果如图 10-18 所示。

❷ 单击"默认"选项卡"绘图"面板中的"圆"按钮⊙，分别绘制半径为 450 和 250 的圆，结

果如图 10-19 所示。

❸ 单击"默认"选项卡"绘图"面板中的"图案填充"按钮，打开"图案填充创建"选项卡，在"图案填充图案"选项板中选择 AR-CONC 图案，设置"填充图案比例"为 0.5，选择绘制的柱子为填充区域并对其填充，利用"直线"命令绘制已填充矩形柱子的对角线，如图 10-20 所示。

（2）复制标准柱。

❶ 单击"默认"选项卡"修改"面板中的"复制"按钮，分别将矩形柱和圆形柱复制到相应位置，结果如图 10-21 所示。

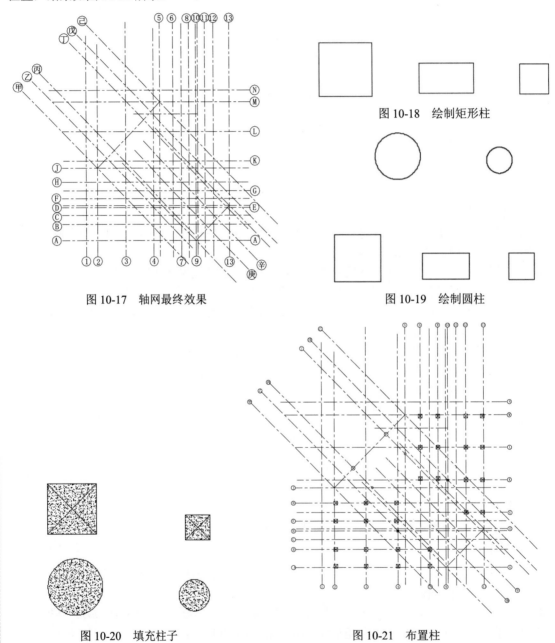

图 10-17 轴网最终效果

图 10-18 绘制矩形柱

图 10-19 绘制圆柱

图 10-20 填充柱子

图 10-21 布置柱

❷ 对于矩形柱没有中心夹点的图素，可通过作辅助线找到中心点。例如，画出矩形的对角线，

则对角线的交点即为矩形中心，将矩形布置好后删除即可。

5. 绘制墙线、门窗、洞口

（1）绘制墙线。

❶ 创建多线样式。选择菜单栏中的"格式"→"多线样式"命令，打开"多线样式"对话框。单击"新建"按钮，打开"创建新的多线样式"对话框。在此输入新样式名 wall-300，并可选择已有样式作为基础样式，在此基础上进行修改即可。

单击"继续"按钮，打开"新建多线样式"对话框。选择"图元"列表，在"偏移"中输入 150 和-150，分别表示相对于中心线偏移 150 和-150。单击"确定"按钮，完成多线样式定义。

以此类推，对于砖墙，可以创建 wall-120、wall-50 等多线样式。

❷ 将"建筑-墙线"图层设为当前图层，将 wall-300 的多线样式设置为当前样式。选择"多线"命令，依次点取多线的弯折点，多线会在弯折点处自动闭合，绘图效果如图 10-22 所示。

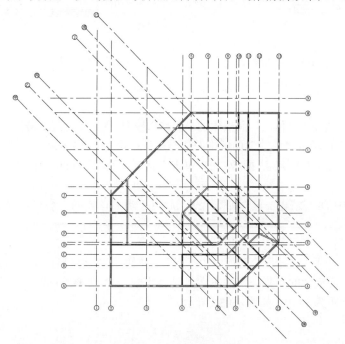

图 10-22 绘制墙线

❸ 选择菜单栏中的"修改"→"对象"→"多线"命令，打开"多线编辑工具"对话框，对多线进行编辑，用户可选择所需的编辑样式，利用上述方法完成所有墙线的修剪，最终效果如图 10-23 所示。

（2）绘制窗。

❶ 将"建筑-门窗"图层设置为当前图层，单击"默认"选项卡"修改"面板中的"偏移"按钮 ⊆，绘制长度为 2000 的窗户，距离端部 800，结果如图 10-24 所示。

❷ 单击"默认"选项卡"修改"面板中的"修剪"按钮，对多余的线进行修剪，然后将两端封闭，将辅助线删除，结果如图 10-25 所示。

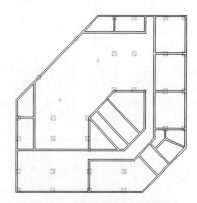

图 10-23 墙线的最终绘制效果

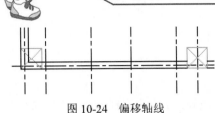

图 10-24 偏移轴线

图 10-25 修剪后的墙线

❸ 单击"默认"选项卡"绘图"面板中的"定数等分"按钮 ⚶，指定等分数目为 4，对窗户进行定数等分，平面图中等分点效果如图 10-26 所示。

❹ 单击"默认"选项卡"绘图"面板中的"直线"按钮 ╱，捕捉节点，窗户制作的最终效果如图 10-27 所示。

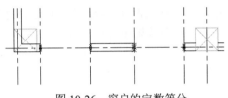

图 10-26 窗户的定数等分   图 10-27 窗户的最终效果

重复上面的步骤即可完成全部窗户的制作，最终效果如图 10-28 所示。

（3）绘制单扇门。

❶ 单击"默认"选项卡"修改"面板中的"偏移"按钮 ⊂，将轴线 2 分别向右偏移 950 和 900。

❷ 单击"默认"选项卡"修改"面板中的"修剪"按钮 ✂，将多余的线段进行修剪。

❸ 单击"默认"选项卡"绘图"面板中的"矩形"按钮 ▭，绘制 50×900 的矩形，结果如图 10-29 所示。

❹ 选择菜单栏中的"绘图"→"圆弧"→"起点、端点、方向"命令，绘制弧线，如图 10-30 所示。

（4）绘制双开门。

❶ 单击"默认"选项卡"绘图"面板中的"矩形"按钮 ▭，绘制两个 50×700 的矩形。单击"默认"选项卡"修改"面板中的"复制"按钮 ⚏，选择步骤（3）中❸绘制的矩形为复制对象，将其向右进行复制，复制间距为 1350，如图 10-31 所示。

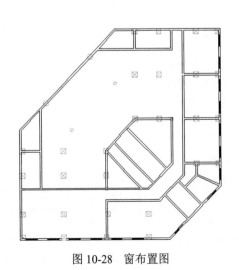

图 10-28 窗布置图

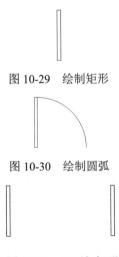

图 10-29 绘制矩形

图 10-30 绘制圆弧

图 10-31 双开门矩形

❷ 单击"默认"选项卡"绘图"面板中的"直线"按钮 ╱，再选择菜单栏中的"绘图"→"圆弧"→"起点、端点、角度"命令，绘制一条角度为 90°的弧线，如图 10-32 所示。

❸ 关闭图层，利用前面讲述修剪窗洞的方法修剪门洞，并单击"默认"选项卡"绘图"面板中的"多段线"按钮 ⟶，指定起点宽度为 160，端点宽度为 160，补充图形中缺少的墙体。

图 10-32　双开门圆弧

❹ 单击"插入"选项卡"块定义"面板中的"创建块"按钮 和 "块"面板中的"插入"下拉列表，将门定义为块并插入适当的位置。利用上述方法完成剩余窗线的绘制，最终效果如图 10-33 所示。

6. 绘制楼梯

（1）绘制台阶。

❶ 单击"默认"选项卡"绘图"面板中的"多段线"按钮 ⟶，绘制多段线，结果如图 10-34 所示。

❷ 单击"默认"选项卡"修改"面板中的"偏移"按钮 ⟸，将多段线依次向外偏移 300，结果如图 10-35 所示。

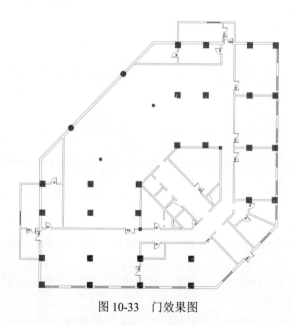

图 10-33　门效果图

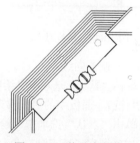

图 10-34　绘制多段线

图 10-35　偏移多段线

❸ 单击"默认"选项卡"修改"面板中的"延伸"按钮 ⟶⏋，将偏移后的多段线延伸到墙体，结果如图 10-36 所示。

❹ 重复上面的方法，绘制建筑物周边的台阶，台阶间距为 200，最终效果如图 10-37 所示。

（2）绘制楼梯。

❶ 绘制扶手。单击"默认"选项卡"绘图"面板中的"直线"按钮 ╱，绘制楼梯扶手的辅助线。再单击"默认"选项卡"修改"面板中的"偏移"按钮 ⟸，做出扶手宽度线，扶手宽度为 150，长度为 3600。最后单击"默认"选项卡"修改"面板中的"修剪"按钮 ⊁，修剪出扶手，绘制结果如图 10-38 所示。

❷ 绘制楼梯线。单击"默认"选项卡"绘图"面板中的"直线"按钮 ╱，绘制出一条长 1200 的直线。单击"默认"选项卡"修改"面板中的"偏移"按钮 ⟸，绘制出楼梯线，楼梯线的间距为 200，

结果如图 10-39 所示。

　　❸ 绘制折断线。利用"直线""修剪""旋转"等命令绘制折断线，结果如图 10-40 所示。

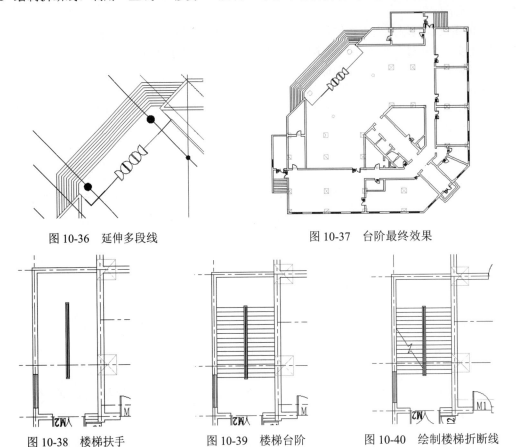

图 10-36　延伸多段线　　　　　　　　　　图 10-37　台阶最终效果

图 10-38　楼梯扶手　　　　图 10-39　楼梯台阶　　　图 10-40　绘制楼梯折断线

　　（3）绘制方向线。

　　❶ 单击"默认"选项卡"绘图"面板中的"直线"按钮，绘制 200×100 的矩形。再单击"默认"选项卡"修改"面板中的"偏移"按钮和"修剪"按钮，绘制三角形箭头，如图 10-41 所示。

　　❷ 单击"默认"选项卡"绘图"面板中的"图案填充"按钮，打开"图案填充创建"选项卡，选择 SOLID 图案，填充到三角形中，如图 10-42 所示。

　　❸ 单击"插入"选项卡"块定义"面板中的"创建块"按钮，将箭头创建为块。

　　（4）绘制折线。

　　单击"默认"选项卡"绘图"面板中的"直线"按钮或"多段线"按钮，绘制折线，将制作好的箭头图块插入相应位置，注意插入时要调整好相应的比例与角度，最终效果如图 10-43 所示。

　　（5）绘制底层楼梯。

　　❶ 重复上面的方法，绘制楼梯基本组成部分。台阶线只需画到折断线处即可，如图 10-44 所示。

　　❷ 单击"默认"选项卡"修改"面板中的"修剪"按钮，沿折断线进行修剪，再补充方向箭头即可，如图 10-45 所示。

　　❸ 重复上面的步骤，将多余线段删除，完成模型中其他楼梯的绘制，楼梯最终效果如图 10-46 所示。

图 10-41 绘制箭头

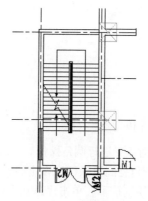

图 10-42 填充箭头

图 10-43 楼梯方向线

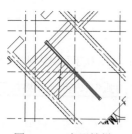

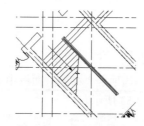

图 10-44 底层楼梯　　　　图 10-45 底层楼梯效果　　　　图 10-46 楼梯最终效果图

10.2.2 绘制图块

图块是由多个对象组成的单一整体，需要时可将其作为单独对象插入图形中。在建筑图中有许多反复使用的图形，如门、窗和家具等。若事先将这些对象创建成块，使用时只需插入块即可，避免了重复劳动，提高了设计效率。

下面将家具制作成图块并布置到模型中。

1．制作椅子

制作餐桌椅，如图 10-47 所示。

（1）单击"默认"选项卡"绘图"面板中的"矩形"按钮 ▭，绘制长度为 400、宽度为 360 的矩形，结果如图 10-48 所示。

（2）偏移矩形。单击"默认"选项卡"修改"面板中的"偏移"按钮 ⊂，将绘制的矩形向内偏移 15，如图 10-49 所示。

图 10-47　餐桌椅

图 10-48　绘制矩形

图 10-49　向内偏移矩形

（3）对矩形进行圆角操作。单击"默认"选项卡"修改"面板中的"圆角"按钮，对步骤（2）偏移的矩形进行圆角操作，设定圆角半径为 30，结果如图 10-50 所示。

（4）绘制扶手。单击"默认"选项卡"绘图"面板中的"矩形"按钮 和"修改"面板中的"圆角"按钮，绘制大小为 20×250，圆角半径为 5 的扶手，结果如图 10-51 所示。

单击"默认"选项卡"修改"面板中的"移动"按钮，捕捉扶手矩形的中点，对齐到坐垫的左边线中点位置，并水平向外移动 10，如图 10-52 所示。

图 10-50　对矩形进行圆角操作

图 10-51　扶手图形

图 10-52　扶手与坐垫对齐

（5）绘制扶手与坐垫的连接。单击"默认"选项卡"绘图"面板中的"圆弧"按钮，将扶手和坐垫进行连接，并进行镜像操作，结果如图 10-53 所示。

（6）绘制靠背。选择菜单栏中的"绘图"→"圆弧"→"起点、端点、半径"命令，绘制一条半径为 600 的弧线，将弧线向外偏移 25，如图 10-54 所示。

选择菜单栏中的"绘图"→"圆弧"→"起点、端点、半径"命令，绘制半径为 12.5 的弧线，将靠背两端进行连接，并选择"镜像"命令，绘制另一边的弧线，如图 10-55 所示。

图 10-53　扶手与坐垫连接

图 10-54　绘制靠背弧线

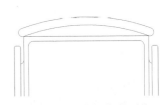

图 10-55　连接靠背弧线

单击"默认"选项卡"绘图"面板中的"矩形"按钮，绘制连接靠背和坐垫部分的矩形，并将该矩形中点和坐垫上边线中点对齐，如图 10-56 所示。

（7）填充图形。单击"默认"选项卡"绘图"面板中的"图案填充"按钮，打开"图案填充创建"选项卡，指定填充图案为"Solid"。

单击"拾取点"按钮，单击矩形内部，单击"关闭"按钮，完成填充操作，椅子的最终效果如图 10-57 所示。

（8）制作图块。单击"插入"选项卡"块定义"面板中的"创建块"按钮，打开"块定义"对话框，在"名称"文本框中输入"餐桌椅 1"。

单击"拾取点"按钮，选择餐桌椅的坐垫下的中点为基点；单击"选择对象"按钮，选择全部对象。通过上述步骤完成了餐桌椅的绘制及图块的定义。对于其他椅子，均可以参照上述步骤完成。

2. 制作桌子

本例中桌子的图形比较简单，直接绘制即可。下面将桌子和椅子绘制在一起并制作成图块。

（1）绘制桌子。

单击"默认"选项卡"绘图"面板中的"矩形"按钮，绘制尺寸为 800×800 的方形桌子，如图 10-58 所示。

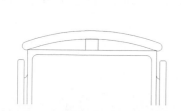

图 10-56 绘制连接靠背和坐垫的矩形

图 10-57 餐桌椅的最终效果

图 10-58 桌子矩形

（2）绘制椅子。

❶ 单击"插入"选项卡"块"面板"插入"下拉列表中的"库中的块"命令，①打开"块"选项板，如图 10-59 所示。② 单击"库"选项中的"浏览块库"按钮，弹出"为块库选择文件夹或文件"对话框，选择"餐桌椅 1.dwg"作为插入的图块，单击"打开"按钮，返回"块"选项板。③ 选中"插入点"复选框，指定桌子上边中点为插入点，并通过"移动"命令向上移动 50 mm。结果如图 10-60 所示。

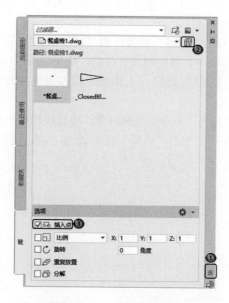

图 10-59 "块"选项板

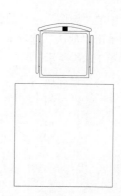

图 10-60 插入椅子图块

Note

❷ 单击"默认"选项卡"修改"面板中的"镜像"按钮 ⚠ 、"旋转"按钮 ↻ 和"复制"按钮 ⑧，绘制其他边椅子，效果如图 10-61 所示。

（3）制作桌、椅图块。

单击"插入"选项卡"块定义"面板中的"创建块"按钮 ⬚ ，将绘制的桌子和椅子创建为块，利用上述方法完成剩余桌子的绘制。

3. 制作卫生用具

（1）制作坐便器。

绘制长度为 750、宽度为 510 的卫生间坐便器。

❶ 绘制水箱。单击"默认"选项卡"绘图"面板中的"矩形"按钮 ▭ ，绘制宽度为 150、高度为 430 的水箱轮廓，再单击"默认"选项卡"修改"面板中的"偏移"按钮，将矩形向外偏移 40，绘制外轮廓矩形，结果如图 10-62 所示。

单击"默认"选项卡"修改"面板中的"圆角"按钮 ⌐ ，对偏移后的矩形进行圆角操作，设置圆角半径为 25，坐便器水箱制作效果如图 10-63 所示。

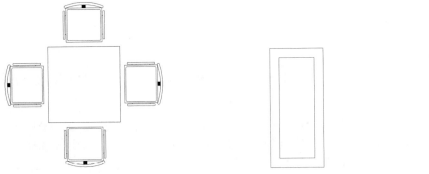

图 10-61　绘制全部椅子　　　　图 10-62　绘制水箱基本形状　　　　图 10-63　水箱

❷ 绘制坐便器椭圆。单击"默认"选项卡"绘图"面板中的"椭圆"按钮 ⬭ ，绘制长轴半径为 240、短轴半径为 120 的椭圆，结果如图 10-64 所示。

❸ 连接坐便器与水箱。单击"默认"选项卡"修改"面板中的"移动"按钮 ✛ ，将椭圆的象限点移动到水箱矩形的中点，然后选择"移动"命令，将椭圆向右移动，结果如图 10-65 所示。

单击"默认"选项卡"绘图"面板中的"直线"按钮 ／ ，绘制水箱内矩形左上角点与外矩形侧边的垂线。

选择菜单栏中的"绘图"→"圆弧"→"三点"命令，绘制圆弧，将直线的端点和椭圆的象限点进行连接，然后单击"默认"选项卡"修改"面板中的"镜像"按钮 ⚠ ，将其复制到另一边，删除辅助线，结果如图 10-66 所示。

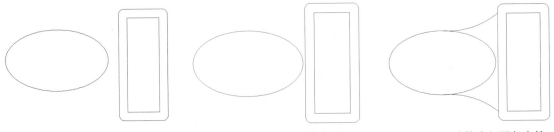

图 10-64　绘制坐便器椭圆　　　　图 10-65　移动坐便器椭圆　　　　图 10-66　连接坐便器与水箱

❹ 制作坐便器盖。单击"默认"选项卡"修改"面板中的"偏移"按钮 ⊆，将坐便器椭圆向内偏移 10；再单击"默认"选项卡"绘图"面板中的"直线"按钮 ╱，绘制竖向直线；单击"默认"选项卡"修改"面板中的"修剪"按钮 ✂，修剪多余的线；最后单击"默认"选项卡"绘图"面板中的"矩形"按钮 ▢，绘制两个大小为 15×20 的矩形，坐便器的制作即可完成，如图 10-67 所示。

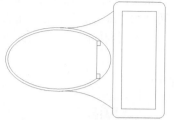

❺ 制作图块。单击"插入"选项卡"块定义"面板中的"创建块"按钮 ⌂，打开"块定义"对话框，选择坐便器水箱中点为基点，制作坐便器图块。

图 10-67　坐便器的最终效果

（2）制作洗手池。

❶ 绘制台面。单击"默认"选项卡"绘图"面板中的"矩形"按钮 ▢，绘制一个大小为 1000×400 的矩形；单击"默认"选项卡"修改"面板中的"分解"按钮 ⬚，将矩形分解；然后单击"默认"选项卡"修改"面板中的"偏移"按钮 ⊆，将矩形左、右两边分别向内偏移 200。

选择菜单栏中的"绘图"→"圆弧"→"起点、端点、半径"命令，绘制一个半径为 500 的圆弧；单击"默认"选项卡"修改"面板中的"修剪"按钮 ✂，将多余的线修剪掉，如图 10-68 所示。

❷ 绘制洗手池。单击"默认"选项卡"绘图"面板中的"椭圆"按钮 ◯，绘制一个长轴为 460、短轴为 400 的椭圆；单击"默认"选项卡"修改"面板中的"移动"按钮 ✛，将椭圆的象限点对齐到矩形最上面一条线的中点，并向下移动 40，如图 10-69 所示。

单击"默认"选项卡"绘图"面板中的"椭圆弧"按钮 ⌒，以椭圆的圆心为中心点，绘制一个长半轴为 200、短半轴为 150、起止角度为（-60°, 240°）的椭圆弧。

单击"默认"选项卡"绘图"面板中的"直线"按钮 ╱，将椭圆弧的两个端点连接；再选择"直线"命令，绘制一个高度为 75，两底边分别为 60 和 15 的梯形。

单击"默认"选项卡"绘图"面板中的"圆"按钮 ⊙，绘制两个半径为 25 的圆；再选择"移动"命令，将梯形和圆放置在如图 10-70 所示的位置，完成洗手池的绘制。

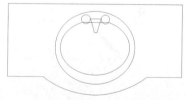

图 10-68　洗手池台面　　　　图 10-69　绘制椭圆　　　　图 10-70　洗手池的最终效果

❸ 制作图块。单击"插入"选项卡"块定义"面板中的"创建块"按钮 ⌂，打开"块定义"对话框。选择洗手池中点为基点，制作洗手池图块。

4．插入图块

（1）插入餐桌。

单击"插入"选项卡"块"面板"插入"下拉列表中的"库中的块"命令，打开"块"选项板。单击"库"选项中的"浏览块库"按钮 📁，弹出"为块库选择文件夹或文件"对话框，选择"桌子 1.dwg"作为插入的图块，单击"打开"按钮，返回"块"选项板。选中"插入点"复选框，旋转角度设置为 45°，其余参数为默认设置。在图中相应位置插入图块，如图 10-71 所示。

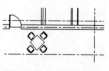

图 10-71　插入餐桌

绘制处于同一直线上的其他餐桌，可以沿已插入餐桌的角点绘制一水平辅助线，打开"草图设置"对话框，选择"对象捕捉"选项卡，选中"最近点"复选框。再次插入餐桌时（或使用"复制"功能），可使用"最近点"捕捉功能捕捉直线上的点，如图 10-72 所示。

使用同样的方法插入其他餐桌，效果如图 10-73 所示。

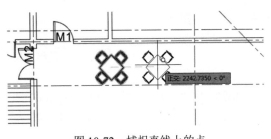

图 10-72　捕捉直线上的点

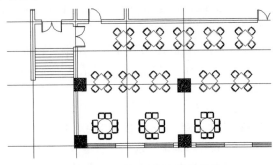

图 10-73　插入餐桌最终效果

（2）插入卫生用具。

❶ 插入坐便器。利用前面讲述的方法开出卫生间门洞，并绘制卫生间门图形，继续利用"插入"命令，选择插入"坐便器1"图块。单击"默认"选项卡"修改"面板中的"旋转"按钮 ↻，通过水平和垂直捕捉功能对坐便器进行旋转，使其与墙线平行。再单击"默认"选项卡"修改"面板中的"移动"按钮 ✛，将图块移动到适当位置，如图 10-74 所示。

单击"默认"选项卡"修改"面板中的"复制"按钮 ⊖，绘制其他坐便器，效果如图 10-75 所示。

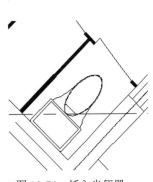

图 10-74　插入坐便器

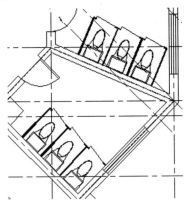

图 10-75　坐便器最终效果

❷ 插入洗手池。继续利用"插入"命令插入图块，选择"洗手池 1"，并将其插入图中。单击"默认"选项卡"修改"面板中的"旋转"按钮 ↻，通过水平和垂直捕捉功能对坐便器进行旋转，使其与墙线平行。再单击"默认"选项卡"修改"面板中"移动"按钮 ✛，将图块移动到适当位置，如图 10-76 所示。

插入其他图块时，可参照上述步骤完成，模型的最终效果如图 10-77 所示。

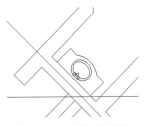

图 10-76　插入洗手池

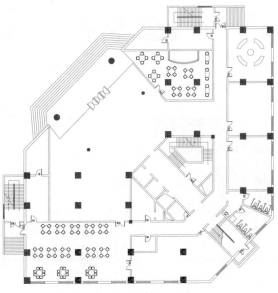

图 10-77　插入图块最终效果

10.2.3　标注尺寸

1. 设置标注样式

（1）单击"默认"选项卡"注释"面板中的"标注样式"按钮 ，打开"标注样式管理器"对话框。

系统默认一个标注样式，单击"新建"按钮，打开"创建新标注样式"对话框，在"新样式名"文本框中输入"装饰平面图"作为新样式名。"基础样式"指的是新创建的样式将继承基础样式的所有设置，可在其基础上进行修改。

（2）单击"继续"按钮，打开"新建标注样式：装饰平面图"对话框，设置"线"选项卡。

选择"符号和箭头"选项卡，在"箭头"选项组的"第一个"和"第二个"下拉列表框中选择"建筑标记"。

（3）选择"调整"选项卡，选中"文字位置"选项组中的"尺寸线旁边"单选按钮；在"标注特征比例"选项组中选中"使用全局比例"单选按钮，并设置比例为 100，表示当前图纸的比例为 1∶100。

选择"主单位"选项卡，将标注的精度设置为 0（精确到毫米）。

2. 标注图形

（1）标注网格。

❶ 将"建筑-尺寸"图层设置为当前图层，单击"注释"选项卡"标注"面板中的"线性"按钮 ，打开端点捕捉，选择 1 号轴和 2 号轴进行标注，结果如图 10-78 所示。

❷ 单击"注释"选项卡"标注"面板中的"连续"按钮 ，依次选择右边的轴线，结果如图 10-79 所示。

❸ 重复上面的操作，标注其他网格，结果如图 10-80 所示。

（2）标注洞口。

❶ 单击"默认"选项卡"绘图"面板中的"直线"按钮 ，先画一条水平直线作为辅助线，如图 10-81 所示。

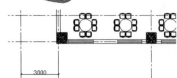

图 10-78 标注单个网格

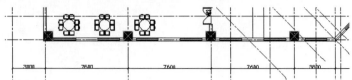

图 10-79 连续标注轴线

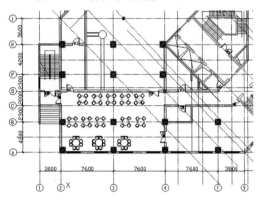

图 10-80 标注全部网格

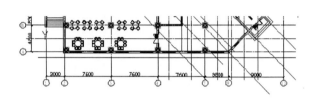

图 10-81 水平辅助线

❷ 以左下角窗口与墙线交点为端点，绘制一条竖向直线。单击"默认"选项卡"修改"面板中的"偏移"按钮 ⊑，选择"通过 T"选项；以其他窗口与墙线交点为端点，绘制直线，结果如图 10-82 所示。

❸ 单击"注释"选项卡"标注"面板中的"连续"按钮 ⊢⊢⊢，打开端点捕捉，选择左下角洞口进行标注，结果如图 10-83 所示。

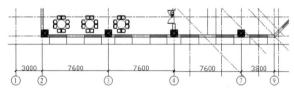

图 10-82 绘制垂直辅助线

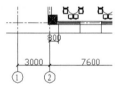

图 10-83 标注单个洞口

❹ 单击"注释"选项卡"标注"面板中的"连续"按钮 ⊢⊢⊢，进行标注，然后删除辅助线，结果如图 10-84 所示。

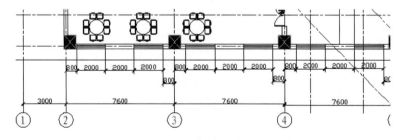

图 10-84 连续标注洞口

❺ 重复上面的步骤，最终的标注效果如图 10-85 所示。

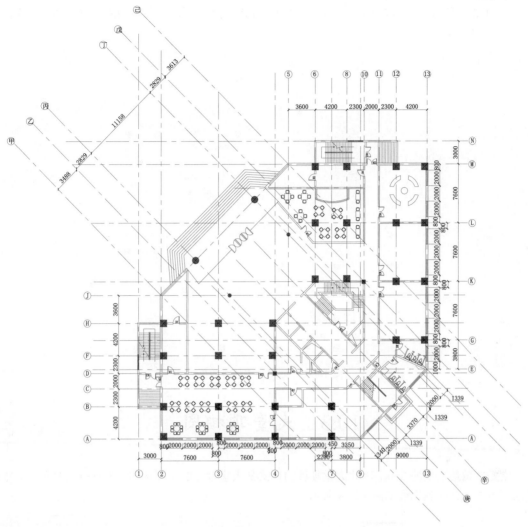

图 10-85 标注全部洞口

10.2.4 标注文字

1. 设置文字样式

单击"默认"选项卡"注释"面板中的"文字样式"按钮 **A**，打开"文字样式"对话框。单击"新建"按钮，打开"新建文字样式"对话框，在"样式名"文本框中输入"装饰平面图"。单击"确定"按钮，返回"文字样式"对话框，在"高度"文本框中输入 600。

2. 标注文字

（1）单击"注释"选项卡"文字"面板中的"多行文字"按钮 **A**，在平面图的适当位置插入编辑框，如图 10-86 所示。

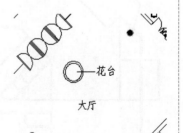

图 10-86 标注单个文字

（2）单击"默认"选项卡"绘图"面板中的"直线"按钮 ⁄，并在适当的地方绘制引出线，最终效果如图 10-87 所示。

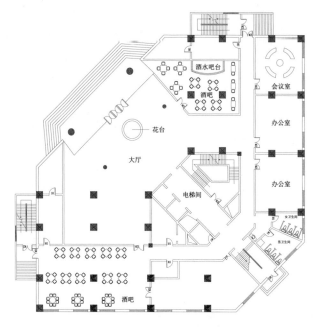

图 10-87　标注文字最终效果

10.3　大堂顶棚图

大堂是宾馆最主要的部分，因此大堂顶棚的样式是大堂设计的主要环节。本章将主要介绍大堂顶棚的绘制方法，其绘制流程如图 10-88 所示。

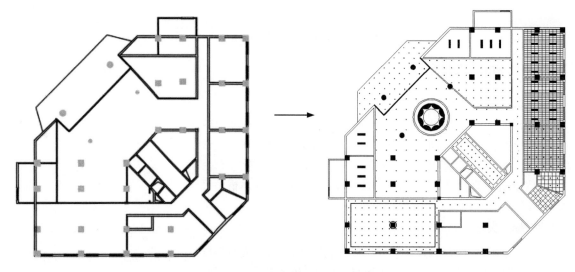

图 10-88　大堂顶棚图的绘制流程

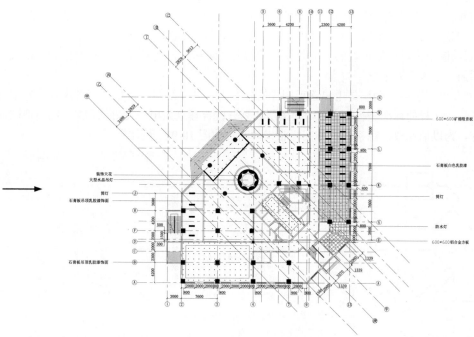

图 10-88 大堂顶棚图的绘制流程（续）

10.3.1 绘制顶棚平面图

10.2 节已经绘制了大堂平面图，下面在已经绘制好的轴线、墙线等图形的基础上进行修改，大堂平面图如图 10-89 所示。

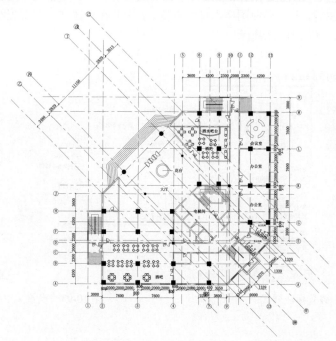

图 10-89 大堂平面图

在"图层特性管理器"选项板中关闭"建筑–轴线""建筑–文字""建筑–尺寸""建筑–楼梯""建筑–室内装饰"图层，得到的结果如图 10-90 所示。将修改后的图形另存为"顶棚图"。

（1）设置绘图单位。这里设置的并非是图形的实际测量单位，而是设置一种数据计量格式，通常以国际通用的"毫米"为单位。

（2）创建及设置图层。图层是用户管理图样的强有力工具。绘图时，用户应考虑将图样划分为哪些图层以及按什么样的标准进行划分。如果图层的划分较合理且采用了良好的命名，则会使图形信息更清晰有序，为以后修改、观察及打印图样带来便利，如图 10-91 所示。

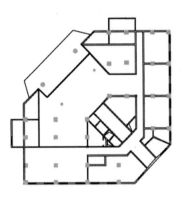

图 10-90　大堂顶棚图底图

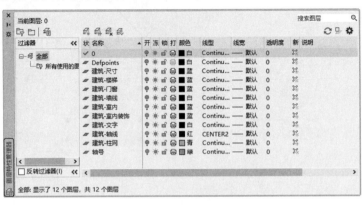

图 10-91　设置图层

（3）设置标注样式。尺寸是工程图中的一项重要内容，它描述设计对象各组成部分的大小及相对位置关系。尺寸标注是图样设计中的一个关键环节。尺寸标注是一个复合体，它以块的形式存储在图形中，其组成部分包括尺寸线、尺寸界线、标注文字、起止符等，如图 10-92 所示。

（4）设置文字样式。工程图中经常包含文字说明或文字注释，完备且布局合理的文字说明能使图样更好地表达设计思想，并且还使图样本身清晰整洁，因此在标注文字前要根据实际需要创建并设置好相应的文字样式，如图 10-93 所示。

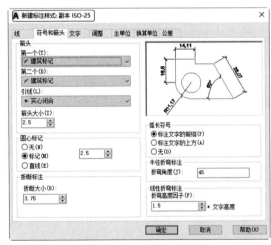

图 10-92　设置标注样式

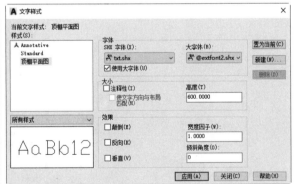

图 10-93　设置文字样式

10.3.2 绘制所需图块

1. 绘制水晶吊灯

（1）单击"默认"选项卡"绘图"面板中的"圆"按钮⊙，分别绘制半径为 1300、2200、2800 和 3000 的同心圆，如图 10-94 所示。

（2）单击"默认"选项卡"绘图"面板中的"定数等分"按钮，选择半径为 2200 的圆，数目设置为 8。

（3）单击"默认"选项卡"实用工具"面板中的"点样式"按钮，打开"点样式"对话框，修改点显示样式为▨。

设置完成后，模型显示效果如图 10-95 所示。

图 10-94 绘制同心圆

图 10-95 点显示效果

（4）单击"默认"选项卡"绘图"面板中的"起点、端点、方向"按钮，绘制圆弧，效果如图 10-96 所示。

（5）单击"默认"选项卡"修改"面板中的"环形阵列"按钮，将步骤（4）绘制的圆弧阵列，阵列个数为 8，角度为 360°，效果如图 10-97 所示。

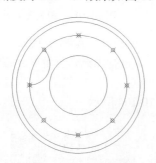

图 10-96 绘制圆弧

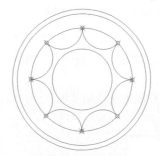

图 10-97 阵列圆弧

（6）单击"默认"选项卡"绘图"面板中的"图案填充"按钮，打开"图案填充创建"选项卡，在"图案"选项板中选择 SOLID 图案。

（7）填充刚绘制好的圆弧，结果如图 10-98 所示。

（8）将绘制好的吊灯插入图形中，结果如图 10-99 所示。

2. 绘制筒灯

（1）单击"默认"选项卡"绘图"面板中的"圆"按钮⊙，绘制一个半径为 50 的圆，并进行填充。

（2）单击"默认"选项卡"修改"面板中的"矩形阵列"按钮，在命令行中输入相关参数：

行数为8，列数为14，行间距为-1110，列间距为1123，也可以从图中捕捉，绘图结果如图10-100所示。

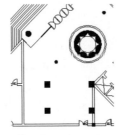

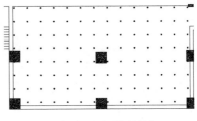

图10-98　填充效果　　　　　图10-99　插入吊灯　　　　　图10-100　绘制筒灯

（3）使用同样的方法绘制其他筒灯，最终效果如图10-101所示。

3．绘制顶棚装饰板材

（1）单击"默认"选项卡"修改"面板中的"偏移"按钮 ⊆，绘制板材平行线，结果如图10-102所示。

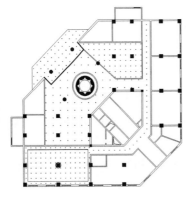

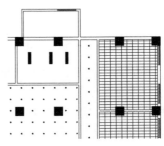

图10-101　筒灯最终效果　　　　　　　　图10-102　板材平行线

（2）单击"默认"选项卡"绘图"面板中的"矩形"按钮 ▭，绘制一个1200×300的矩形。单击"默认"选项卡"绘图"面板中的"图案填充"按钮 ▨，进行填充，再复制到图中的相应位置，如图10-103所示。

（3）使用同样的方法绘制其他图形，最终效果如图10-104所示。

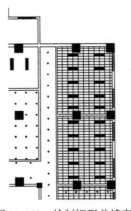

图10-103　绘制矩形并填充　　　　　　图10-104　装饰最终效果

10.3.3 标注文字

10.3.1 节已经创建了文字样式，下面单击"注释"选项卡"文字"面板中的"多行文字"按钮**A**，进行标注，效果如图 10-105 所示。

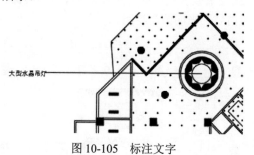

图 10-105 标注文字

重复单击"多行文字"按钮**A**，进行其他文字标注，最终效果如图 10-106 所示。

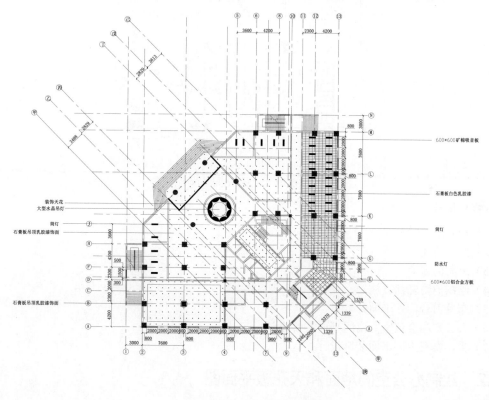

图 10-106 标注文字最终效果

10.4 操作与实践

通过前面的学习，读者对本章知识已经有了大体的了解。本节通过两个操作实践使读者进一步掌握本章知识要点。

10.4.1 绘制办公空间装饰平面图

1. 目的要求

如图 10-107 所示，本实践要求读者通过练习熟悉和掌握室内装饰平面图的绘制方法。通过本实践，可以帮助读者学会整个室内装饰平面图的绘制。

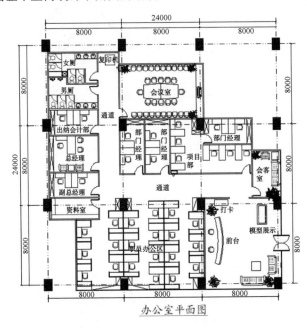

图 10-107 办公空间装饰平面图

2. 操作提示

（1）绘制定位辅助线。

（2）绘制墙线。

（3）绘制门窗。

（4）绘制消防辅助设施。

（5）布置前台门厅平面。

（6）办公室和会议室等房间平面装饰设计。

（7）男、女卫生间平面装饰设计。

10.4.2 绘制办公空间地面和天花板平面图

1. 目的要求

如图 10-108 和图 10-109 所示，本实践要求读者通过练习熟悉和掌握室内地面和天花板平面图的绘制方法。通过本实践，可以帮助读者学会整个室内地面和天花板平面图的绘制。

2. 操作提示

（1）地面装饰设计。

❶ 绘制地面。

❷ 图案填充。

❸ 标注文字说明。

（2）天花板平面装饰设计。

❶ 设计前台门厅吊顶造型。

❷ 插入灯具造型。

❸ 图案填充。

❹ 标注文字说明。

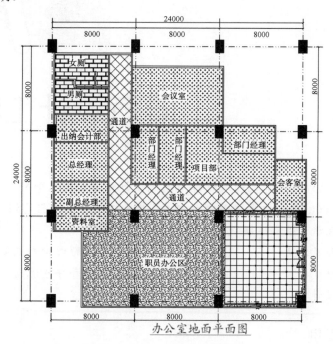

图 10-108　办公空间地面设计

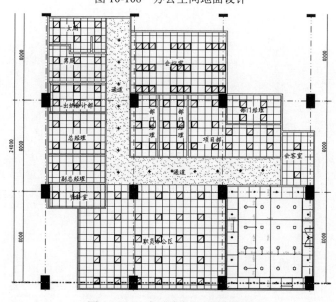

图 10-109　办公空间天花板设计

第11章

电气设计工程实例

　　AutoCAD 电气设计是计算机辅助设计与电气设计结合的交叉学科。本章将介绍电气工程制图的有关基础知识，包括电气工程图的种类、特点以及电气工程 CAD 制图的相关规则，并对电气图的基本表示方法和连接线的表示方法加以说明。

- ☑ 电气图分类及特点
- ☑ 变电站主接线图
- ☑ 钻床电气设计
- ☑ 装饰彩灯控制电路图
- ☑ 无线寻呼系统图

任务驱动&项目案例

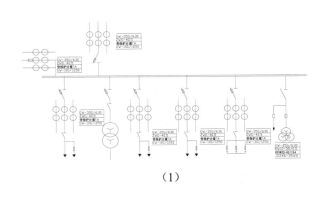

(1)

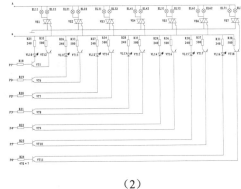

(2)

11.1　电气图分类及特点

对于用电设备来说，电气图主要由主电路图和控制电路图组成；对于供配电设备来说，主要电气图是指一次回路和二次回路的电路图。但要表示清楚一项电气工程或一种电气设备的功能、用途、工作原理、安装和使用方法等，仅有这两种图是不够的。电气图的种类很多，下面分别介绍常用的几种。

11.1.1　电气图分类

根据各电气图表示的电气设备、工程内容及表达形式的不同，电气图通常分为以下几类。

1. 系统图或框图

系统图或框图就是用符号或带注释的框概略表示系统或分系统的基本组成、相互关系及其主要特征的一种简图。例如，电动机的主电路（见图 11-1）就表示了它的供电关系，其供电过程是电源 L1、L2、L3 三相→熔断器 FU→接触器 KM→热继电器热元件 FR→电动机。又如，某供电系统图（见图 11-2）表示这个变电所把 10 kV 电压通过变压器变换为 380 V 电压，经断路器 QF 和母线后通过 FU-QK1、FU-QK2、FU-QK3 分别供给 3 条支路。系统图或框图常用来表示整个工程或其中某一项目的供电方式和电能输送关系，也可表示某一装置或设备各主要组成部分的关系。

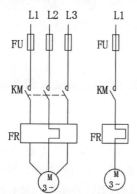

图 11-1　电动机供电系统图

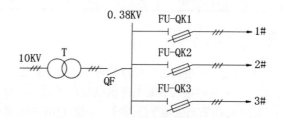

图 11-2　某变电所供电系统图

2. 电路图

电路图就是按工作顺序用图形符号从上而下、从左到右排列的一种表示电路结构的图形。它是一种能详细表示电路、设备或成套装置的全部组成和连接关系，而不考虑其实际位置的一种简图。其目的是便于详细理解设备工作原理、分析和计算电路特性及参数，所以这种图又称为电气原理或原理接线图。例如，磁力起动器电路图中（见图 11-3），当按下启动按钮 SB2 时，接触器 KM 的线圈将得电，它的常开主触点闭合，使电动机得电，启动运行；另一个辅助常开触点闭合，进行自锁。当按下停止按钮 SB1 或热继电器 FR 动作时，KM 线圈失电，常开主触点断开，电动机停止。可见它表示了电动机的操作控制原理。

3. 接线图

接线图主要用于表示电气装置内部元件之间及其外部其他装置之间的连接关系，是便于制作、安装及维修人员接线和检查的一种简图或表格。如图 11-4 所示就是电磁起动器控制电动机的主电路接线图，它清楚地表示了各元件之间的实际位置和连接关系：电源（L1、L2、L3）由 BX-3×6 的导线接至端子排 X 的 1、2、3 号，然后通过熔断器 FU1～FU3 接至交流接触器 KM 的主触点，再经过继电器的发热元件接到端子排的 4、5、6 号，最后用导线接入电动机的 U、V、W 端子。当一个装置比较复杂时，接线图可分解为以下几种。

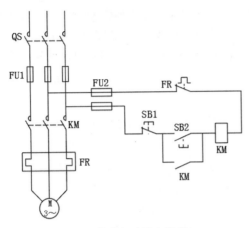

图 11-3　电磁起动器电路图　　　　　　　图 11-4　电磁起动器接线图

（1）单元接线图：表示成套装置或设备中一个结构单元内各元件之间的连接关系的一种接线图。这里的"结构单元"是指在各种情况下可独立运行的组件或某种组合体，如电动机、开关柜等。

（2）互连接线图：表示成套装置或设备的不同单元之间连接关系的一种接线图。

（3）端子接线图：表示成套装置或设备的端子以及接在端子上外部接线（必要时包括内部接线）的一种接线图，如图 11-5 所示。

（4）电线电缆配置图：表示电线电缆两端位置，必要时还包括电线电缆功能、特性和路径等信息的一种接线图。

4. 电气平面图

电气平面图是表示电气工程项目的电气设备、装置和线路的平面布置图，一般是在建筑平面图的基础上绘制的。常见的电气平面图有供电线路平面图、变配电所平面图、电力平面图、照明平面图、弱电系统平面图、防雷与接地平面图等。如图 11-6 所示是某车间的动力电气平面图，表示各车床的具体平面位置和供电线路。

5. 设备布置图

设备布置图表示各种设备和装置的布置形式、安装方式以及相互之间的尺寸关系，通常由平面图、主面图、断面图、剖面图等组成。这种图按三视图原理绘制，与一般机械图没有大的区别。

6. 设备元件和材料表

设备元件和材料表就是把成套装置、设备、装置中各组成部分和相应数据列成表格，来表示各组成部分的名称、型号、规格和数量等，便于读图者阅读，了解各元器件在装置中的作用和功能，从而读懂装置的工作原理。设备元件和材料表是电气图中重要的组成部分，可置于图中的某一位置，也可单列一页（视元器件材料多少而定）。为了方便书写，通常从下自上排序。如表 11-1 所示是某开关柜上的设备元件表。

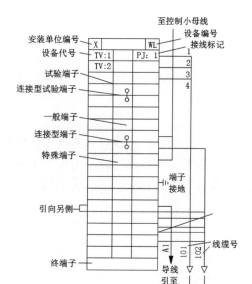

图 11-5 端子接线图

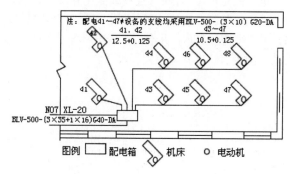

图 11-6 某车间动力电力平面图

表 11-1 设备元件表

符 号	名 称	型 号	数 量
ISA-351D	微机保护装置	=220 V	1
KS	自动加热除湿控制器	KS-3-2	1
SA	跳、合闸控制开关	LW-Z-1a，4，6a，20/F8	1
QC	主令开关	LS1-2	1
QF	自动空气开关	GM31-2PR3，0A	1
FU$_{1-2}$	熔断器	AM1 16/6A	2
FU$_3$	熔断器	AM1 16/2A	1
1-2DJR	加热器	DJR-75-220V	2
HLT	手车开关状态指示器	MGZ-96-1-220V	1
HLQ	断路器状态指示器	MGZ-96-1-220V	1
HL	信号灯	AD11-25/41-5G-220V	1
M	储能电动机		1

7. 产品使用说明书上的电气图

生产厂家往往随产品使用说明书附上电气图，供用户了解该产品的组成和工作过程及注意事项，以达到正确使用、维护和检修的目的。

上述电气图是常用的主要电气图，但对于较为复杂的成套装置或设备，为了便于制造，有局部的大样图、印刷电路板图等；而若为了装置的技术保密，往往只给出装置或系统的功能图、流程图、逻辑图等。所以电气图种类很多，但这并不意味着所有的电气设备或装置都应具备这些图。根据表达的对象、目的和用途不同，所需图的种类和数量也不一样。对于简单的装置，可把电路图和接线图二合一；对于复杂装置或设备应分解为几个系统，每个系统也有以上各种类型图。总之，电气图作为一种工程语言，在表达清楚的前提下，越简单越好。

Note

11.1.2 电气图特点

电气图与其他工程图有着本质的区别，它表示系统或装置中的电气关系，所以具有独特的一面，其主要特点如下。

1. 清楚

电气图是用图形符号、连线或简化外形来表示系统或设备中各组成部分之间相互电气关系及其连接关系的一种图。如某一变电所电气图（见图11-7），10 kV 电压变换为 0.38 kV 低压，分配给 4 条支路，用文字符号表示，并给出了变电所各设备的名称、功能和电流方向及各设备连接关系和相互位置关系，但没有给出具体位置和尺寸。

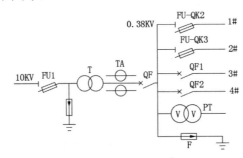

图 11-7　变电所电气图

2. 简洁

电气图是采用电气元器件或设备的图形符号、文字符号和连线来表示的，没有必要画出电气元器件的外形结构，所以对于系统构成、功能及电气接线等，通常都采用图形符号、文字符号来表示。

3. 独特性

电气图主要是表示成套装置或设备中各元器件之间的电气连接关系，不论是说明电气设备工作原理的电路图、供电关系的电气系统图，还是表明安装位置和接线关系的平面图和连线图等，都表达了各元器件之间的连接关系。

4. 布局有序

电气图的布局依据图所表达的内容而定。电路图、系统图按功能布局，只考虑便于看出元器件之间的功能关系，而不考虑元器件实际位置，要突出设备的工作原理和操作过程，按照元器件动作顺序和功能作用，从上而下、从左到右布局。而对于接线图、平面布置图，则要考虑元器件的实际位置，所以应按位置布局。

5. 多样性

对系统的元件和连接线描述方法不同，构成了电气图的多样性，如元件可采用集中表示法、半集中表示法、分散表示法，连线可采用多线表示、单线表示和混合表示。同时，对于一个电气系统中各种电气设备和装置之间，从不同角度、不同侧面去考虑，存在不同关系。例如，在11.1.1 节图11-1 的某电动机供电系统图中，就存在着不同关系。

（1）电能通过 FU、KM、FR 送到电动机 M，它们之间存在能量传递关系，如图11-8所示。

FU → KM → FR → M

图 11-8　能量传递关系

（2）从逻辑关系上，只有当 FU、KM、FR 都正常时，M 才能得到电能，所以它们之间存在"与"

的关系：M=FU·KM·FR，即只有 FU 正常为 1、KM 合上为 1、FR 没有烧断为 1 时，M 才能为 1，表示可得到电能。其逻辑图如图 11-9 所示。

（3）从保护角度表示，FU 进行短路保护。当电路电流突然增大发生短路时，FU 烧断，使电动机失电。它们存在信息传递关系："电流"输入 FU，FU 输出"烧断"或"不烧断"，取决于电流的大小，可用图 11-10 表示。

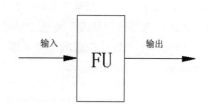

图 11-9　逻辑图　　　　　　　图 11-10　FU 的信息传递图

11.2　变电站主接线图

视频讲解

首先设计图纸布局，确定各主要部件在图中的位置，然后绘制电气元件图形、符号，再分别绘制各主要电气设备，把绘制好的电气设备符号插入对应的位置，最后添加注释和尺寸标注，完成图形的绘制，绘制流程如图 11-11 所示。

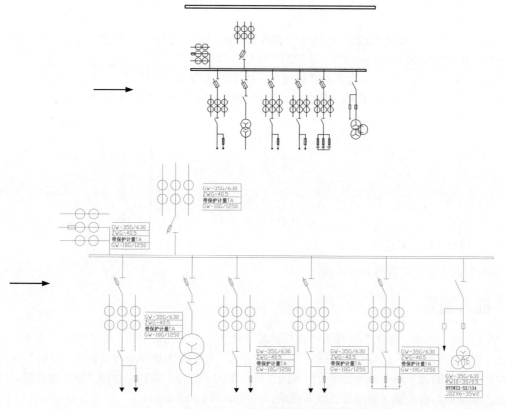

图 11-11　变电站主接线图的绘制流程

11.2.1 设置绘图环境

（1）新建文件。启动 AutoCAD 2022，选择"A4 样板图.dwt"图形文件为模板，将新文件命名为"变电站主接线图.dwt"并保存。

（2）绘制 10 kV 母线。单击"默认"选项卡"绘图"面板中的"直线"按钮 ╱，绘制一条长 300 mm 的直线；单击"默认"选项卡"修改"面板中的"偏移"按钮 ⊜，在正交模式下将刚绘制的直线向下偏移 1.5 mm；再次单击"默认"选项卡"绘图"面板中的"直线"按钮 ╱，连接直线两端，并将线宽设置为 0.25 mm，如图 11-12 所示。

图 11-12 绘制母线

11.2.2 绘制电气元件图形符号

（1）新建绘图环境。调用"A4 样板图.dwt"图形样板，设置保存路径，将文件命名为"主变.dwg"并保存。

（2）绘制圆。单击"默认"选项卡"绘图"面板中的"圆"按钮 ⊙，绘制一个半径为 10 mm 的圆。

（3）绘制直线。单击"默认"选项卡"绘图"面板中的"直线"按钮 ╱，开启"极轴追踪"和"对象捕捉"模式，在正交模式下绘制一条直线，如图 11-13 所示。

（4）复制圆。单击"默认"选项卡"修改"面板中的"复制"按钮 ⊙，在正交模式下，将刚刚绘制的圆向下复制一个。

（5）复制圆和直线。单击"默认"选项卡"修改"面板中的"复制"按钮 ⊙，在正交模式下，将绘制的图形在其左边复制一个。

（6）镜像图形。单击"默认"选项卡"修改"面板中的"镜像"按钮 ⚠，开启"极轴追踪"和"对象捕捉"模式，以原图中的直线为镜像线，选择步骤（5）复制的图形为镜像对象进行镜像，结果如图 11-14 所示。

图 11-13 绘制直线

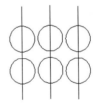

图 11-14 镜像结果

（7）将绘制的"主变"符号创建为块。

11.2.3 插入图块

（1）插入图块。单击"插入"选项卡"块"面板"插入"下拉列表中的"库中的块"命令，打开"块"选项板。单击"库"选项中的"浏览块库"按钮 ⊞，弹出"为块库选择文件夹或文件"对话框，选择"跌落式熔断器"和"开关"作为插入的图块。单击"打开"按钮，返回"块"选项板，选中"插入点"复选框，在绘图区适当位置插入图块，效果如图 11-15 所示。

（2）复制出相同的主变支路。单击"默认"选项卡"修改"面板中的"复制"按钮 ⊙，将左侧图形进行复制，得到如图 11-16 所示的图形。

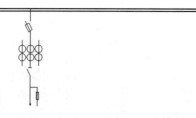

图 11-15　插入图块

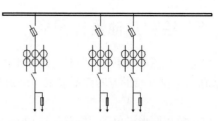

图 11-16　复制图形

（3）镜像图形。单击"默认"选项卡"修改"面板中的"镜像"按钮 △，选择左侧的图形为镜像对象，以母线的两条竖直线的中点连线为镜像线，进行镜像操作，结果如图 11-17 所示。

（4）绘制直线。单击"默认"选项卡"绘图"面板中的"直线"按钮 ／，在母线上方镜像图形的适当位置绘制一条水平直线，如图 11-18 所示。

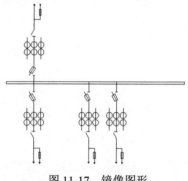

图 11-17　镜像图形

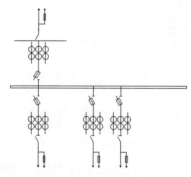

图 11-18　绘制直线

11.2.4　连接各主要模块

（1）单击"默认"选项卡"修改"面板中的"修剪"按钮 ⅓，将直线上方多余的部分修剪掉，再单击"默认"选项卡"修改"面板中的"删除"按钮 ✍，将刚刚绘制的直线删除，结果如图 11-19 所示。

（2）单击"默认"选项卡"修改"面板中的"移动"按钮 ✛，将母线上方的图形向右平移 25 mm，结果如图 11-20 所示。

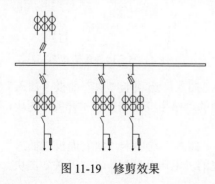

图 11-19　修剪效果

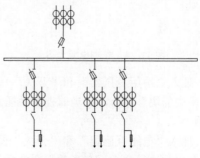

图 11-20　平移结果

（3）单击"插入"选项卡"块"面板"插入"下拉列表中的"库中的块"命令，插入前面创建的"主变"图块，并改变主变图块的放置方向，绘制一个矩形并将其放置到主变块中间直线的适当位置，效果如图 11-21 所示。

11.2.5　绘制其他器件图形

（1）复制图形。单击"默认"选项卡"修改"面板中的"复制"按钮 ，将母线下方的图形复制一个到右侧，结果如图 11-22 所示。

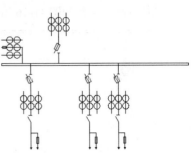

图 11-21　插入主变块

（2）整理图形。单击"默认"选项卡"修改"面板中的"删除"按钮 ，将刚刚复制的图形中的箭头删除；单击"默认"选项卡"绘图"面板中的"直线"按钮 ，在电阻器下方适当位置绘制一电容器符号；单击"默认"选项卡"修改"面板中的"修剪"按钮 ，将电容器两极板间的直线修剪掉，结果如图 11-23 所示。

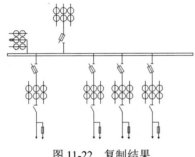

图 11-22　复制结果

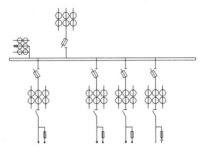

图 11-23　整理图形结果

（3）复制电阻电容。单击"默认"选项卡"修改"面板中的"复制"按钮 ，开启"对象捕捉"模式下的"中点"选项，在正交模式下，将电阻符号和电容器符号复制到左侧直线上，如图 11-24 所示。

（4）镜像电阻电容。单击"默认"选项卡"修改"面板中的"镜像"按钮 ，将中线右边部分镜像到中线左边，并利用"直线"命令进行连接，结果如图 11-25 所示。

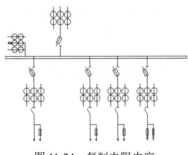

图 11-24　复制电阻电容

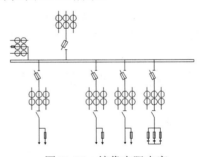

图 11-25　镜像电阻电容

（5）插入"站用变压器"和"开关"图块。单击"插入"选项卡"块"面板"插入"下拉列表中的"库中的块"命令，在当前视图中插入前面创建的"站用变压器"和"开关"图块，结果如图 11-26 所示。

（6）插入"电压互感器"和"开关"图块。单击"插入"选项卡"块"面板"插入"下拉列表中的"库中的块"命令，在当前视图中插入前面创建的"电压互感器"和"开关"图块，结果如图 11-27 所示。

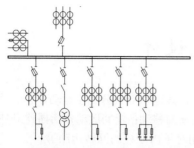

图 11-26　插入"站用变压器"和"开关"图块　　　图 11-27　插入"电压互感器"和"开关"图块

（7）绘制矩形和箭头。单击"默认"选项卡"绘图"面板中的"直线"按钮 ╱，开启"正交"模式，在电压互感器所在直线上绘制一条折线；再单击"默认"选项卡"绘图"面板中的"矩形"按钮 ▢，绘制一个矩形并将其放置到直线上；然后单击"默认"选项卡"绘图"面板中的"多段线"按钮 ▭，在直线端点绘制一个箭头（此时开启"极轴追踪"模式，并将追踪角度设为 15°），结果如图 11-28 所示。

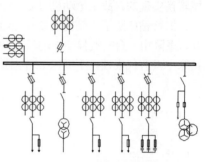

11.2.6　添加注释文字

图 11-28　绘制矩形和箭头

（1）添加文字。单击"注释"选项卡"文字"面板中的"多行文字"按钮 **A**，在需要添加注释的位置绘制一个区域，打开"文字编辑器"选项卡，在其中输入注释文字。

（2）绘制文字边框。单击"默认"选项卡"绘图"面板中的"直线"按钮 ╱ 和"修改"面板中的"复制"按钮 ⓒ，绘制文字边框线。

（3）添加注释后的线路图如图 11-29 所示。

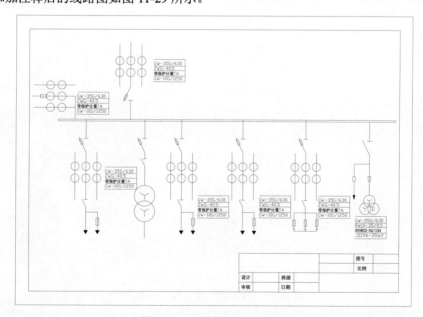

图 11-29　添加全部注释文字

11.3 钻床电气设计

摇臂钻床是一种立式钻床，在钻床中具有一定的典型性，其运动形式分为主运动、进给运动和辅助运动。其中主运动为主轴的旋转运动；进给运动为主轴的纵向移动；辅助运动包括摇臂沿外立柱的垂直移动、主轴箱沿摇臂的径向移动、摇臂与外立柱一起相对于内立柱的回转运动等。

摇臂钻床的主轴旋转运动和进给运动由一台交流异步电动机拖动，主轴的正反旋转运动是通过机械转换实现的，故主电动机只有一个旋转方向。

摇臂钻床除了主轴的旋转和进给运动外，还有摇臂的上升、下降及立柱的夹紧和放松。摇臂的上升、下降由一台交流异步电动机拖动，立柱的夹紧和放松由另一台交流电动机拖动。Z35 摇臂钻床在钻床中具有代表性。下面以 Z35 摇臂钻床为例介绍钻床电气设计过程，绘制流程如图 11-30 所示。

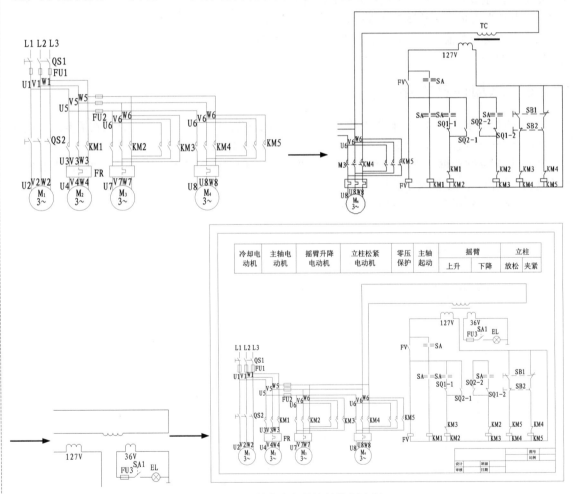

图 11-30　钻床电气设计的绘制流程

11.3.1 主动回路设计

（1）进入 AutoCAD 2022 绘图环境，调用本书配套资源"源文件"文件夹中的"A3 样板图 1"文件，新建"钻床电气设计.dwg"文件。

（2）在文件中新建"主回路层""控制回路层""文字说明层"3 个图层，各图层设置如图 11-31 所示，并将"控制回路层"设置为当前图层。

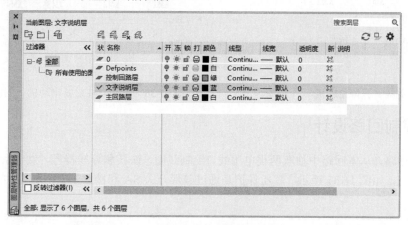

图 11-31 设置图层

（3）主回路和控制回路由三相交流总电源供电，通断由总开关控制，各相电流设熔断器，防止短路，保证电路安全，如图 11-32 所示；冷却泵电动机 M_1 为手动启动，手动多极按钮开关 QS2 控制其运行或者停止，如图 11-33 所示；主轴电动机 M_2 的启动和停止由 KM1 主触点控制，主轴如果过载，相电流会增大，FR 熔断，起到保护作用，如图 11-34 所示；摇臂升降电动机 M_3 要求可以正反向启动，并有过载保护，回路必须串联正反转继电器主触点和熔断器，如图 11-35 所示；立柱松紧电动机 M_4 要求可以正反向启动，并具有过载保护，回路必须串联正反转继电器主触点和熔断器，如图 11-36 所示。

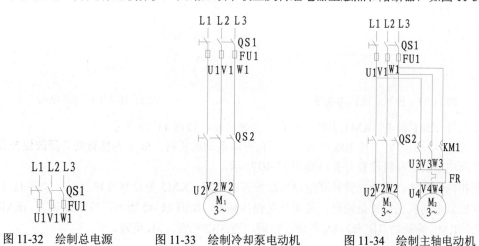

图 11-32 绘制总电源 　图 11-33 绘制冷却泵电动机 　图 11-34 绘制主轴电动机

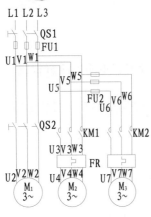

图 11-35 绘制摇臂升降电动机

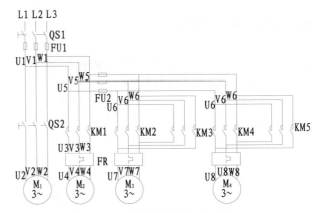

图 11-36 绘制立柱松紧电动机

11.3.2 控制回路设计

为了控制回路，从主回路中抽取两根电源线，绘制线圈、铁芯和导线符号，供电系统通过变压器为控制系统供电，如图 11-37 所示。零压保护是通过鼓形开关 SA 和接触器 FV 来实现的，如图 11-38 所示。

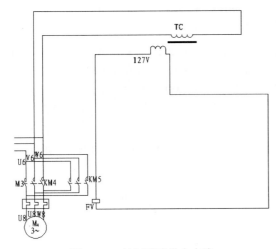

图 11-37 控制系统供电电路

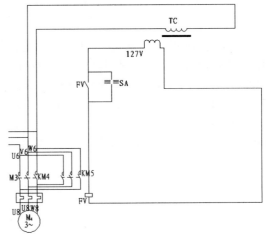

图 11-38 零压保护电路

扳动 SA，KM1 得电，KM1 主触点闭合，主轴启动，如图 11-39 所示。

扳动 SA，KM2 得电，其主触点闭合，摇臂升降电动机正转，SQ1 为摇臂的升降限位开关，SQ2 为摇臂升降电动机正反转位置开关，如图 11-40 所示。

按照相同的方法，设计摇臂升降电动机反转控制电路，KM3 为反转互锁开关，如图 11-41 所示。

立柱松紧电动机正反转是通过开关实现互锁控制的，如图 11-42 所示。当 SB1 闭合，KM4 得电，SB2 闭合，KM5 辅助触点闭合，M_4 正转；同理，当 SB2 闭合，M_4 反转。

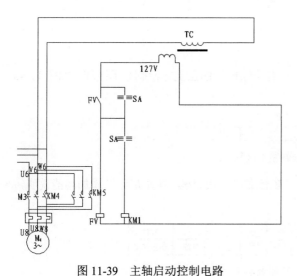

图 11-39　主轴启动控制电路　　　　　图 11-40　摇臂升降电动机正转控制电路

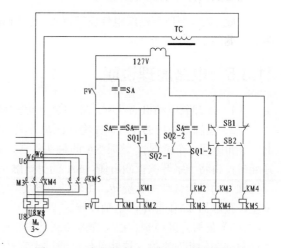

图 11-41　摇臂升降电动机反转控制电路　　　图 11-42　立柱松紧电动机正反转控制电路

11.3.3　照明回路设计

（1）将"主回路层"图层设置为当前图层。

（2）绘制线圈、铁芯和导线，供电系统通过变压器为照明回路供电，如图 11-43 所示。

（3）在供电电路导线端点的右侧插入手动开关、保险丝和照明灯块，用导线连接，完成照明回路的设计，如图 11-44 所示。

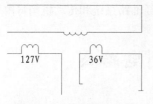

图 11-43　绘制供电电路

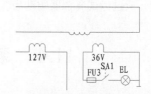

图 11-44　照明回路

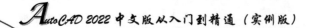

11.3.4 添加文字说明

（1）将"文字说明层"图层设置为当前图层，在各个功能块的正上方绘制矩形区域，如图 11-45 所示。

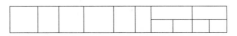

图 11-45 绘制矩形区域

（2）单击"注释"选项卡"文字"面板中的"多行文字"按钮**A**，在矩形区域添加功能说明，如图 11-46 所示。

冷却电动机	主轴电动机	摇臂升降电动机	立柱松紧电动机	零压保护	主轴起动	摇臂		立柱	
						上升	下降	放松	夹紧

图 11-46 功能说明

至此，Z35 型摇臂钻床电气原理图设计的所有部分已经完毕，对各部分整理放置整齐后得到最终图形，如图 11-30 所示。

11.3.5 电路原理说明

（1）冷却泵电动机的控制。冷却泵电动机 M_1 是由转换开关 QS2 直接控制的。

（2）主轴电动机的控制。先将电源总开关 QS1 合上，并将十字开关 SA 扳向左侧（共有左、右、上、下和中间 5 个位置），这时 SA 的触头压合，零压继电器 FV 吸合并自锁，为其他控制电路接通做好准备；再将十字开关扳向右侧，SA 的另一触头接通，KM1 得电吸合，主轴电动机 M_2 启动运转，经主轴传动机构带动主轴旋转，主轴的旋转方向由主轴箱上的摩擦离合器手柄操纵；将 SA 扳到中间位置，接触器 KM1 断电，主轴停转。

（3）摇臂升降控制。摇臂升降控制是在零压继电器 FV 得电并自锁的前提下进行的，用来调整工件与钻头的相对高度。这些动作是通过十字开关 SA，接触器 KM2、KM3，位置开关 SQ1、SQ2 控制电动机 M_3 来实现的。SQ1 是能够自动复位的鼓形转换开关，其两对触点都调整在常闭状态；SQ2 是不能自动复位的鼓形转换开关，它的两对触点常开，由机械装置带动其通断。

为了使摇臂上升或下降时不致超过允许的极限位置，在摇臂上升和下降的控制电路中，分别串入位置开关 SQ1-1、SQ1-2 的常闭触点。当摇臂上升或下降到极限位置时，挡块将相应位置的开关压下，使电动机停转，从而避免事故发生。

（4）立柱夹紧与松开的控制。立柱的夹紧与松开是通过接触器 KM4 和 KM5 控制电动机 M_4 的正反来实现的。当需要摇臂和外立柱绕内立柱移动时，应先按下按钮 SB1，使接触器 KM4 得电吸合，电动机 M_4 正转，通过齿式离合器驱动齿轮式油泵送出高压油，经油路系统和传动机构将内外立柱松开。

11.4 装饰彩灯控制电路图

首先绘制各个元器件图形符号，然后按照线路的分布情况绘制结构图，将各个元器件插入结构图中，最后添加注释，完成本图的绘制，绘制流程如图 11-47 所示。

视频讲解

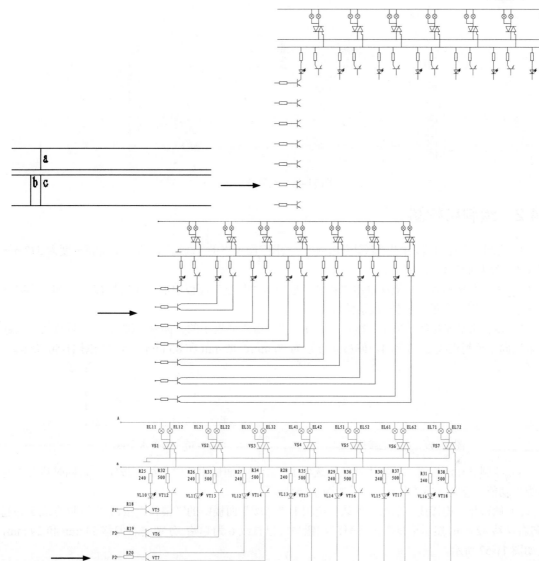

图 11-47 装饰彩灯控制电路图的绘制流程

11.4.1 设置绘图环境

（1）新建文件。启动 AutoCAD 2022，以 A4.dwt 样板文件为模板，建立新文件，将新文件命名为"装饰彩灯控制电路图.dwt"并保存。

（2）设置图层。设置"连接线层""实体符号层""图框层"3 个图层，设置好的各图层的属性如图 11-48 所示。将"连接线层"图层设置为当前图层，同时关闭"图框层"图层。

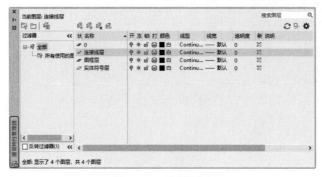

图 11-48　设置图层

11.4.2　绘制结构图

（1）绘制水平连接线。单击"默认"选项卡"绘图"面板中的"直线"按钮 ╱ ，绘制长度为 577 mm 的直线 1，效果如图 11-49 所示。

（2）缩放和平移视图。依次单击"视图"选项卡"导航"面板中的"实时"按钮 ±Q 和"实时平移"按钮 🖐 ，将视图调整到易于观察的程度。

（3）偏移水平连接线。单击"默认"选项卡"修改"面板中的"偏移"按钮 ⊂ ，以直线 1 为起始，依次向下绘制直线 2、3 和 4，偏移量分别为 60 mm、15 mm 和 85 mm，效果如图 11-50 所示。

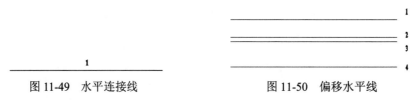

图 11-49　水平连接线　　　　　　图 11-50　偏移水平线

（4）绘制竖直连接线。单击"默认"选项卡"绘图"面板中的"直线"按钮 ╱ ，同时启动"对象捕捉"功能，绘制直线 5 和 6，效果如图 11-51 所示。

（5）偏移竖直连接线。单击"默认"选项卡"修改"面板中的"偏移"按钮 ⊂ ，以直线 5 为起始，向右偏移 82 mm，然后重复单击"偏移"按钮 ⊂ ，以直线 6 为起始，分别向右偏移 53 mm 和 29 mm，效果如图 11-52 所示。

（6）删除直线。单击"默认"选项卡"修改"面板中的"删除"按钮 ✎ ，删除直线 5 和 6，效果如图 11-53 所示。

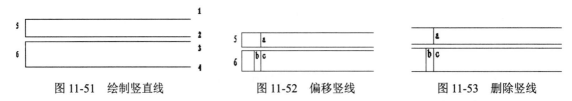

图 11-51　绘制竖直线　　　　图 11-52　偏移竖线　　　　图 11-53　删除竖线

11.4.3　连接信号灯与晶闸管

1. 绘制信号灯

（1）单击"默认"选项卡"绘图"面板中的"圆"按钮 ⊙ ，绘制一个半径为 5 mm 的圆，效果如图 11-54（a）所示。

（2）单击"默认"选项卡"绘图"面板中的"直线"按钮 ╱，以圆心作为起点，竖直向上绘制长度为 15 mm 的直线，效果如图 11-54（b）所示。

（3）选择菜单栏中的"修改"→"拉长"命令，将步骤（2）绘制好的竖直直线向下拉长，长度为 15 mm，效果如图 11-54（c）所示。

（4）单击"默认"选项卡"修改"面板中的"旋转"按钮 ↻，选择"复制"模式，将绘制的竖直直线绕圆心旋转 45°；重复单击"旋转"按钮 ↻，选择"复制"模式，将绘制的竖直直线绕圆心旋转 -45°，效果如图 11-54（d）所示。

（5）单击"默认"选项卡"修改"面板中的"修剪"按钮 ✂，对图形进行修剪，修剪后的结果如图 11-54（e）所示。

（6）单击"默认"选项卡"修改"面板中的"复制"按钮 ⍟，将信号灯符号向右复制，复制距离为 15 mm，如图 11-54（f）所示。

（7）单击"默认"选项卡"绘图"面板中的"直线"按钮 ╱，用鼠标捕捉两个信号灯符号的下端点作为直线的起点和终点，绘制水平直线，效果如图 11-54（f）所示。

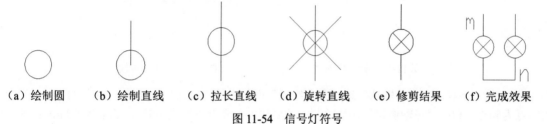

（a）绘制圆　　（b）绘制直线　　（c）拉长直线　　（d）旋转直线　　（e）修剪结果　　（f）完成效果

图 11-54 信号灯符号

2. 绘制双向晶闸管符号

（1）单击"默认"选项卡"绘图"面板中的"多边形"按钮 ⬠，绘制一个正三角形，内接圆半径为 5 mm，如图 11-55（a）所示。

（2）单击"默认"选项卡"修改"面板中的"旋转"按钮 ↻，选择"复制"模式，以 O 为基点旋转 60°，如图 11-55（b）所示。

（3）单击"默认"选项卡"修改"面板中的"移动"按钮 ✥，将三角形 2 向右移动，距离为 5 mm，如图 11-55（c）所示。

（4）单击"默认"选项卡"绘图"面板中的"直线"按钮 ╱，绘制两条水平直线，长度为 10 mm，再绘制两条竖直直线，长度为 5 mm，效果如图 11-55（d）所示。

3. 连接信号灯与晶闸管

单击"默认"选项卡"修改"面板中的"移动"按钮 ✥，以信号灯符号为平移对象，用鼠标捕捉其端点 n 为平移基点，移动图形，并捕捉晶闸管上端点 P 为目标点，平移后结果如图 11-56 所示。

（a）绘制正三角形　　（b）旋转三角形　　（c）移动三角形　　（d）完成效果

图 11-55 双向晶闸管符号

图 11-56 连接图

11.4.4 将图形符号插入结构图

1. 将信号灯与晶闸管图形符号插入结构图

（1）移动图形。单击"默认"选项卡"修改"面板中的"移动"按钮✛，选择如图 11-57 所示的图形为平移对象，用鼠标捕捉其端点 m 作为平移基点，移动图形，并捕捉 11.4.2 节图 11-53 所示图形上交点 a 为目标点，平移后结果如图 11-57 所示。

（2）延伸直线。单击"默认"选项卡"修改"面板中的"延伸"按钮➡，将竖直线延伸到水平直线上，结果如图 11-58 所示。

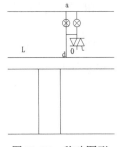

图 11-57　移动图形

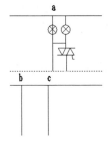

图 11-58　延伸直线

（3）绘制斜线。单击"默认"选项卡"绘图"面板中的"直线"按钮╱，以图 11-59（a）所示的端点为起点，利用"极轴追踪"功能绘制一条斜线，与竖直直线成 45°，长度为 10 mm；然后以斜线的末端点为起点绘制竖直直线，端点落在水平直线上，效果如图 11-59（b）所示。

（4）删除直线。单击"默认"选项卡"修改"面板中的"删除"按钮✎，修剪并删除多余的直线，效果如图 11-60 所示。

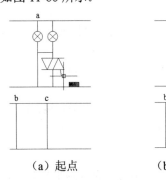

（a）起点　　　　（b）完成效果

图 11-59　绘制斜线

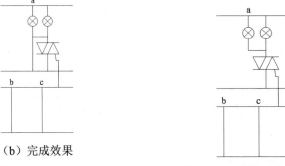

图 11-60　删除直线后结果

（5）阵列图形。单击"默认"选项卡"修改"面板中的"矩形阵列"按钮▦，在命令行中输入相关参数：行数为 1，列数为 7，行间距为 0，列间距为 80，选择前面插入的图形，阵列结果如图 11-61 所示。

2. 将电阻和发光二极管图形符号插入结构图

（1）连接电阻和发光二极管符号。单击"默认"选项卡"修改"面板中的"移动"按钮✛，连接电阻和发光二极管符号，效果如图 11-62 所示。

（2）平移图形。单击"默认"选项卡"修改"面板中的"移动"按钮✛，在"对象捕捉"绘图方式下，用鼠标捕捉图 11-62 中端点 f 作为平移基点，移动鼠标，在图 11-59 所示的结构图中，用鼠标捕捉 b 点作为平移目标点，将图形符号平移到结构图中，删除多余直线，效果如图 11-63 所示。

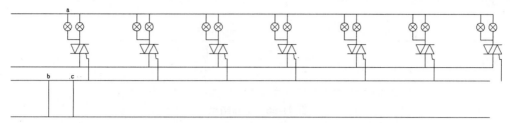

图 11-61　阵列结果

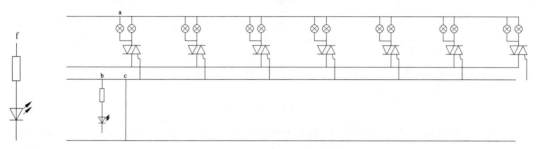

图 11-62　连接结果 　　　　　　　　　　　　　　　　　　图 11-63　平移结果

（3）阵列图形。单击"默认"选项卡"修改"面板中的"矩形阵列"按钮，在命令行中输入相关参数：行数为 1，列数为 7，行间距为 0，列间距为 80，选择前面刚插入结构图中的电阻和二极管符号，阵列结果如图 11-64 所示。

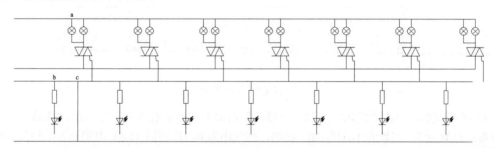

图 11-64　阵列结果

3. 将电阻和晶体管图形符号插入结构图

（1）连接电阻和晶体管符号。单击"默认"选项卡"修改"面板中的"移动"按钮，连接电阻和晶体管符号，效果如图 11-65（a）所示。

（2）平移图形。单击"默认"选项卡"修改"面板中的"移动"按钮，在"对象捕捉"绘图方式下，用鼠标捕捉图 11-65（b）中端点 S 作为平移基点，移动鼠标，在如图 11-64 所示的结构图中，用鼠标捕捉 c 点作为平移目标点，将图形符号平移到结构图中，删除多余直线，效果如图 11-66 所示。

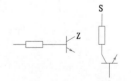

（a）结果 1　（b）结果 2

图 11-65　连接结果

（3）阵列图形。单击"默认"选项卡"修改"面板中的"矩形阵列"按钮，在命令行中输入相关参数：行数为 1，列数为 17，行间距为 0，列间距为 80，选择前面刚插入结构图中的电阻和晶体管符号，阵列结果如图 11-67 所示。

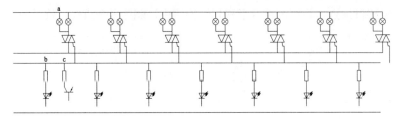

图 11-66　平移结果

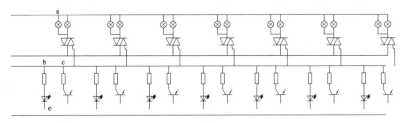

图 11-67　阵列结果

（4）平移图形。单击"默认"选项卡"修改"面板中的"移动"按钮✛，在"对象捕捉"绘图方式下，用鼠标捕捉图 11-65（a）中端点 Z 作为平移基点，移动鼠标，在如图 11-67 所示的结构图中，用鼠标捕捉 e 点作为平移目标点，将图形符号平移到结构图中，删除多余直线，效果如图 11-68 所示。

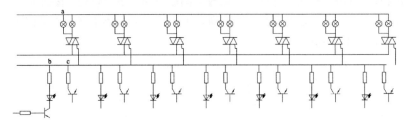

图 11-68　平移结果

（5）阵列图形。单击"默认"选项卡"修改"面板中的"矩形阵列"按钮▦，在命令行中输入相关参数：行数为 7，列数为 1，行间距为-40，列间距为 0，选择图 11-68 中刚插入结构图中的电阻和晶体管符号，阵列结果如图 11-69 所示。

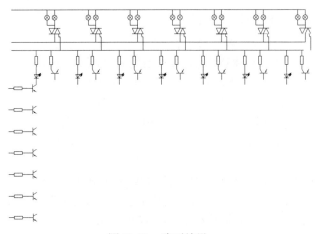

图 11-69　阵列结果

（6）绘制直线。单击"默认"选项卡"绘图"面板中的"直线"按钮 ╱，添加连接线，并补充绘制其他图形符号，效果如图 11-70 所示。

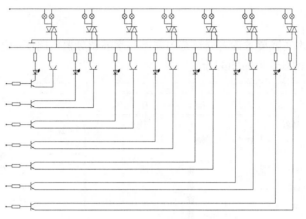

图 11-70　添加连接线

11.4.5　添加文字

（1）单击"默认"选项卡"注释"面板中的"文字样式"按钮 **A**，打开"文字样式"对话框，如图 11-71 所示。新建"装饰彩灯控制电路图"，在"字体名"下拉列表框中选择 txt.shx，将"高度"设置为 8，在"宽度因子"文本框中输入 0.7，"倾斜角度"为默认值 0。

图 11-71　"文字样式"对话框

（2）利用 MTEXT 命令一次输入几行文字，然后调整其位置，以对齐文字。调整位置时，结合使用"正交"命令。

（3）使用"文字编辑"命令修改文字得到需要的文字。添加注释文字后，即完成了整张图的绘制，效果如图 11-47 所示。

11.5　操作与实践

通过前面的学习，读者对本章知识已经有了大体的了解。本节通过几个操作实践使读者进一步掌握本章知识要点。

11.5.1　绘制调频器电路图

1.　目的要求

如图 11-72 所示，本实践要求读者通过练习熟悉和掌握调频器电路图的绘制方法。通过本实践，可以帮助读者学会整个调频器电路图的绘制。

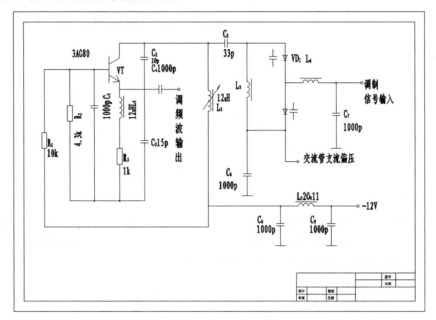

图 11-72　调频器电路图

2.　操作提示

（1）设置绘图环境。

（2）绘制线路结构图。

（3）插入图形符号。

（4）添加文字和注释。

11.5.2　绘制发动机点火装置电路图

1.　目的要求

如图 11-73 所示，本实践要求读者通过练习熟悉和掌握发动机点火装置电路图的绘制方法。通过本实践，可以帮助读者学会整个发动机点火装置电路图的绘制。

2.　操作提示

（1）设置绘图环境。

（2）绘制线路结构图。

（3）绘制主要电气元件。

（4）组合各装置图形。

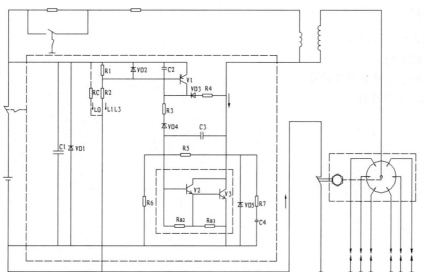

图 11-73　发动机点火装置电路图

11.5.3　绘制某建筑物消防安全系统图

1. 目的要求

如图 11-74 所示，本实践要求读者通过练习熟悉和掌握建筑物消防安全系统图的绘制方法。通过本实践，可以帮助读者学会整个建筑物消防安全系统图的绘制。

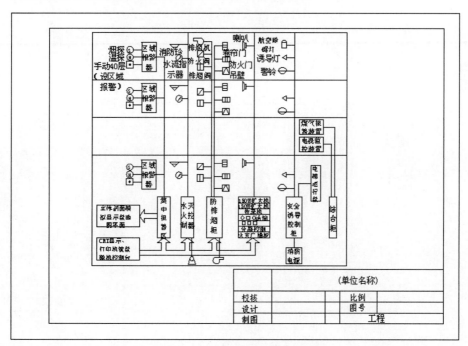

图 11-74　某建筑物消防安全系统图

Note

2. 操作提示

（1）设置绘图环境。

（2）图纸布局。

（3）绘制各元件和设备符号。

（4）标注文字说明。